大熊猫生境适宜性评价及生态安全动态预警

——以甘肃白水江国家级自然保护区为例

刘兴明　赵传燕　著

兰州大学出版社
LANZHOU UNIVERSITY PRESS

图书在版编目（ＣＩＰ）数据

大熊猫生境适宜性评价及生态安全动态预警 ： 以甘肃白水江国家级自然保护区为例 / 刘兴明，赵传燕著
. -- 兰州 ： 兰州大学出版社，2021.5
ISBN 978-7-311-05989-7

Ⅰ．①大… Ⅱ．①刘… ②赵… Ⅲ．①大熊猫—栖息环境—环境保护—研究—甘肃 Ⅳ．①Q959.838

中国版本图书馆CIP数据核字(2021)第093451号

责任编辑　张　萍
封面设计　唐　迎

书　　名　**大熊猫生境适宜性评价及生态安全动态预警**
　　　　　　——以甘肃白水江国家级自然保护区为例
作　　者　刘兴明　赵传燕　著
出版发行　兰州大学出版社　（地址:兰州市天水南路222号　730000）
电　　话　0931-8912613(总编办公室)　0931-8617156(营销中心)
　　　　　　0931-8914298(读者服务部)
网　　址　http://press.lzu.edu.cn
电子信箱　press@lzu.edu.cn
印　　刷　甘肃发展印刷公司
开　　本　787 mm×1092 mm　1/16
印　　张　14(插页32)
字　　数　309千
版　　次　2021年5月第1版
印　　次　2021年5月第1次印刷
书　　号　ISBN 978-7-311-05989-7
定　　价　42.00元

前　言

　　大熊猫是我国特有的濒危野生动物,是我国的"国宝""和平使者",是世界生物多样性保护的旗舰物种,具有极高的生态、科研、文化及美学价值,大熊猫栖息地是全球生物多样性最丰富的地区之一,保护大熊猫及其栖息地,是我国生态文明建设的需要,也是世界自然保护事业的需要。

　　生态文明建设是中国特色社会主义事业的重要内容,关系人民福祉,关乎民族未来。党中央、国务院高度重视生态文明建设,先后出台了一系列重大决策,并取得了一定成绩。2012年11月,党的十八大提出"大力推进生态文明建设",推动绿色发展,促进人与自然和谐共生。2017年9月,中共中央办公厅、国务院办公厅印发《建立国家公园体制总体方案》,科学界定了国家公园的内涵,明确了建立国家公园体制的目标和实现路径。2017年10月,党的十九大报告指出:建设生态文明是中华民族永续发展的千年大计。必须树立和践行"绿水青山就是金山银山"的理念,坚持节约资源和保护环境的基本国策,像对待生命一样对待生态环境,统筹山水林田湖草系统治理,实行最严格的生态环境保护制度,形成绿色发展方式和生活方式,坚定走生产发展、生活富裕、生态良好的文明发展道路,建设美丽中国,为人民创造良好生产生活环境,为全球生态安全作出贡献。

　　甘肃是我国大熊猫分布的三个省份之一,全省85.6%的野生大熊猫分布在陇南市。甘肃白水江国家级自然保护区有大熊猫110只,是我国野生大熊猫数量最多的自然保护区,被整体划入大熊猫国家公园，为保护野生大熊猫种群及其栖息地、促进社区持续发展、建设生态文明带来了很好机遇。

白水江保护区管理局注重保护和科研相结合，促进了大熊猫等生物多样性的保护，获得"全国示范保护区、联合国教科文组织认定的世界人与生物圈保护区、全国林业科普教育基地、省级文明单位……"等荣誉或称号，获省部级、地厅级奖20多项，为保护大熊猫提供了科技支撑。2018年甘肃省林业和草原局给白水江保护区下达了中央财政野生动植物保护补助项目，为保护大熊猫及栖息地发挥了重要作用，在执行本项目中直接加强了对大熊猫的保护，同时针对大熊猫生境、种间竞争、安全机制等开展深入调查研究，为科学保护大熊猫、开展大熊猫生态学研究等积累了丰富的资料，现整理出版，期待对以后的大熊猫保护和科研起到参考作用。

本书的编写，得到了兰州大学、甘肃省林业和草原局以及陇南市、武都区、文县等各级人民政府及相关部门的大力支持和配合，兰州大学汪红博士、常亚鹏博士、刘宥延博士和戎战磊博士在项目中发挥了重要作用，创新了许多保护成果，在此一并致以衷心的感谢！

刘兴明

2020.12.31

目　录

—————◆ 第1章 ◆—————

总　论

1.1　濒危动植物保护的重要性

近2000年来，地球上已有100多种哺乳类动物和100多种鸟类灭绝。一个物种的消失，常常导致另外10～30种生物的生存危机。受自身或环境变化及人类干扰，在短时间内灭绝率较高的物种称为濒危物种。从广义上讲，濒危动物泛指珍贵、濒危或稀有的野生动物（马逸清，1987），同时也是《濒危野生动植物种国际贸易公约》附录所列动物，以及国家、地方重点保护的野生动物。当前全球大约有1/5的脊椎动物处于濒危和易危状态，每年平均约有50个物种会走向更严重的濒危等级（魏辅文等，2014）。目前濒临灭绝的哺乳类动物有406种，鸟类有593种，爬行类动物有209种，鱼类有242种，其他低等动物更不计其数，物种濒危状况日趋严峻（Hoffmann et al，2010）。我国濒危动物数量多，列入《国家重点保护野生动物名录》的有257种，列入《濒危野生动植物种国际贸易公约》附录的原产于中国的濒危动物有120多种，列入《中国濒危动物红皮书》的鸟类、两栖爬行类和鱼类有400多种（姜桂萍，2018）。物种丧失将导致生态系统结构改变和生态功能退化，进而影响生态安全和资源安全，严重威胁人类的福祉（Hooper et al，2012；Steudel et al，2012）。因此，保护濒危物种是全世界的义务。

为了保持自然界的完整性和多样性，并确保对自然资源的利用处于平衡状态，以及维持生态的可持续性，全球规模最大的自然保护网络机构——世界自然保护联盟（International Union for Conservation of Nature，IUCN）于1948年成立，该机构每年颁布《濒危物种红色目录》（*IUCN Red List of Threatened Species*），对优先保护动植物起了至为关键的作用（邹晶，2005）。20世纪70年代，国际社会签署了《濒危野生动植物种国际贸易公约》（CITES）（http：//www.cites.org/），其战略目标是通过物种分级与使用许可证的方式，管制野生物种的贸易，确保野生动植物资源利用市场的可持续性，从而有效地保护野生动植物种的生存繁衍（薛达元，2016）。随着濒危野生动植物研究的开展，人们进一步认识到，保护物种首先要保护物种的栖息生境，即保护物种生存所依赖的生态系统和物种之间的生态过程，以及保护物种所蕴含的基因资源。于是，《生物多样性公约》（*Convention on Biological Diversity*，简称CBD）于1993年正式生效（David，1994），其目标是保护生物多样性，可持续利用其组成部分，以及公平合理地分享由于利用遗传资源而产生的惠益（https：//www.cbd.int/convention/）。

除国际组织和保护公约，珍稀动物濒危机制及保护技术研究也在全球范围内开展，美国、英国、澳大利亚等西方发达国家的野生动物保护研究和技术开发走在世界前列，主要的研究成果集中在保护生物学基础理论和保育技术两方面（魏辅文，2016），核心研究聚焦在5个方面，即生物多样性对生态系统功能的作用，生物多样性起源、保持和变化，生物多样性的编目和分类，生物多样性监测，生物多样性保护、恢复和持续利用。野生动物资源是地球生物多样性的重要组成部分，在维护整个生态系统的稳定及其生态服务方面具有重要功能，还是生态系统健康发展的标志（Hoffmann et al，2010；Scheffers et al，2012；魏辅文等，2014）。动物物种保护研究的核心是寻找物种濒危的主导因素，进而制定相应的保护对策与措施（May，2011）。魏辅文等（2014）指出，栖息地丧失与破碎化、过度利用、环境污染、气候变化、生物入侵、动物疫病等是造成全球生物多样性丧失的主要因素。

自然保护区作为濒危物种的避难所，在生物多样性的保护中起着越来越重要的作用。白水江国家级自然保护区是甘肃珍稀濒危动植物最集中的分布区，珍稀濒危植物69种（包括变种），其中国家一级保护植物6种，国家二级保护植物21种，甘肃省重点保护植物42种；珍稀濒危动物49种，其中国家一级保护动物9种，二级保护动物36种，甘肃省重点保护动物4种（甘肃白水江国家级自然保护区管理局，1997）。大熊猫（*Ailuropoda melanoleuca*）是我国特有的珍稀濒危物种，国家Ⅰ级重点保护动物，我国的"国宝"，动物界的"活化石"，是全世界珍稀濒危动物保护的旗舰物种，世界自然基金会（简称WWF）早在成立之初，就将大熊猫确立为会旗、会徽图案物种。因此，大熊猫是世界野生动物保护的标志，其重要性和保护意义已超越了物种本身的意义，在政治、经济、文化、外交、国际合作与交流等领域产生了广泛的影响。由于大熊猫独特的生物学意义和广泛的社会影响，其保护始终受到我国政府的高度重视。1965年以来，我国相继建成了四川卧龙、甘肃白水江和陕西佛坪3个国家级大熊猫自然保护区，其中白水江自然保护区是我国大熊猫生境保存最为原始的栖息地。

1.2　白水江国家级自然保护区的行政划分

甘肃白水江国家级自然保护区位于甘肃省最南端，介于东经104°16′～105°27′，北纬32°16′～33°15′（见彩图1），地处岷山山系。保护区东南至西北分别与四川省青川、平武、九寨沟县相邻，北部与甘肃武都、康县接壤，南部与四川唐家河国家级自然保护区连成一片。行政区划上包括陇南市武都区、文县的 10 个乡镇 70 个行政村 345 个自然村（张怀全，2015）。总面积为 1837.99 km²，其中核心区面积为 901.58 km²，缓冲区面积为 261.32 km²，实验区面积为 675.09 km²。保护区由两个在地域上分离的部分组成。主体部分位于白龙江以南的甘川两省界山——摩天岭北坡，但在碧口附近包括了南坡的李子坝，即青川河源区；另一部分具有飞地性质，位于白龙江北岸支流小团鱼河上游红土河流域，属于西秦岭山地。

保护区管理局驻文县城关，下设 6 个保护站和 1 个驯养中心（见彩图 2）。除红土河站外，其余各站场均位于摩天岭北坡，自西而东依次为驯养中心、白马河保护站、丹堡保护河站、刘家坪保护站、让水河保护站和碧口保护站，在行政上分属的乡镇见表 1-1。白水江国家级自然保护区的主要任务是保护大熊猫、珙桐等多种珍稀濒危野生动植物及其赖以生存的自然生态环境和生物多样性。保护区的重要性可以从以下冠名来佐证：《中国生物多样性保护行动计划》优先重点保护的亚热带森林生态系统，世界自然基金会（WWF）确定的 A 级保护区。1993 年 7 月加入中国人与生物圈，2000 年被联合国教科文组织批准为世界人与生物圈保护区。

表1-1 白水江保护区管理体系

所属县域	保护站	所辖行政乡
文县	驯养中心	铁楼乡
	白马河保护站	铁楼乡
	丹堡保护站	丹堡乡
		上丹乡
	刘家坪保护站	刘家坪乡
	让水河保护站	店坝乡
		范坝乡
	碧口保护站	碧口镇
		肖家乡
		中庙乡
武都县	红土河保护站	洛塘乡
		枫相乡
		三仓乡

为了更好地保护大熊猫生境，《大熊猫国家公园体制试点方案》于 2018 年获得国家正式批复。方案将四川、陕西、甘肃三省的野生大熊猫种群高密度区、大熊猫主要栖息地、大熊猫局域种群遗传交流廊道合计 80 多个保护地有机地整合划入国家公园，总面积达

27134 km²，其中林地24348 km²，草地738 km²，耕地434 km²，建设用地59 km²，其他土地1555 km²。在功能分区上主要分为三大板块：核心保护区、生态修复区和科普游憩区。大熊猫国家公园的定位是：生物多样性保护示范区域、生态价值实现先行区域、世界生态教育展示样板区域，将承担强化以大熊猫为核心的生物多样性保护、创新生态保护管理体制、探索可持续的社区发展机制、构建生态保护运行机制、开展生态体验和科普宣教等五个方面的重点任务。

大熊猫国家公园白水江片区是大熊猫分布的重要区域，总面积2019 km²，其中，大熊猫栖息地面积1119 km²，潜在栖息地面积约900 km²，占甘肃省大熊猫栖息地面积的59.3%，野生大熊猫数量111只，占甘肃省野生大熊猫总数的84.9%。涉及2个自然保护区，即甘肃白水江国家级自然保护区和甘肃省裕河省级自然保护区。

1.3　白水江国家级自然保护区濒危动植物的研究历程

保护大熊猫及其栖息地既是我国生态环境建设的需要，也是世界自然保护事业的重要组成部分。其保护与研究工作一直受到我国政府及国内外科研机构与非政府组织（NGO）的高度关注（刘艳萍等，2012），先后开展了1974—1976年第一次大熊猫调查、1983—1985年文县大熊猫灾情调查、1987—1988年全国大熊猫及其栖息地综合考察（又称大熊猫第二次调查）。在林业部保护司等部门的大力支持下，甘肃省林业厅于1992年4月—1996年8月，历时4年完成了白水江国家级自然保护区综合科学考察，出版了《甘肃白水江国家级自然保护区综合科学考察报告》专著（甘肃白水江国家级自然保护区管理局，1997）。之后又开展了1996—2001年白水江地区大熊猫食物基地研究、2000—2003年第三次大熊猫调查和2012—2013年第四次大熊猫调查的专项工作，总结出关于大熊猫保护抢救、栖息地保护发展、食物基地主要森林植物群落及主食竹类种群动态（王冰洁等，2014）、食物基地承载力、大熊猫种群数量和分布状况、大熊猫及栖息地所面临的主要威胁等多项成果（黄华梨，2005；史志翯，2017）。同时，在大熊猫保护区及其周边社区开展能源示范和替代生计项目，有效缓解了社区居民生产生活与自然保护之间的矛盾，探索出社会效益和经济效益双赢的新方法、新模式，促进了保护区和周边社区共同参与管理，实现了自然保护和社区社会经济的协调发展，使生物多样性得到全面保护，从而达到保护区科学发展的最终目标——科学发展、和谐保护（甘肃白水江国家级自然保护区管理局，2010）。冯茹等（2010）将生态位适宜度理论引入到自然保护区周边社区居民生计可持续发展的定量评价中，构建了经济生态位、社会生态位、环境生态位三大类独立的评价指标，通过计算生态位适宜度，判断居民生计状况和生计的可持续性。

有学者对大熊猫的生境进行了评估，指出甘肃大熊猫生境质量总体较好，适宜和较适宜生境面积总和占到了保护区总面积的69.77%，四个局域种群单元中白水江单元适宜生境面积最大（冯茹等，2010；王建宏等，2016）。除了人类干扰，自然干扰是自然界中普遍存在的现象，尤其是汶川大地震使得大熊猫栖息地遭到重创。何敏等（2018）对甘肃白水江国家级自然保护区地震前后大熊猫对生境中生物因子与非生物因子的生境选择特征进行了定量分析，结果表明，震后大熊猫选择中坡位，而郁闭度不是大熊猫生境选择的主要因子。

白水江国家级自然保护区管理局大力支持大熊猫保护区的科学研究，编辑出版了《甘肃白水江国家级自然保护区科技论文汇编》第一、第二、第三辑科技专著和《大熊猫故乡——白水江》《岷山东端绿色宝库》《情系白水江》等宣传文本和画册；并组织甘肃白水江国家级自然保护区森林分类区划界定项目、天然林保护工程林业可持续发展项目、甘肃省保护地区管理等项目的实施，先后完成了国家级、省级、地级调查研究项目40余项，获得省部级科技进步二等奖2项，地厅级科技进步一等奖5项、二等奖6项、三等奖9项。

第2章
自然保护区的大熊猫生境

生境（habitat）一词由 Grinnell（1917）首先提出，其定义是生物出现的环境空间范围，一般指生物居住的地方，或是生物生活的生态地理环境。Ables 等（1980）认为，野生动物的生境是指能为特定种的野生动物提供生活必需条件的空间单位。Baily（1984）则更强调其周围相关的生物群落，认为"生境是与野生动物共同生活的所有物种的群落"。野生动物总是以特定的方式生活于某一生境之中，同时动物的各种行为、种群动态及群落结构都与其生境分不开，所以生境也可以说是指生物个体、种群或群落的组成成分能在其中完成生命过程的空间。一个特定物种的生境是指被该物种或种群所占有的资源（如食物、隐蔽物、水）、环境条件（温度、雨量、捕食及竞争者等）和使这个物种能够存活和繁殖的空间。这里描述的大熊猫生境侧重于环境的非生物因子（如地形、气候、植被、土壤条件、水文等）。

2.1　地形条件

2.1.1　地势特点

白水江国家级自然保护区山地地貌非常复杂，主要表现在地貌外动力组合具有某些特殊性，侵蚀地貌、重力地貌和冻融地貌发育，岩石性质对地貌发育有显著影响，现代河床加积作用强烈，纵向谷地和横向谷地的地貌特点殊异。自西向东，海拔逐渐降低。研究区域海拔为 585～4041 m（见彩图3），海拔落差大。海拔较高的西部摩天岭自西北向东南延伸，是岷山山系的一大支脉。山脉绝大部分为白龙江与涪江的分水岭，同时又成为甘川两省界山。摩天岭西段集中分布了近乎全部海拔超过 3000 m 的山峰，驼峰山（4072 m）位于阴山河上游沱沟源区，是保护区的最高峰。界牌至大草坪间长约 40 km 的山段，平均海拔 3600～3800 m，是摩天岭海拔最高的山段。此段以西至石垭子梁一带，平均海拔 3300～3600 m；以东至双人石，则为 2800～3300 m。双人石以东为摩天岭东段，山峰普遍降低到 2700 m 甚至 2000 m 上下。至保护区东界的将军石，海拔已降到 1700 m 以下。再向东，海拔继续下降，最终在白龙江与青川河汇合口以东转变为低山与丘陵。实际上，西高东低的差异在山口和山麓高度上也同样悬殊。西段的重要山口，如石垭子梁南端山口、黄土梁山口等，海拔都高于3000 m；而东端的著名山口，如土地垭和悬马关，海拔不过1500～2000 m，山麓线亦自西向东倾斜，西段山麓海拔可达2000 m以上，东段则仅有600～800 m。这一特点对摩天岭北坡气候、植被、土壤乃至整个自然地理特征的垂直地带性分异都有深刻的影响。

2.1.2 地面坡谱特征

地形是形成山地结构和功能、导致山地各种生态现象和过程发生变化的最根本的因素，因此，在进行山地生态研究时，需要剖析地形要素与诸多生态因子之间的关系。地形要素包括海拔高度、坡向、坡位、坡度、起伏程度等。DEM是地形要素定量分析的一个重要手段，它是地表形态属性信息的数字表达，是带有空间位置特征和地形属性特征的数字描述，地形要素可以基于DEM提取。当结合其他因子时，地形要素如坡度和坡向可以在森林资源调查（Aryal et al，2017）、土壤侵蚀（Fang et al，2015）、野生动物栖息地适宜性分析（Congalton et al，1993）等方面得到广泛应用。美国航天局（NASA）和日本经济产业省（METI）共同推出的最新星载热发射仪和反射辐射仪（Advanced Spaceborne Thermal Emission and Reflection Radiometer）的全球数字高程模型（Global Digital Elevation Model），简称ASTER GDEM，可覆盖99%的地球陆地表面（范围为83°N～83°S），空间分辨率为30 m，为地形特征分析提供了强有力的数据支撑（钱程等，2012；张朝忙等，2012；张学儒等，2012；赵国松等，2012）。采用ASTER GDEM V002（http：//www.gscloud.cn/）作为DEM数据源，利用ArcGIS软件提取白水江国家级自然保护区地面栅格数字坡度模型、栅格数字坡向模型，对DEM、坡度和坡向栅格模型进行统计，获取该地区地面坡谱，为进行该区域地形特征分析和大熊猫生境分析提供了手段。

地面坡谱是指在一个特定的统计区域内，以某项地形因子（坡度、坡向或海拔等）的大小为自变量，其对应的地面面积为因变量，构成的统计图表或模型。任何一种地形地貌形态都有其自身的地面坡谱存在。地面坡谱是地面坡度、坡向和地面曲率的综合。由于其自变量为某项坡谱因子的大小，而在现实世界中按照某一特定的大小数值，在实际地面往往找不到其对应的地面面积值。因此，必须对自变量采用量值大小分级的方式，对对应的因变量采用面积频数的表达方式，构成统计曲线来反映地面坡谱。这种按照地面坡度、坡向和曲率在各分级级别内所占面积百分比与不同的大小分级之间关系绘制的统计曲线或直方图（纵坐标为统计百分比，横坐标为统计的分级级别）称为地面坡谱曲线或地面坡谱直方图（张勇，2003）。从坡谱的定义可以发现，坡谱的组成要素主要包括坡度、坡向和地面曲率。为了充分描述白水江国家级自然保护区的地形特征，并有助于地带性分异规律的分析，这里采用海拔谱、坡度谱和坡向谱。

2.1.2.1 白水江国家级自然保护区海拔谱的空间分异

海拔高度的不同首先引起温度、降水、大气成分等方面的差异，进而对生物群落产生作用，形成目标物种的特殊生境（这里的目标物种为大熊猫）。气候、土壤以及植物分布的垂直地带性主要是由此所产生（方精云等，2004）。一般来说，气温随海拔升高而降低，其直减率为 0.5～0.7 ℃/100 m。但气温直减率同时受到地理纬度、海陆分布、季节变化、气候的干湿状况、气团活动以及海拔高度等因素的影响。随着海拔的升高，降水量和降水强度都是逐渐增加的。但在海拔充分高的山体中，降水在某一高度达到一个极大值，这一高度即最大降水高度。傅抱璞（1983）根据这一特点，提出了著名的推算山地降水的最大降水高度法。最大降水高度的高低主要与气候干湿有关：一般是气候越湿润的地区，最大降水高度就越低；相反，越干旱的地区，最大降水高度就越高。白水江国家级自然保护区高度带的空间分异见彩图4。白水江国家级自然保护区海拔谱见图2-1。<1000 m 和>3450 m 的区域占的比例很少，2900～3450 m 的区域较少（7.19%），1000～1600 m 的区域占比为 25.18%，1600～2100 m 占 30.95%，2100～2900 m 的区域占的比例最大（31.07%），由此可以看出，白水江国家级自然保护区的海拔高度主要分布在 1000～2900 m。在不同高度带坡度谱中可以看到，<1000 m 和>3450 m 的区域，地势比较平坦，<8°的地形占比较大，山顶多呈浑圆状，地形舒缓平坦。大多数区域，陡坡占比较大（图2-2）。总之，除山顶和山麓外，研究区隶属于深切割高山侵蚀地貌。

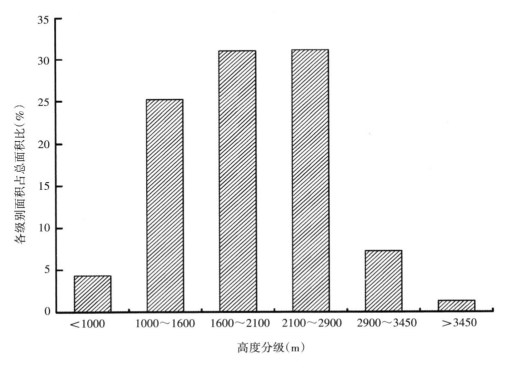

图2-1　白水江国家级自然保护区海拔谱

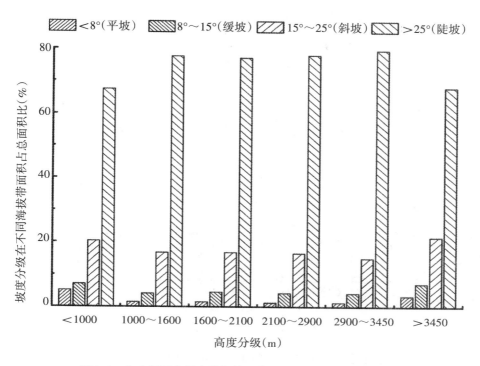

图 2-2 白水江国家级自然保护区海拔谱不同坡度的占比分布

2.1.2.2 白水江国家级自然保护区坡度谱的空间分异

地面坡度是最重要的地形定量指标之一，坡度谱对地貌形态变化的敏感性较其他类型坡谱强，可以较好地刻画地貌形态的空间变异规律。坡度分级对于某一项具体的研究或应用目标往往表现出在特征上的差异性。如坡度对黄土丘陵沟壑区土壤侵蚀的影响，根据多年水土流失监测结果，3°以下为无侵蚀区；3°～8°有细沟、浅沟出现；15°以下地面侵蚀相对较弱；当坡度超过15°时，侵蚀渐趋加剧；25°是土壤侵蚀方式的一个转折点，25°以上重力侵蚀大量出现（曹文洪，1993；赵牡丹，2002）。坡度是泥石流的主控因素之一，是泥石流形成必不可少的条件。对北京市密云县泥石流对坡度的敏感性评价研究得出，坡度5°～15°为高危险区，小于5°为中危险区，大于15°为低危险区（付会成等，2017）。陇南地区泥石流的分布密度在全国居首，白水江流域内的泥石流非常发育，在地质、地貌和气候水文上都有形成泥石流的有利条件（柳金峰等，2010）。白水江国家级自然保护区的滑坡对坡度为20°～40°及400～500 mm年均降水量值较为敏感（徐鹏等，2018）。大量的现象表明，坡度产生的地质灾害对大熊猫生境有较大的影响。根据坡度对地面侵蚀和泥石流的影响，将研究区坡度分为＜8°、8°～15°、15°～25°和＞25°四级，坡度分级的空间分布见彩图5。白水江国家级自然保护区坡度谱见图2-3。根据坡度谱和海拔谱，可将研究区的地形特点概括为：山高沟深坡陡。＞25°的区域占保护区的面积高达77.18%，平坡区域仅占1.58%。

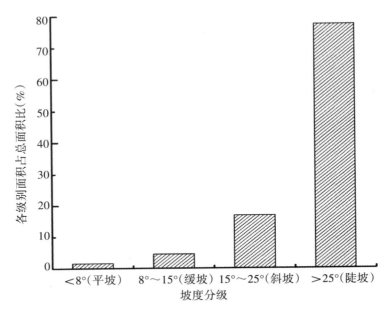

图2-3 白水江国家级自然保护区坡度谱

2.1.2.3 白水江国家级自然保护区坡向谱的空间分异

坡向主要影响地面接收的太阳辐射以及地面与盛行风向的交角，这使得不同坡向之间存在显著的水热差异。就热量而言，南坡接受的太阳辐射多，导致坡面温度高、水分蒸发强烈，从而分布着具耐旱结构的生物群落。相反，北坡则常常发育着中生或湿生的生物群落类型。白水江保护区位于摩天岭山脉北坡，摩天岭山脉略呈弧形（见彩图3），弧顶以西为北西西-南东东向，以东为近东西走向。这种地形走向决定了研究区坡向空间分布的特色（见彩图6）。将坡向分为8个方向，即NNE（0°～45°）、NEE（45°～90°）、SEE（90°～135°）、SSE（135°～180°）、SSW（180°～225°）、SWW（225°～270°）、NWW（270°～315°）和NNW（315°～360°）。地势走向使得坡向谱在NNE、NNW和SSE区域占比较大（图2-4），分别为16.42%、14.97%和13.59%。

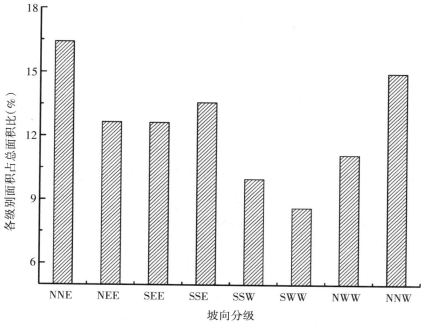

图2-4　白水江国家级自然保护区坡向谱

2.2　气候条件

2.2.1　数据收集和数据类型

2.2.1.1　研究区气象站点数据

查询白水江及周边10个气象站点，根据台站号从中国气象科学数据共享服务网上获取每个台站的年月均气温和降水数据（http：//cdc.cma.gov.cn），数据记录时段为1951—2018年。气象站点的区位、相对地理位置如彩图7和表2-1所示。一般站，从甘肃省气象局和四川省气象局收集气候数据。另外，也从WorldClim（http：//www.worldclim.org/）下载当前气候数据集。按照年份分别统计保护区及周边10个气象站的气温和降水数据，并分别与年份做回归分析，以研究气温和降水的变化趋势。研究区气象站点较少，实现气候要素的空间分布有难度，而气候条件的高分辨率信息对于大熊猫潜在空间分布模拟及物种伴生种潜在分布模拟至关重要。幸运的是，WorldClim数据（版本1.4和2.0）和CHELSA数据集可以满足需求，其精度根据气象站点的数据进行评价。

表2-1　10个相关气象站点的位置信息

序号	区站号	省名	台站名	纬度（N°）	经度（E°）	海拔高度（m）	类别
1	56096	甘肃	武都	33.40000	104.9167	1079.1	基准站
2	56192	甘肃	文县	32.95000	104.6667	1014.3	一般站
3	57105	甘肃	康县	33.33330	105.6000	1221.2	一般站
4	56094	甘肃	舟曲	33.78330	104.3667	1400.0	一般站
5	56097	四川	九寨沟	33.26667	104.2500	1440.5	一般站
6	56193	四川	平武	32.41667	104.5167	893.2	一般站
7	57204	四川	青川	32.56667	105.2167	782.0	一般站
8	57206	四川	广元	32.41667	105.9000	545.4	基准站
9	57106	陕西	略阳	33.31667	106.1500	794.2	基准站
10	57211	陕西	宁强	32.83330	106.2500	836.1	基准站

2.2.1.2　WorldClim 数据（版本1.4和2.0）

　　WorldClim 数据是一系列全球气候格网数据集，该数据的最大空间分辨率是30 arc-seconds resolution（1 km分辨率栅格数据），该数据集以全球超过40000个站点1950—2000年（部分观测资料为1960—1990年）的观测资料和Shuttle Rada Topography Mission（STRM）30秒地形数据为数据源，采用ANUSPLIN软件集成的薄板光滑样条插值方法（thin plate sommthing splines）对相关数据进行插值得到19个生物气候变量（表2-2），自变量为经度、纬度和海拔（Hijmans et al，2005）。版本1.4提供现在（1960—1990）、未来（IPCC5）、过去［全新世中期（约6000年前）和末次盛冰期（约22000年前）］三种数据，版本2.0提供1970—2000年这一时期的数据。

表2-2　19个生物气候变量的缩写、含义及单位

缩写	环境变量	单位
bio1	年平均气温 Annual mean temperature	℃
bio2	平均日较差 Mean diurnal range［mean of monthly（max temp-min temp）］	℃
bio3	等温性 Isothermality（Bio2/Bio7）×100	—
bio4	温度季节性变动系数 Temperature seasonality（standard deviation×100）	C of V
bio5	最热月的最高温度 Maximum temperature of warmest month	℃
bio6	最冷月的最低温度 Minimum temperature of coldest month	℃
bio7	温度年较差 Temperature annual range（Bio5-Bio6）	℃
bio8	最湿季平均温度 Mean temperature of wettest quarter	℃
bio9	最干季平均温度 Mean temperature of driest season	℃

续表

缩写	环境变量	单位
bio10	最热季平均温度 Mean temperature of warmest season	℃
bio11	最冷季平均温度 Mean temperature of coldest season	℃
bio12	年降水量 Annual precipitation	mm
bio13	最湿月降水量 Precipitation of wettest period	mm
bio14	最干月降水量 Precipitation of driest period	mm
bio15	降水量的季节性变化 Precipitation seasonality（CV）	C of V
bio16	最湿季降水量 Precipitation of wettest season	mm
bio17	最干季降水量 Precipitation of driest season	mm
bio18	最热季降水量 Precipitation of warmest season	mm
bio19	最冷季降水量 Precipitation of coldest season	mm

2.2.1.3　CHELSA 数据

瑞士苏黎世大学的 Dirk Nikolaus Karger 及同事在《科学数据》发表的地球陆面高分辨率气候数据（Climatologies at high resolution for the earth's land surface areas，CHELSA），呈现了 ERA-Interim（ERA-Interim 是 1979 年以来的全球大气再分析，不断实时更新）再分析数据经降尺度模型产生的温度和降水量预计值，分辨率高达 30 弧秒。温度算法主要基于对大气温度进行统计学降尺度。降水算法则结合了地形预测因素，包括风场、山谷分布和边界层高度，并对结果进行了偏差校准。由此作者得到了 1979—2013 年期间每月的温度和降水信息。作者将 CHELSA 数据与其他标准化产品及全球历史气候网络的下属气象台数据进行比较，并且还检验了新的气候学数据在物种分布模型中的应用情况，发现能够提高物种分布预测的准确性。在温度方面，CHELSA 数据与其他产品准确度类似，但其对降水的预测精度更高。

2.2.2　自然保护区周边长序列观测数据分析

保护区周边 10 个气象站 60 多年来年均气温和降水数据显示（图 2-5，图 2-6），年均气温变化比降水量变化趋势明显，10 个气象站年均气温总体上呈现出较明显的增加趋势。各气象站气温和年份呈显著正相关，降水和年份的相关性差异较大。10 个气象站（武都、文县、康县、舟曲、九寨沟、平武、青川、广元、略阳和宁强）中，每个气象站降水和年份无显著相关性，降水呈现下降趋势；根据回归分析可知，60 年来该地区年均温平均升高约 0.70 ℃，降水减少 59.91 mm。

从气温来看，近 60 年各气象站气温增加量分别为武都 1.05 ℃、文县 1.20 ℃、康县 0.56 ℃、舟曲 1.42 ℃、九寨沟 1.36 ℃、平武 0.56 ℃、青川 0.66 ℃、广元 0.82 ℃、略阳

0.50 ℃和宁强0.24 ℃。各气象站增温最高的是舟曲，其次为九寨沟，第三为文县，第四为武都，其他台站小于1 ℃。增温最小的为宁强。

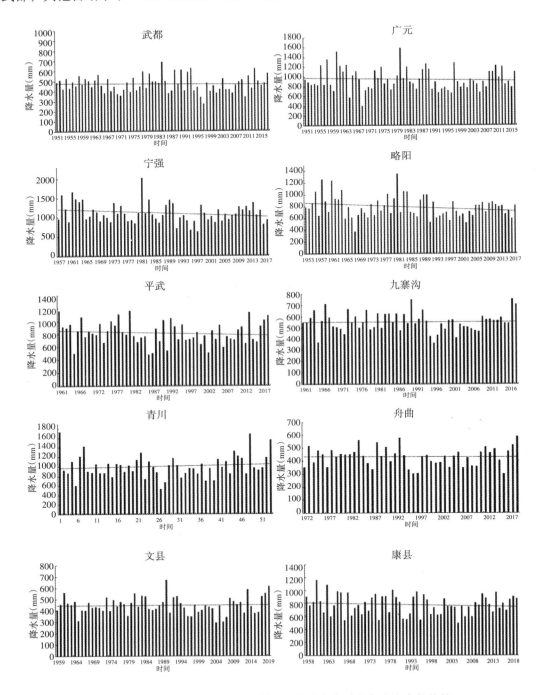

图2-5 白水江国家级自然保护区及周边气象站多年降水变化趋势

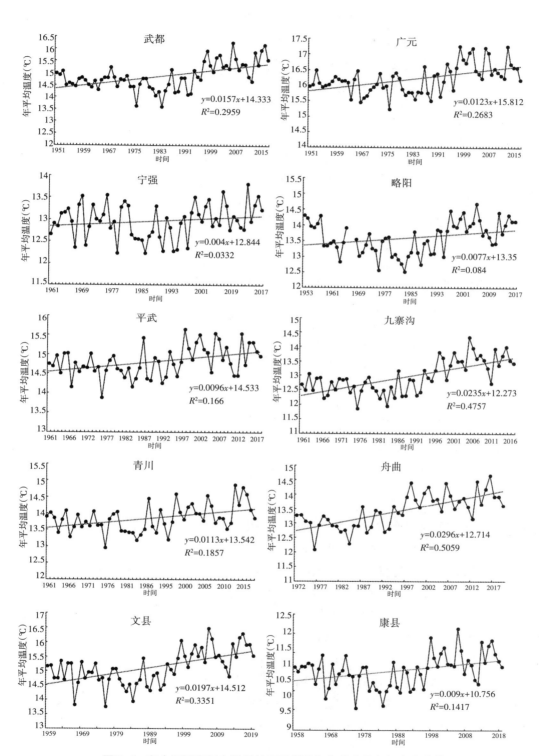

图2-6　白水江国家级自然保护区及周边气象站多年气温变化趋势

从降水来看，基于回归方程式模拟的各气象站降水，60年各气象站降水增加量分别为：武都−24.8 mm、略阳−72.4 mm、广元−37.0 mm、宁强38.9 mm、青川−684.6 mm、平武−386.7 mm、九寨沟5.6 mm、舟曲75.9 mm、文县44.3 mm和康县−156.0 mm，分别增加了：武都−5.08%、略阳−9.19%、广元−3.88%、宁强4.05%、青川−39.42%、平武−33.30%、九寨沟1.02%、舟曲21.41%、文县10.95%和康县−17.27%（见表2-3）。青川、平武和康县降水减少较多，舟曲增加量较大。

表2-3　基于回归方程式模拟的各气象站气温和降水特征

台站	初始年(mm)	2018年(mm)	变化量(mm)	变化百分比(%)
武都	487.4	462.6	−24.8	−5.08
略阳	788.4	716.0	−72.4	−9.19
广元	953.3	916.3	−37.0	−3.88
宁强	960.7	999.6	38.9	4.05
青川	1736.7	1052.1	−684.6	−39.42
平武	1161.2	774.5	−386.7	−33.30
九寨沟	549.1	554.7	5.6	1.02
舟曲	354.6	430.5	75.9	21.41
文县	404.8	449.1	44.3	10.95
康县	903.2	747.2	−156.0	−17.27

60多年周边气候在发生变化（见彩图9），尤其是保护区西北方向，气候升温非常明显，东南方向降水下降非常显著。毫无疑问，保护区的气候也必然发生变化。保护区内文县气象站长序列观测数据表明，多年平均降水量为460.3 mm，多年平均气温为14.8 ℃，蒸发量为2034 mm，相对湿度为62%。从空间上看，根据资料（甘肃白水江国家级自然保护区管理局，1997），白水江国家级自然保护区多年平均降水量在东部从东南向西北逐渐减少，在西部由西南向东北逐渐减少；从河谷向山区迅速增加，而且还出现了白水江河谷小于450 mm低值区和石垭子梁—摩天岭大于1100 mm高值区。白水江河谷区，东南季风从碧口向文县传递，热量变动不大（如碧口和文县站点，见图2-7），白水江南部—团鱼河中下游山区深受东南和西南季风共同影响，又因中高山复杂地形的抬升作用，热量急剧减少（图2-7）。4个站点自东向西降水和气温的变化趋势见表2-4。

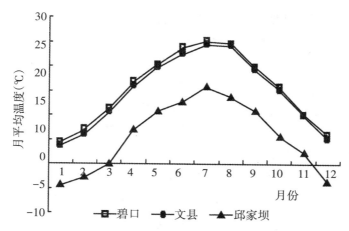

图2-7　白水江国家级自然保护区多年平均气温空间分布规律
（碧口和文县站处于河谷，邱家坝站位于西部山区）

表2-4　白水江国家级自然保护区自东向西4个站点气候特征

地点	海拔（m）	7月均温（℃）	1月均温（℃）	年均温（℃）	降水量（mm）
碧口	600	26.6	4.4	15.7	880
文县	950	24.6	3.9	14.8	460
刘家坪	920	22.5	2.4	12.8	950
岷堡沟	2350	16.8	−4.5	5.8	1086

2.2.3　自然保护区气温降水空间分布格局

由于地理位置以及地势地貌不同，造成气象要素在空间分布上有明显的区域差异。实现区域气候要素空间分布的方法有很多。在20世纪80年代以前，一般用离散点等值线法，这种方法简单，在地形不复杂的平原地区基本可用，但复杂的山区用这种方法就显得十分粗糙。自20世纪80年代以来，国内学者相继提出了相关的一些计算方法和模型（傅抱璞，1983；卢其尧，1988；袁德辉等，1992），这些研究方法虽然能反映整个区域的趋势，但局部误差仍然较大，且计算繁琐，工作量大。随着地理信息系统（GIS）技术的迅速发展，在90年代后期，GIS技术被用于气候要素空间分布的计算，分辨率提高了，且工作量大大减少了（史舟等，1997）。

2.2.3.1　分布式气温模式

众所周知，影响山区气温分布与变化的因素有很多，主要包括：宏观地理条件，测点海拔高度，地形（地形类别、坡向、坡度、地平遮蔽度等），下垫面性质（土壤、植被状况等)。其中尤以海拔高度和地形的影响最显著(翁笃鸣等,1992)。关于山区平均气温随海拔高度的分布问题,许多人都进行过详细的研究,一般认为,平均气温随海拔高度增加呈线性递减。通过精确计算山区气温递减率来了解不同高度带的温度特征,对于各种小地形影响的考虑,基本还处于粗略估算或移植借用阶段(翁笃鸣等,1992)。

由于坡地位置不同,坡地上每天的日照时间和一天中所接受的太阳辐射总量大有差异。凡是接受太阳辐射多的坡地,其温度一般也高,反之,亦然。因此,坡地上温度分布呈现随坡向、坡度及季节和纬度而变化的特点和规律性,一般与坡地上的辐射相类似(傅抱璞,1983)。以此为依据,通过建立数字地形模型(Digital Elevation Model,简称 DEM),获取影响山地温度分布的地形要素,同时考虑海拔高度、地理位置等影响气温的因素以及站点实测数据建立山区温度分布模型的研究逐渐增多(陈晓峰等,1998;张洪亮等,2002;史舟等,1997),弥补了以上研究的不足

如何在白水江国家级自然保护区气象站点有限的情况下,提高山区气温空间模拟的精度,仍然是一个很值得研究的问题。本研究在下载的 1 km 数据集的基础上,通过统计模型,以地理信息系统为辅助,利用坡度、坡向因子进行研究区气温空间小尺度模拟的修正。模型的形式如下:

$$T_A - T_B = \Delta T_g + \left(h_B - h_A\right)r_h + \Delta T_m \tag{2-1}$$

式中:ΔT_g 为两地由于宏观地理因素影响所引起的温度差,由于白水江国家级自然保护区范围小,该项可以忽略。h_A 和 h_B 分别为 A、B 两地的海拔高度,r_h 为该地区的气温直减率,通过 WorldClim 数据和 CHELSA 数据获取,ΔT_m 为由两地不同小地形引起的温度差,可由式(2-2)计算:

$$\Delta T_m = k_r \cos S_D \sin S_L \tag{2-2}$$

式中:k_r 为大于 0 的比例系数,S_D 为坡向,S_L 为坡度。

2.2.3.2 分布式降水模式

山地降水时空分布的复杂性,既与大气候条件有关,又受地形的影响。目前我国山区的气象站和雨量站多设在河谷低处,在海拔较高的地方雨量测点很少。利用这样分布的站点观测资料,计算山区的面雨量,是很不可靠的。如何实现由点数据向面数据的转化,在这方面的研究比较多。Whitmore 等(1961)对南非近 2774 km² 的流域推求面平均降雨量;Singh 和 Birsoy(1975a,1975b)用 9 种方法在新墨西哥州的两个流域、南非的一个流域、英国的 River Ray 和 River Rheidol 流域推求面雨量;Singh 和 Chowdhury(1986)把 Singh 和 Birsoy 的工作进行了扩展,他们用 13 种方法在新墨西哥州和英国 River Ray 进行研究。在国内,穆兴民(1993)在黄土高原地区进行降水结构的趋势面分析;王菱(1996)利用小网格点法,推算华北山区年降水量分布。白水江的面雨量推求仍是一个空白,因此对分布式降水模式的研究是该流域生态水文研究最重要的一环,但是分布在研究区的观测站点非常少,仍然利用传统的统计方法,并且借助 WorldClim 数据和 CHELSA 数据集,拟对下载的

1 km数据实现降尺度。分布式的降水模型如下：

$$P_z = P_0 + a\big[(2H-z)z - (2H-h_0)h_0\big] \qquad (2\text{-}3)$$

式中：H为最大降水高度，P_z为最大降水高度以下及附近的降水量，z为海拔高度，P_0为最大降水高度H以下某一参考高度h_0的降水量，a为与地区特点有关的参数。

根据已知地理空间的特性探索未知地理空间的特性是许多地理研究的第一步，也是地理学的基本问题。空间插值模型是借助地理信息系统技术实现空间分布的常用方法。首先获得一定数量的空间样本，这些样本反映了空间分布的全部或部分特征，并可以据此预测未知地理空间的特征。空间内插对于观测台站十分稀少而台站分布又非常不合理的地区，具有十分重要的实际意义。空间插值模型很多，如反距离加权方法、克里金插值方法、样条函数方法、径向基函数方法、趋势面方法等。对于气候数据的空间插值模型，最常用的是样条函数方法。

样条函数方法是使用函数逼近曲面的一种方法。样条函数方法易操作，计算量不大，它与克里金插值方法相比具有以下特点：不需要对空间方差的结构做预先估计；不需要做统计假设，而这些假设往往是难以估计和验证的；同时，当表面很平滑时，也不牺牲精度。薄板样条函数（Thin Plate Splines，TPS）（Wahba，1990）作为空间数据插值的一种重要方法，已逐渐受到人们重视。WorldClim数据和CHELSA数据集，就是采用的薄板样条插值法，它是一维自然样条到二维样条的自然扩展。程义军等（2008）对薄板样条理论及计算方法进行了详细的解释，认为在构建复杂局部变形的地学模型时，TPS可以得到理想的插值结果。该方法是基于点的非线性变换方法，用于离散点数据插值得到曲面的一种工具，具有光滑、连续、弹性好的特点。利用该插值模型获得研究区的多年平均气温和降水的空间分布见彩图8。

2.3　植被条件

2.3.1　数据收集

收集研究区森林资源规划设计调查（以下简称二类调查）数据。二类调查主要内容多为森林种类、分布，经常采用的方法是：以遥感影像为工作底图，手工勾绘林班和小班，再转绘到地形图，最后绘制林业专题图。数据类型有森林经营单位的境界线、各类林地的面积、林木蓄积、与森林资源有关的自然地理环境和生态环境因素。用于研究的数据有两期，即2010年和2017年。在研究区按2.5 km×2.5 km系统布设一类清查样地451个，在WGS84 UTM坐标系统下，通过地理信息系统软件（ArcGIS）把调查样点生成点图。该数据为大熊猫生境模拟和土地利用类型的遥感解译提供了基础数据。同时收集到2009年保护局研究开展的90个固定样方的数据、2013年绘制的植被类型图和野生大熊猫主食竹子分布数据（全国第4次大熊猫调查）。

2.3.2 植被类型的分布格局

保护区的主体部分位于摩天岭北坡，与主体分离的红土河保护站则属于西秦岭。摩天岭地处我国北亚热带北缘，红土河保护站管辖区则为北亚热带与暖温带的过渡带。北亚热带湿润气候和高中山地貌的组合，使保护区拥有我国亚热带、暖温带山地多种代表性群落类型。物种数量随着海拔的升高先增加之后迅速减少（见图2-8）。白水江国家级自然保护区植被类型空间分布见彩图9，植被类型及组成的垂直分异规律见表2-5。

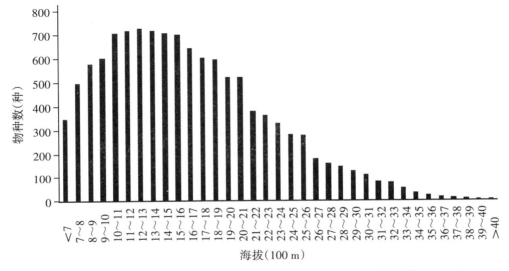

图2-8 白水江国家级自然保护区植物种数与海拔的关系（陈学林等，2006）

表2-5 白水江国家级自然保护区植被垂直分异规律

植被带	海拔（m）	分布区域	主要物种组成
常绿阔叶林带	600～1000	东段山坡下部或河谷	常绿乔木:柏木、栲木、杉木、马尾松、铁坚油杉、橘、橙、油樟、黑壳楠、慈竹、棕榈等;落叶乔木:化香、响叶杨、麻栎、油桐、乌桕等;灌木:茶、亮叶忍冬、黄素馨、巴山木竹、青川箭竹、异叶榕、马桑、竹叶花椒、岷壳花椒、双盾木、亮叶鼠李、黄荆等;草本:剪股颖、苔草、油点草、铁线蕨、五叶草莓、小巢菜、葛、香茶菜、荆芥、益母草等
常绿落叶阔叶混交林带	1000～1600	山脊、山坡和沟谷	乔木:麻栎、巴东栎、板栗、岩栎、枹栎、油樟、山楠、白楠等;灌木:盐肤木、香叶树、青荚叶、黄荆条、胡枝子等;草本:白茅、芒、黄背草等

续表

植被带	海拔(m)	分布区域	主要物种组成
落叶阔叶林带	1600～2100	山坡和同一高度范围内的沟谷	乔林:辽东栎、栓皮栎、锐齿槲栎、槲栎、五裂槭、山白杨、少脉椴、藏刺榛、华山松、千金榆、鹅耳枥、石灰花楸、水榆花楸、麻栎等;灌木:糙花箭竹、龙头竹、陕西荚蒾、陕西绣线菊、中华绣线菊、照山白、六道木、胡颓子、虎榛子、山梅花、小檗等;草本:茖葱、淫羊藿、柄状苔草、鹿蹄草、玉竹、耧斗菜等
针阔叶混交林带	2100～2900	山坡	乔木:红桦、铁杉、白桦、麦吊杉、华山松、四照花、藏刺榛、青榨槭、红麸杨、三桠乌药、石灰花楸、色木槭、牛皮桦、胡桃楸等;灌木:缺苞箭竹、猫儿刺、胡颓子、青荚叶、陕甘花楸、小檗、桦叶荚蒾、卫矛、西南卫矛、狭叶冬青、狭叶绣线菊等;草本:青香、藓生马先蒿、深红龙胆、卵叶扁蕾、鹅观草等
亚高山针叶林带	2900～3450	山坡	乔木:岷江冷杉、秦岭冷杉、巴山冷杉、青杆、云杉、紫果云杉、红杉、紫果冷杉;阔叶乔木:白桦、红桦等;灌木以缺苞箭竹为主,其他灌木有陇蜀杜鹃、凝毛杜鹃、陕甘花楸、红毛五加、冰川茶藨子、甘青茶藨子、木帚枸子、灰枸子、秀丽莓、菝葜等;草本:粟草、疏花早熟禾、糙野青茅、掌叶报春、卵叶韭、长果升麻、东方草莓、掌裂蟹甲草等
高山灌丛草甸带	>3450	山坡上部	<3800 m,常绿革叶灌木,主要有陇蜀杜鹃、凝毛杜鹃、亮叶杜鹃、湖北花楸、刚毛忍冬、唐古特忍冬、高山绣线菊等;>3800 m,金露梅、紫丁杜鹃、高山绣线菊、小叶枸子、窄叶鲜卑花等;亚高山草甸的主要成分为波伐早熟禾、双叉细柄茅、双花堇菜、珠芽蓼、圆穗蓼、乳白香青、高山嵩草、禾叶凤毛菊等

2.3.3　主食竹分布格局

大熊猫原为大型的食肉动物,但随着环境的改变,经过数千年的演化与适应,逐渐转化为以亚高山竹类为主食的植食性动物(Zhang et al,2004),高山和亚高山的各种竹类占大熊猫食物类型的99%。从近几十年国内外学者对大熊猫主食竹种的研究进展来看,研究主要集中在主食竹种的资源调查、主食竹种的分类与分布、主食竹生态生物学特性和生理生化特征以及主食竹种的更新复壮等营林技术方面。调查结果显示,全国大熊猫分布区内共有竹类6属17种，并对该区内各种竹种的分类学特征以及地理分布范围进行研究（钟伟伟等，2006）。竹子分布中心因与大熊猫的分布正好相吻合，而成为主食竹，大熊猫所食竹子种类复杂，随分布地区和时间有所不同。甘肃白水江国家级自然保护区内仅有箭竹属的5种竹子为大熊猫的主食，即缺苞箭竹、青川箭竹、糙花箭竹、龙头竹和团竹（黄华梨，1995）。竹子分布面积与大熊猫食物的来源息息相关（胡杰，2000）。5种主食竹的海拔分布特征见表2-6。

表2-6　白水江国家级自然保护区大熊猫主食竹垂直分异规律

竹林群系	竹林类型	海拔(m)	地点
山地落叶阔叶-竹林群系	青川箭竹林	1000～2400	碧口的李子坝至丹堡、阴山河一带
	龙头竹林	1600～2200	肖家、中庙、碧口的李子坝至让水河的渭儿沟
	糙花箭竹林	1600～2250	马峪河、刘家坪和小团鱼河一带
	团竹林	900～2800	碧口李子坝至让水河银厂沟
山地针阔叶和亚高山针叶-竹林群系	缺苞箭竹林	2100～3100	大熊猫所食竹类中面积最大的天然竹林

由表2-6可以看出，大熊猫主食竹是大熊猫栖息地林下的优势层片，与所在群落系构成统一的有机整体。大熊猫主食竹种（缺苞箭竹）的最佳生活环境为阴坡、半阴坡的落叶阔叶林和针阔叶混交林下，并且上层乔木郁闭度在0.7左右。在这种林下，竹林生长比较旺盛，林冠整齐。而在阳坡或采伐迹地和疏林地环境下，竹林长势不及阴坡或半阴坡，林冠参差不齐。五种竹林的空间分布见彩图10。

2.4　土壤条件

2.4.1　土壤分布规律

根据区域气候和植被特点，保护区土壤形成具有以下特点：（1）淋溶作用明显；（2）具有旺盛的生物积累过程；（3）黏化作用较强。土壤垂直分异规律显著（见图2-9）。山地黄棕壤为区域山地土壤垂直带的基带土壤，分布在海拔1400～1700 m地区，植被以北亚热带湿润气候条件下常绿阔叶、落叶阔叶混交林为主。由于气候温暖湿润，雾多雨多，相对湿度大，土壤常年处于湿润状态。山地棕壤在垂直分布上位于黄棕壤之上，海拔1600～2400 m，植被以落叶阔叶林与针阔混交林为主。气候温和湿润，由于夏秋雨热同期，植物生长旺盛，而冬春寒冷少雨，大量枯落物聚积地表，形成深厚的腐殖质层，有机质含量大于黄棕壤。暗棕壤在垂直分布上位于棕壤之上，海拔2400～2900 m，植被以稀疏林地灌丛草甸为主。气候温凉，寒冷湿润，降水量较多，枯落物丰富，但是微生物活动受到限制，有机质分解缓慢，腐殖质积累作用强，土壤表层有较厚的腐殖质层，有机质含量大于棕壤。亚高山草甸土分布在海拔2900～3300 m，植被类型以灌丛草甸植物为主，气温较低，降水量少，蒸发量较低，相对湿度大，植被覆盖度达90%，有机质分解缓慢，利于腐殖质的形成和积累，土壤表层形成厚达30 cm的腐殖质层。高山草甸土分布在海拔3300～4000 m，植被类型以耐寒喜湿性草甸植被为主，气候冷湿，植物生长期短，但盖度高，特别是植物根系因寒冷不易分解，形成深厚的草皮层。

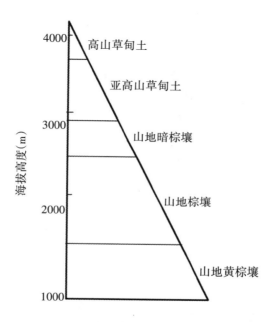

图2-9 白水江国家级自然保护区土壤垂直分布示意图（北坡）

2.4.2 土壤的一般特性

不同的土壤类型具有不同的理化性质（见图2-10）。如黄棕壤分布的海拔最低，土壤呈强酸性，pH值和有机质含量在5类土壤中最低，交换性阳离子总量平均为12毫克当量/100g土，盐基饱和度低，土壤黏粒含量低。棕壤分布在黄棕壤之上，与黄棕壤相比，有机质含量高，pH值在6左右，土壤呈酸性，黏化程度较黄棕壤弱。

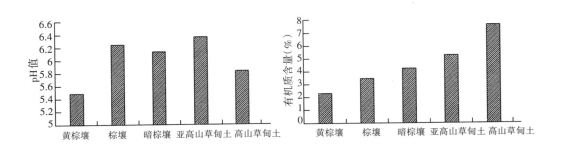

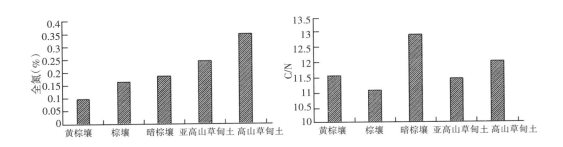

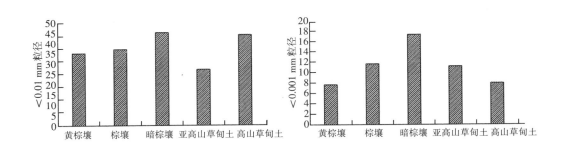

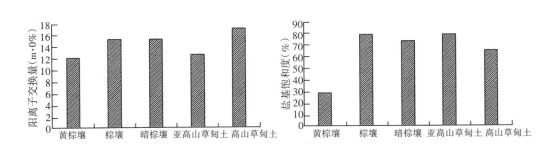

图2-10　白水江国家级自然保护区5种土壤类型理化性质比较

2.5　水文条件

2.5.1　水系分布

白水江国家级自然保护区属于白水江流域的组成部分，位于白水江的右岸。白水江系白龙江的一级支流，发源于岷山山脉东麓，全长 287 km，天然落差 2958 m，河床平均比降约为 10.3‰，流域面积 8316 km²。上游分为黑河和白河两源，其中黑河为主源，两源于黑河塘汇合后始称白水江，自西北向东南流，流经四川省九寨沟县白河乡、安乐乡、城关、双河乡，自柴门关出境，流入甘肃省文县，于玉垒坪处汇入嘉陵江一级支流白龙江。由于地貌属高山峡谷类型，河道坡降大，水流湍急。白水江支流岷堡沟、白马峪河、丹堡河流域占地最广。飞地部分则位于白龙江左岸支流小团鱼河流域。保护区水文网密度大，地表水资源丰富（见彩图 11）。地质灾害主要分布在距河流 0～500 m 的范围，该范围内发生的灾害占地质灾害总量的 49.58%，同时灾害密度也达到最大（全永庆，2014）。总体而言，地质灾害数量和灾害密度均随着距河流距离的增加而呈减小的趋势。主要原因：自古以来人们都有在河流阶地建房居住的习惯，在距河流一定范围内，人类活动频繁；同时，由于河流的切割、冲刷作用，使得河流两岸具有较大的临空条件和外动力条件，导致距河流较近的区域灾害较为发育。

2.5.2　水文特征

保护区河流的一般水文特征：

（1）所有河流均属夏水类型。夏季径流量占全年总径流量的 37%～48%，秋春两季径流量分别占总径流量的 26%～32% 和 18%～22%，冬季只占总径流量的 4%～13%（甘肃白水江国家级自然保护区管理局，1997）。以白水江鹄衣坝站和让水河草坝站为例，月径流量的变化见图 2-11。鹄衣坝站季节径流在春夏秋冬季分别为 17.9%、37.1%、32.4% 和 12.6%，草坝站季节径流在春夏秋冬季分别为 18.6%、47.7%、30% 和 3.7%。

（2）河川径流以雨水补给为主，占总补给量的 60%～80%，地下水和高山融雪水补给次之，占总补给量的 20%～40%。年内不均匀系数仅为 0.22～0.34，表明有良好的调节作用。这是由于流域内特别是上游地区植被很好，加之众多大小海子的调蓄作用，地表岩层较为破碎，节理裂隙较为发育，有利于丰水期降水下渗，地下水含量极为丰沛，致使流域调蓄能力加大。因此，本流域径流具有稳定且相对较丰的特点。

（3）最大流量最大水月出现在 7 和 9 月，与降水期相吻合，流域年内丰、枯差异相对较小。

（4）河流水蚀模数小于 100 t/(km²·a)，个别地区由于过量垦殖与采矿，河流水蚀模数已达 300 t/($km^2 \cdot a$)。

（5）河流矿化度 115 mg/L，表明这是水质良好的低矿化度软水。

（6）河流一般无结冰封冻现象，个别年份上游有 60 天封冻期，但最大冰厚仅 0.1～0.15 m，无碍于野生动物越冬饮水。

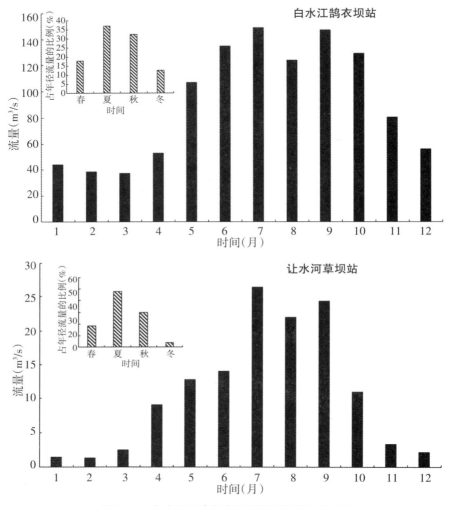

图 2-11　白水江国家级自然保护区径流年内分配

2.6　人类活动干扰方式

白水江国家级自然保护区是一个复合生态系统，主要包括森林生态系统、社会-经济生态系统和水域生态系统。森林生态系统是保护区复合生态系统的主体，占保护区面积的 82.7%，是生物种类繁多的绿色宝库，成为许多动植物生存的"避难所"。但是随着人类活动的加剧，森林遭到破坏，生态环境恶化，致使很多动植物种类受到威胁，甚至濒临灭绝。社会-经济生态系统是整个复合生态系统的核心，对保护区的发展起着举足轻重的作用。水域生态系统由保护区内的河流、水库组成，是鱼类及两栖类生物的栖息场所，这种复合型生态系统的生物多样性十分丰富和鲜明。由于特殊地理条件的限制，自然保护区内交通不便，封闭性强，人类活动的基本目的仍停留在温饱自足阶段，经济主要依赖于农业，第二、三产业严重滞后。这也造成当地人在经济发展的压力下，无暇考虑生态因素，从而有一些违背生态保护的行为。主要的干扰方式为：

（1）砍伐薪柴是人类干扰的主要方式之一。保护区实验区及周边现有 2.2 万户 10 万多人，生活用柴按户年均消耗薪柴 4500 kg 计，每年约消耗薪柴 9.9 万 t。随着社区人口的增多，对薪柴的需求量不断增大，无节制的乱砍滥伐，致使一些立地条件较差的林地被砍伐后难以恢复。

（2）砍伐林木是森林遭受破坏的另一个方式。砍伐林木大部分发生在核心区和缓冲区，对生物多样性威胁严重。砍伐木材是满足修房屋、建圈舍、做家具等生活需要，另一方面也是市场需求以及社区修桥、修建校舍、改善学校设施等社会公益性需求。

（3）采集。采集包括采集野菜、挖药、打椴木花、割漆等。这些活动对一些物种造成比较严重的威胁，甚至是毁灭性的威胁，如打椴木花。除采集的影响，进入保护区的采集有时会附加其他的威胁因素，如野外用火、砍伐，甚至偷猎等。

（4）毁林开垦。由于农业生产方式落后，科技含量低，粮食产量低，经济收入结构单一，造成保护区社区群众生活困难，导致毁林开垦现象不同程度地存在于实验区内，包括种粮、种茶、种药材等，从而改变了林地性质，造成植被丧失，野生动物栖息地缩小，生物多样性下降。

（5）猎捕。猎捕包括狩猎和捕捞。狩猎野生动物是对保护区生物多样性威胁的主要因素之一，狩猎的对象有羚牛、黑熊、林麝、大鲵、果子狸、雉类等，此外还有野猪、鬣羚、斑羚、毛冠鹿、麂、獾等，个别种类如林麝等在保护区濒于灭绝。

（6）开矿和环境污染。保护区主要有砂金矿、岩金矿、硅铁矿、煤矿和铜矿等。金矿和煤矿的开采需要一定量的坑木做支撑，坑木大部分来自保护区内。开采砂金会使河床泥沙堆积，淤塞河道；岩金需粉碎研磨后加入水银以及剧毒药品氰化钠提取，使有毒有害物质流入沟溪，对水源造成污染，水生生物数量减少。

据调查，干扰类型遇见率从高到低依次为：放牧、采药、采伐、狩猎、修建道路、耕种、砍柴、野外用火、采矿等（史志嚣，2017）。据报道，放牧干扰占干扰总数的 14.1%，盗猎干扰占干扰总数的 12.7%，砍伐干扰占干扰总数的 9.9%。不同的区域干扰方式不同（见彩图 12），这些人为干扰会直接威胁野生动物及其栖息地安全。

---•---◆---•---

第3章

自然保护区气候空间格局模拟

3.1 气候变化情景及对物种的影响

3.1.1 气候变化情景

由于人类活动，大气中"温室气体"（如 CO_2、CH_4 等）不断积累增加，引起温室效应明显增强，由此导致全球气候变暖。器测数据表明，在 1880—2012 年的 100 多年间，年平均气温上升了约 0.85 ℃。政府间气候变化专门委员会（IPCC）2013 年的报告指出：过去30 年的温度比 1850 年以来的其他年份都高，其中 1995—2006 年是温度最高的一段时期。联合国第五次政府间气候变化专门委员会（IPCC5）发布了 19 个大气环流模型（GCM），大多数 GCM 包含 4 个排放情景，即典型浓度目标典型浓度路径（representative concentration pathways，RCPs），描述 4 种受气候及社会-经济条件等因素影响下温室气体排放、大气浓度、土地利用和空气污染物排放情况，包括一个严格减排情景（RCP2.6）、两个适度排放情景（RCP4.5 和 RCP6.0）以及一个高排放温室气体情景（RCP8.5）。2.6 表示 2100 年相对于 1750 年的大气的辐射强迫为 2.6 W/m^2，其他三种温室气体排放情景以此类推。在不同的情景下，未来气候的变化见表 3-1。

表 3-1　不同温室气体排放情景下未来气温和海平面的上升趋势（IPCC，2014）

温室气体排放情景	2100 年相对于 1750 年的大气的辐射强迫（W/m^2）	2046—2065 年间温度将上升（℃）/海平面平均升高（m）	2081—2100 年间温度将上升（℃）/海平面平均升高（m）
RCP2.6	2.6	（0.4～1.6）/（0.17～0.32）	（0.3～1.7）/（0.26～0.55）
RCP4.5	4.5	（0.9～2.0）/（0.19～0.33）	（1.1～2.6）/（0.32～0.63）
RCP6.0	6.0	（0.8～1.8）/（0.18～0.32）	（1.4～3.1）/（0.33～0.63）
RCP8.5	8.5	（1.4～2.6）/（0.22～0.38）	（2.6～4.8）/（0.45～0.82）

注：2046—2065 为本世纪中叶，2081—2100 为本世纪末。

到21世纪末，RCP2.6情景预估全球地表温度变化不太可能超过2.0 ℃；RCP4.5情景预估全球地表温度变化多半会超过2.0 ℃；RCP6.0和RCP8.5情景预估全球地表温度变化极可能超过2.0 ℃。《巴黎协定》预期目标是将全球平均升温控制在不高于工业化前温度2.0 ℃的范围内。就目前这些情景来看，RCP2.6是4种情景中唯一可以实现《巴黎协定》目标的排放情景。

气候系统模式已经成为进行气候变化模拟和预估的重要途径（崔妍等，2013；Rao et al，2014），气候系统模式是能较好地反映全球变暖主要特征的工具（姜大膀等，2012），根据器测数据来验证气候模式。未来气候情景有19个大气模型，具有4个二氧化碳排放情景的大气模型有11个。无论器测还是模型模拟，均说明全球变暖是个不争的事实。现有研究表明，温度上升、降水格局变化及其他气候极端事件已对生物产生广泛的影响（Root，2003），表现在物种分布范围和丰富度上（Bellard et al，2012；Cramer et al，2014），同时表现在物种、群落、生态系统等多层面的生物多样性方面，且这些影响在未来会变得更加剧烈（Rinawati et al，2013；Urban，2016）。有人提出，现在地球上动植物物种消失的速率为自然条件下的1000倍，是地球史上的最高峰（Wilson，1988）。根据世界自然基金报告，自20世纪70年代以来，全球的野生动物种群数量降低了约1/4（高发全，2008）。有预测认为，温度每升高1 ℃，就会有10%的物种灭绝（International，2009），也有研究提出物种的灭绝比例会更高，因为生态系统的响应是非线性的，物种的灭绝具有多米诺骨牌效应（Sekercioglu et al，2008）。如果温度达到联合国气候变化公约组织（UFCCC）定义的"危险"温度（升高2 ℃）（UNFCCC，2015），全球将有15%～35%物种灭绝（Thomas et al，2004）；而当温度上升6 ℃，全球将有90%以上的物种面临着灭绝的风险（蒋高明，2008），这无疑会给全球生物多样性的保护带来严峻挑战。鉴于此，气候变化对物种尤其是濒危物种的栖息地及其分布变化的影响，已成为研究热点（吴军等，2011）。如何制定应对未来气候变化下的生物多样性保护措施？回答该问题是有效规划自然保护区和科学保护物种的关键（Mccarty，2001；Coulston et al，2005），也已成为政府、生态学家和民众普遍关注的热点问题。

3.1.2　未来气候变化对物种分布的影响研究

由于气候变化，地球上物种分布正在进行重新分配，如海洋中的物种向下移动，陆栖动物向更高海拔迁移（Peel et al，2017），并且也以极快的速度在地球上消失。动物以每天一种的速度在灭绝，植物以每小时一种的速度在消失，照此下去，整个世界的生物还能存在多久？地球正进入新一次的大灭绝时期，称之为第6次大灭绝（Barnosky et al，2011）。人们对预测气候变化所导致的生物灭绝程度和速度存在一定的争议，但是对物种分布所产生的影响已达成共识。首先，全球气候变化改变温度和降水格局，引起野生动物原有的生境发生变化，其分布范围也随着生境的变化而迁移。翟天庆等（2012）报道，朱鹮今后的生境会逐渐向北迁移，并且核心生境也会慢慢脱离现在的保护区。其次，气候变化还引起了自然环境中与野生动物分布相关的生态因子的变化，从而间接改变物种分布（Tape et al，2016；陈淑娟等，2011；雷军成等，2016）。如植被因子，植被不仅为野生动物生存提供栖息地，同时也为其提供食物来源，当气候变化对植被分布格局产生影响时，野生动物分布区域也随之发生变化（Boelman et al，2014）。研究发现，芬兰东南部128种鸟类，在过去40年内（1970—2012年）分布范围向北平均迁移了37 km（Lehikoinen et al，2016）；中国有120种鸟类分布范围较过去发生北移或西扩（杜寅等，2009）。除水平分布迁移外，也影响物种的垂直分布变化。如瓜达拉马山的16种蝴蝶，在过去30年内（1967—2004年）其分布海拔平均上升了（212±60）m（Wilson et al，2005）；英国在过去25年内有69%的无脊椎动物和脊椎动物平均向高海拔迁移了25 m（Hickling et al，2006）；栖息在北美山区和平原的物种同样朝着更高的海拔梯度迁移（Guralnick，2007）。这种迁移的利弊，目前还很难给予最终的定论（马瑞俊等，2005），但许多潜在的负面影响是存在的，如物种在新分布区内导致的种间竞争（Brambilla et al，2016），物种在迁移过程中遇到地理阻隔或生境破碎等，迁移将会面临着很大的困难（Schloss et al，2012）。

在物种多样性方面，有研究指出，气候变化导致生态系统中物种丰富度和多样性下降，如我国青海湖地区，动物分布和组成较20世纪中期发生了较大变化，有26种野生动物消失，青海湖周边豹猫、猞猁、北山羊、藏野驴等已经消失，而藏野驴、野牦牛、藏羚羊也在此绝迹（马瑞俊等，2005）；气候发生变化后，新气候条件加剧了外来有害生物入侵，外来入侵物种通过压制或排挤当地物种生存空间，形成单一优势种群。一个典型的实例是，爱沙尼亚森林生态系统，由于气候变化使植被类型发生转换，由以落叶阔叶林为优势种转变为以云杉林为优势种的生态系统（Nilson et al，1999）；同时，气候变暖为许多外来生物的繁殖提供了便利，我国已有包括松材线虫、美国白蛾等在内的50多种外来入侵生物，几乎在所有生态系统中都遭受到了外来有害生物的侵害，给生态系统造成了不可逆的影响。气候变化也会引起河流、湖泊、湿地、海洋等生态系统发生变化。北极圈地区海水温度上升，增加了鱼类的食物（浮游和底栖生物），许多鱼类向该区迁移（Kortsch et al，2015）；英国部分溪流水温上升，导致无脊椎动物丰富度下降21%～40%（Durance et al，2007）。澳大利亚沿海区域海水升温，导致许多海藻类、无脊椎动物、鱼类，乃至整个生态系统的结构和功能都发生了变化（Wernberg et al，2013）。

在气候变化的背景下，模拟动植物的潜在分布，与现状相比，分析物种分布区的转移一直是研究热点。很多国内外学者利用大气气候模式模拟物种的分布及迁移，并评价未来气候对物种分布的影响。Iverson等（2008）采用3种大气模型和2种排放情景对美国东部134种树种潜在生境的模拟，发现气候变化将对美国东部树种的适宜栖息地产生重大影响。Hu等（2011）利用3种大气模型预测气候变化对青藏高原普氏羚羊分布的影响，发现气候变化对其生存构成了严重威胁。Poulos等（2014）利用3个大气模型，预测了红刺眼鲤在低碳和高碳排放情景下在北美的分布范围，发现未来更温暖的气候下红刺眼鲤分布范围会巨大扩张。Li等（2015）在5种大气模型和3种排放情景下模拟了中国大熊猫栖息地分布和栖息地质量的潜在变化，结果表明，气候变化将导致大熊猫栖息地退化，现有栖息地的一半以上可能会消失，栖息地数量和质量都可能大幅下降。Al-Qaddi 等（2016）采用 3 种大气模型，给出了目前栓皮栎在中东地区的潜在分布情况，并对未来分布的变化进行了预测，发现气候变化导致适宜区破碎化且适宜范围收缩。Komac 等（2016）研究 3 种气候情景下气候变化对安道尔（比利牛斯山脉）的铁头花杜鹃生态位的影响，发现到 21 世纪末，其分布范围将减少 37.9～70.1 km²，并将局限于陡坡和岩石山坡生境。Aguirre 等（2017）基于 8 个大气模型和 RCP2.6 和 RCP8.5 排放情景，研究了气候变化对厄瓜多尔南部 5 个干旱森林生态系统物种的影响，发现 5 个物种中有 4 个物种分布适宜区在未来将减少。Guo 等（2017）研究了多种气候变化情景下外生菌根菌松茸在我国的潜在地理分布，模型模拟表明，在 4 种气候变化情景下，中等适宜生境的面积变化相对较小，适宜生境显著减少，高适宜生境几乎消失。Pramanik 等（2018）进行气候变化对印度藤黄栖息地适宜性影响的预测，结果表明，在 RCP8.5 情景下，2050 年和 2070 年适宜性栖息地将分别降低 5.29% 和 5.69%。Qin 等（2017）结合 2 个大气模型探讨气候变化对珍稀树种太行崖柏地理分布的影响，发现其潜在分布的中心位置与实际的现状分布一致，但模型预测的最佳生境面积不在当前的分布范围内。Guo 等（2019）基于 4 个情景模式研究了气候变化对我国小平菇地理分布的影响，发现随着年降水量和年平均气温继续增加，我国东北和西南地区小平菇适宜生境改善，但华中地区小平菇适宜生境退化。郭彦龙等（2014）通过 3 种排放情景研究了我国濒危传统藏药桃儿七在不同气候情景下未来分布范围。马松梅等（2014）基于 CCSM 和 MIROC 大气模型对蒙古扁桃分布格局的影响研究发现，气候变化在不同时期的作用是不一样的。段胜武等（2015）基于 BCC-CSM1.1 气候系统模式模拟的不同 RCPs 情景气候特征，研究了我国濒危保护物种栗斑腹鹀在未来分布的动态变化。陈俊俊等（2016）利用 RCP2.6、RCP4.5 和 RCP8.5 情景预测了气候变化影响下短花针茅在我国的潜在分布，明确了影响其分布的主要环境因子和转移规律。赵泽芳等（2016）选择 BCC-CSM1 大气环流模拟和 4 种情景模式研究了气候变化对人参潜在地理分布的影响。杨会枫等（2017）同样基于 BCC-CSM1.1 气候模式预测气候变化下罗布麻潜在地理分布，发现在 RCP2.6 和 RCP8.5 气候情景下，罗布麻适宜生境都有所减少。

　　综上所述，不同大气模型已经广泛应用于气候变化对物种分布的研究，这些研究将为气候变化下动植物的保护提供重要的科学依据。然而，大多数学者只注重模型的应用，而忽略了模型之间的差异和在不同研究区的模拟准确性。另外，不同研究选择气候要素差异也较大，如 Erasmus 等（2002）选择年及月均气温、年及月最高最低气温及繁殖期降水量，Forsman 等（2003）选择最冷月气温和年均气温及繁殖期气温和降水量，Luoto 等（2005）选择最冷月气温和降水量及大于 5 ℃的积温，彭守璋等（2011）选择生长季平均气温、多年平均降水量及太阳直接辐射对祁连山青海云杉林潜在分布模拟，在相同的区域，Zhao 等（2005）利用年均降水量、最热月均温模拟了青海云杉林的潜在分布，Matsui 等（2004）和 Midgley 等（2002）据相关研究选择不同气候变量来分析气候变化对物种分布的影响。

事实上，气候要素平均状态和极端值都对物种分布有一定影响，每个气候变量只反映了物种分布与气候要素关系的一方面，尽可能多地选择不同气候变量将提高模拟气候变化对物种分布影响的精度（Araújo et al，2005）。气候变化后物种分布范围改变包括目前适宜、新适宜和总适宜分布变化及空间格局的改变（Walther et al，2002），这对气候变化下物种就地和迁地保护等至关重要（Williams et al，2005；Pyke et al，2005），但一些研究缺少对新适宜及总适宜分布区变化的分析。因此，为了准确地确定气候变化对物种分布的影响，需要利用多种长时间序列气候变化情景，选择多种气候变量，系统分析气候变化下物种目前适宜、新适宜和总适宜分布区变化及空间格局改变的趋势。在我国，对气候变化下动物分布变化的研究还较少。在生态系统中，气候变化可能有利于某一个物种，而对另一个物种产生不利，对野生动物的影响同样可能加强也可能减弱。因此，今后要从生态系统的层面上来研究气候变化对野生动物的影响，避免孤立地看待这些变化（彭少麟等，2002）。

3.1.3　未来气候变化对大熊猫分布的影响研究

综上所述，气候变化导致物种分布变化，也会造成生物物候的改变，导致物种地理分布的变化，增加物种的灭绝速率（吴军等，2011；Gillings et al，2015；King et al，2017；李天芳等，2017）。大熊猫也不例外，已发现的化石显示，大熊猫曾经分布在黄河、长江和珠江流域，北面到北京周口店，南面达越南、泰国和缅甸北部（潘文石等，2001），现今野生大熊猫活动范围大大缩小，仅分布于四川、陕西、甘肃三省的6个山系，种群也被地理隔离成33个局域种群（唐小平等，2015）。化石研究表明，过去5亿年里物种的灭绝、迁徙主要和气候变化有关，生物的进化史就是不断适应气候的历史（吴军等，2011），大熊猫的分布变化无疑也与气候变化有着密切的关系（McCarty，2001）。目前大熊猫因其扩散能力弱、繁殖率低、食物单一、分布范围窄、分布区破碎化严重等特点，极易受气候变化的影响（王玉君等，2018）。四川省气候中心马振峰研究员科研组做了关于"气候变化对四川大熊猫栖息地的影响及区划研究"，研究成果表明：未来10～30年，在四川省横断山脉东部、邛崃山脉南段的大熊猫将会向西向北迁徙，以适应全球气候变暖带来的气候生态环境变化。一些学者根据近50年的观测数据分析得出，大熊猫栖息地年平均气温呈上升趋势，1990年以来气温增暖的态势加速，冬、秋两季尤为显著。除凉山山系和小相岭外，年降水量呈减少趋势，夏、秋两季降水明显减少，日照时数和平均相对湿度亦呈减少趋势。研究指出，目前四川大熊猫栖息地气候适宜区、次适宜区将由东南向西北发展；最南端的大小相岭和凉山山系大熊猫气候适宜区将逐步缩小，山势陡峭、海拔较高的邛崃山系大熊猫气候适宜区则会显著增大。

许多模型模拟也指出大熊猫分布区在未来气候变化下在空间上的转移（表3-2）。吴建国等（2009）预测，到21世纪末大熊猫总适宜生境将减小70%，生境将更加破碎化，且目前适宜生境东部、东北部的一些范围将不再适宜，南部的适宜范围减小，西和西北部将扩展为新增适宜生境；Songer 等（2012）预测2080年大熊猫现有适宜生境可能丧失

60%，且新增适宜生境仅13%～14%，在当前生境保护区内，破碎化加剧，分布区将向高海拔方向转移。Jian等（2014）通过物种分布模型得出：除秦岭山系以外的大熊猫生境，到21世纪末面积将减少，且总体向北迁移。总之，预测结果可总结为：

（1）大熊猫主食竹分布和生境面积都将减少；

（2）大熊猫生境整体破碎化程度增加，不同山系破碎化程度不同；

（3）大熊猫被迫向更高海拔、更高纬度扩散；

（4）未来大熊猫新增适宜生境多数在现有大熊猫保护区或分布区外，可能会降低现有保护区的功能效率。

表3-2　气候变化对大熊猫影响研究的主要模型和研究成果

模型	气候情景	研究区	预测年限	栖息地变化趋势与程度（%）	破碎化加剧	扩散方向	参考文献
CART	A1，A2，B1，B2	全国大熊猫栖息地	2100	减少，70	是	西，西北	吴建国等，2009
物种分布模型	—	除秦岭外	2099	减少，—	—	北	Jian et al，2014
栖息地评估模型	A2，B2	秦岭山系	2080	减少，60	—	上，北	Fan et al，2014
	A2	岷山北部	—	减少，—	—	西	Liu et al，2016
MaxEent模型	A2	全国	2080	减少，60	是	上	Songer et al，2012
	—	岷山山系		减少—		上，北	Shen et al，2008
	A2，B2，	秦岭山系	2100	减少，59～100	—	北，西北	Tuanmu et al，2013
	RCP2.6	秦岭山系	2050	减少，不明显	是	上，北，东，西	Gong et al，2017
	RCP8.5	邛崃山系	2070	减少，27.2	—	南，北	晏婷婷等，2017

注：CART（classification and regression tree）分类和回归模型。A1情景描述了全球经济快速增长，全球人口在21世纪中期达到高峰后下降，CO_2浓度从2000年380 ppm到2080年800 ppm，全球最高增温幅度为4.49 ℃（RCP8.5）；A2情景描述了区域经济发展趋势，单位资本经济发展和技术革新比其他情景要慢，CO_2浓度从2000年380 ppm到2080年700 pm，全球最高增温幅度为3.79 ℃（RCP 6.0）；B1情景描述了世界人口在21世纪中期增加然后下降，但向信息经济和服务社会发展，并且引进了清洁技术和资源有效技术，CO_2浓度从2000年的380 ppm到2080年的520 ppm，最高增温幅度为1.98 ℃（RCP2.6）；B2情景描述了区域社会经济和环境可持续发展，人口持续增加（比A2情景下低），经济发展中速度，采用不同的发展技术，CO_2浓度从2000年380 ppm到2080年550 ppm，全球最高增温幅度为2.69 ℃（RCP 4.5）。

3.2 保护区未来气候时空格局模拟

3.2.1 数据与方法

未来气候情景数据集从世界气候数据网站（http://www.worldclim.org/）下载。下载21世纪中期（2050s）和末期（2070s）2个时间段上的19个生物气候数据变量（见表2-2）。数据的空间分辨率为30 s，近似为1 km分辨率。未来气候情景有19个大气模型，只选择具有4个二氧化碳排放情景的大气模型，共选择11个（表3-3）。下载数据后，用空间分析方法裁剪获得保护区的未来气候情景数据，然后用地理统计方法统计未来保护区范围内的年均气温和降水，并制作成图表。最后，融合多种大气模型未来不同排放情景的气温和降水，生成空间分布图层，以便更直观地分析研究区未来气温和降水的分布特点。

表3-3　11个大气模型信息

编号	大气模型	缩写	机构,国家	大气模式分辨率(°)
1	BCC-CSM1-1	BC	国家气候中心,中国	1.13×1.13
2	CCSM4	CC	美国国家大气研究中心,美国	1.25×0.94
3	GISS-E2-R	GS	美国国家航空航天局,美国	2.50×2.00
4	HadGEM2-AO	HD	Hadley气候预测与研究中心,英国	1.88×1.24
5	HadGEM2-ES	HE	Hadley气候预测与研究中心,英国	1.88×1.24
6	IPSL-CM5A-LR	IP	Pierre Simon Laplace研究所,法国	3.75×1.88
7	MIROC-ESM-CHEM	MI	日本海洋地球科学技术处,大气海洋研究所和国家环境研究所,日本	2.81×2.81
8	MIROC-ESM	MR	日本海洋地球科学技术处,大气海洋研究所和国家环境研究所,日本	2.81×2.81
9	MIROC5	MC	日本海洋地球科学技术处,大气海洋研究所和国家环境研究所,日本	1.41×1.41
10	MRI-CGCM3	MG	日本气象研究所,日本	1.13×1.13
11	NorESM1-M	NO	挪威气候中心,挪威	2.50×1.88

3.2.2　主要气候模式简介

3.2.2.1　BCC-CSM1-1气候模式

BCC-CSM1-1模式是一个大气-海洋-陆面-海冰耦合的全球气候耦合模式，其中大气模式为BCC_AGCM2.1，垂直分为26层，水平分辨率为2.8°×2.8°；海洋模式MOM4_L40水平分辨率为（1/3）°～1°纬度×1°经度，垂直分为40层；陆面模式为BCC_AVIM1.0，是大气植被互相作用的模式；海冰模式SIS水平分辨率也为1°×1°，垂直方向包含1层积雪和2层海冰。模式试验方案及模式资料的详细介绍可参见文献（辛晓歌等，2012）。

3.2.2.2　CCSM4气候模式

通用气候系统模式（Community Climate System Model，简称CCSM）是由美国国家大气研究中心开发，是国际上新一代的耦合气候系统模式之一（Blackmon et al，2001）。该模式由大气、海洋、陆面、海冰四大模块组成，并通过耦合器来实现其他四个物理子模块间信息和能量的交换。CCSM4中，大气模块是通用大气模式的4.0版本（简称CAM4），在纬度上的分辨率是1.25°，经度上的分辨率是0.9°，垂直方向上分26层。路面模块是通用路面模式的4.0版本（简称CLM4），其水平分辨率与CAM4相同。海洋模块是基于平行海洋模式的2.0版本（简称POP2），经度上的分辨率是1.1°，纬度上的分辨率在赤道地区是0.27°，33°外地区是0.54°，垂直方向上分60层。海冰模式是基于通用冰代码的4.0版本（简称CICE4），其水平分辨率和POP2相同。

3.2.2.3　GISS-E2-R气候模式

大气与海洋是气候系统中两个重要的成员，因此在大气环流模式和海洋环流模式各自发展的基础上，建立海气耦合模式是很有必要的。GISS-E2-R模式是一个全球格点模式，大气与海洋格点的水平分辨率均为2.5°×2°（经度×纬度）。垂直高度上有40层，在模式顶0.1mb的地方和Russel1海洋模式（1°×1.25°×L32）耦合。该模式中由水蒸气凝结成云致雨的机制有两种：第一种机制是大尺度的稳定层结凝结。这个过程中释放的所有凝结物在其相邻的未达到饱和的低层中蒸发，或是在所有低层达到饱和的情况下产生降水。第二种是小尺度范围内的对流降水。这种情况主要是由积云产生，积云参数化方案采用的是Arakawa等（1969）的方案。

3.2.2.4　HadGEM2-AO气候模式

英国哈德莱中心的HadGEM2-AO全球模式将全球按经纬度进行网格划分，经度每1.88°划分一格，纬度每1.24°划分一格。在CMIP5中，HadGEM2-AO发布了2006—2100年的气象预估数据，每一格点对应一个日尺度气象数据。气象数据涉及空间尺度和时间尺度，数据量极大，因此用NetCDF格式存储。NetCDF格式文件可用程序语言进行读取，也可通过软件进行读取。本研究选用Meteoinfo可视化软件读取HadGEM2-AO日尺度气象数据。

3.3 不同情景下保护区气温降水的空间分布

3.3.1 保护区未来气候特点

相比于当前气候（年均温度9.84 ℃、年降水量762.65 mm），综合各大气模型和情景，到21世纪中叶（约2050年），气温增加量为1.28（CCSM4，RCP2.6）～3.42 ℃（IPSL-CM5A-LR，RCP8.5），降水增加量为−73.65（MRI-CGCM3，RCP6.0）～−138.05 mm（MIROC-ESM-CHEM，RCP4.5）；到21世纪末（约2070年），气温增加量为1.17（GISS-E2-R，RCP2.6）～4.93 ℃（IPSL-CM5A-LR，RCP8.5）。降水增加量为−62.02（MRI-CGCM3，RCP2.6）～199.06 mm（MIROC-ESM-CHEM，RCP8.5）（见彩图13）。

到2050年，在RCP2.6情景下，CCSM4年均温最低，为11.12 ℃，HadGEM2-ES年均温最高，为12.31 ℃，MRI-CGCM3年降水量最少，为694.14 mm，MIROC-ESM年降水量最多，为887.32 mm；在RCP4.5情景下，CCSM4年均温最低，为11.50 ℃，HadGEM2-AO年均温最高，为12.64 ℃，MRI-CGCM3年降水量最少，为740.75 mm，MIROC-ESM-CHEM年降水量最多，为900.70 mm；在RCP6.0情景下，MC年均温最低，为11.22 ℃，IPSL-CM5A-LR年均温最高，为12.15 ℃，MRI-CGCM3年降水量最少，为689.00 mm，MIROC-ESM年降水量最多，为851.65 mm；在RCP8.5情景下，GISS-E2-R年均温最低，为11.93 ℃，HadGEM2-ES年均温最高，为13.12 ℃，GISS-E2-R年降水量最少，为691.48 mm，MIROC-ESM年降水量最多，为869.98 mm。

到2070年，在RCP2.6情景下，GISS-E2-R年均温最低，为11.01 ℃，HadGEM2-ES年均温最高，为12.26 ℃，MRI-CGCM3年降水量最少，为700.63 mm，MIROC-ESM年降水量最多，为933.04 mm；在RCP4.5情景下，CCSM4年均温最低，为11.86 ℃，HadGEM2-AO年均温最高，为13.17 ℃，MRI-CGCM3年降水量最少，为724.55 mm，MIROC-ESM-CHEM年降水量最多，为915.25 mm；在RCP6.0情景下，MRI-CGCM3年均温最低，为11.92 ℃，HadGEM2-ES年均温最高，为13.05 ℃，CCSM4年降水量最少，为729.77 mm，MIROC-ESM年降水量最多，为887.48 mm；在RCP8.5情景下，GISS-E2-R年均温最低，为12.88 ℃，IPSL-CM5A-LR年均温最高，为14.77 ℃，MRI-CGCM3年降水量最少，为723.42 mm，MIROC-ESM-CHEM年降水量最多，为961.71 mm。

3.3.2 基于综合模型的自然保护区气候特征动态分析

从整体上看（见彩图14），当前年均气温为9.84 ℃，年均降水量为762.65 mm。到2050年，RCP2.6情景下，年均气温为11.62 ℃，年均降水量为797.55 mm，RCP4.5情景下年均气温为11.95 ℃，年均降水量为806.12 mm，RCP6.0情景下年均气温为11.66 ℃，年均降水量为 768.75 mm，RCP8.5 情景下年均气温为 12.55 ℃，年均降水量为 791.26 mm，RCP2.6、RCP4.5、RCP6.0 和 RCP8.5 情景下平均气温增加量分别为 1.78 ℃、2.11 ℃、1.82 ℃和 2.71 ℃，气温增长百分比分别为 18.13%、21.46%、18.5% 和 27.58%，降水增加量分别为 34.9 mm、43.47 mm、6.09 mm 和 28.61 mm，降水量分别增长 4.58%、5.7%、0.8% 和 3.75%。到 2070 年，RCP2.6 情景下，年均气温为 11.59 ℃，年均降水量为 812.72 mm，RCP4.5 情景下，年均气温为 12.40 ℃，年均降水量为 822.74 mm，RCP6.0 情景下，年均气温为 12.43 ℃，年均降水量为 782.26 mm，RCP8.5 情景下，年均气温为 13.79 ℃，降水量为 820.21 mm，RCP2.6、RCP4.5、RCP6.0 和 RCP8.5 情景下平均气温增加量分别为 1.76 ℃、2.56 ℃、2.6 ℃和 3.95 ℃，气温增长百分比分别为 17.85%、26.06%、26.39% 和 40.20%，降水增加量分别为 50.06 mm、60.09mm、19.6 mm 和 57.56 mm，降水量分别增长 6.56%、7.88%、2.57% 和 7.55%。

3.3.3　不同气候情景下保护区气温和降水的空间分布模拟

从白水江国家级自然保护区气温和降水的空间分布特点看（见彩图 15），它们与海拔有着密切的联系，即表现为：海拔越高的区域温度越低，降水也越多；海拔越低的区域温度越高，降水也越少。

从彩图 16 可以看出，RCP2.6 情景下，保护区增温相对较低，大部分区域增温 1.7 ℃与 1.8 ℃，在 2050 年西段零星区域出现 1.9 ℃增温。RCP4.5 情景下，到 2050 年，西段区域增温 2.2 ℃与 2.3 ℃，东段区域增温 2.0 ℃与 2.1 ℃，东段北部零星区域出现 2.2 ℃增温；到 2070 年，西段区域增温 2.6 ℃与 2.7 ℃，东段区域增温 2.4 ℃与 2.5 ℃，东段北部零星区域出现 2.6 ℃增温。相比 RCP4.5 情景增温分布，RCP6.0 情景到 2050 年增温较低，表现为西段区域增温 1.9 ℃与 2.0 ℃，东段区域增温 1.7 ℃与 1.8 ℃，东段北部零星区域出现 1.9 ℃增温，同 RCP2.6 情景相比，1.9 ℃增温区面积得到扩大；到 2070 年，西段区域增温 2.6 ℃与 2.7 ℃，东段北部零星区域出现 2.6 ℃增温，这与 RCP4.5 情景增温量相等，但是增温区域进一步扩大，其余区域增温 2.5 ℃。RCP8.5 情景下增温迅速，到 2050 年，西段区域增温 2.8 ℃与 29 ℃，东段区域增温 2.6 ℃与 2.7 ℃，东段北部零星区域出现 2.8 ℃增温；到 2070 年，西段区域增温 4.0 ℃与 4.1 ℃，东段区域增温 3.8 ℃与 3.9 ℃，东段北部零星区域出现 4.0 ℃增温。

不同情景下降水增加量呈现不同的等级（见彩图 17）。RCP2.6 情景下，到 2050 年，保护区大部分区域降水增加 25～40 mm，西南边缘区域降水增加 40～48 mm；到 2070 年，西段西南区域与东段北部降水增加 50～65 mm，其余区域降水增加 39～50 mm。RCP4.5 情景下，到 2050 年，西段西南大部分区域与东段北部降水增加 40～60 mm，其余区域降水增加 34～40 mm；到 2070 年，降水量逐步增大，西段西南区域与东段北部降水增加 60～81 mm，其余区域降水增加 47～60 mm。RCP6.0 情景下，降水增加量相比其他情景下整体偏少，到 2050 年，大部分区域降水增加 0～10 mm，西段小片区域增加 10～15 mm；到 2070

年，西段降水增加20～38 mm，东段降水增加5～20 mm。RCP8.5情景下，到2050年，西段降水增加30～44 mm，东段降水增加15～30 mm；到2070年，西段西南大部分区域与东段北部降水增加50～81 mm，其余区域降水增加39～50 mm。

　　总之，白水江国家级自然保护区未来气候变化情景下温度增高，降水增多。不同情景下区域变化规律性明显，表现为：西段区域与东段北部增温量高于其他区域，西段西半部与东段北部降水增加量多于其他区域。

第4章
自然保护区土地利用类型遥感分类

　　土地利用/土地覆盖变化（Land Use /Land Cover Change，LUCC）是目前全球变化研究的核心主题之一。LUCC牵涉大量其他陆地表层物质循环与生命过程，如生物圈–大气圈交互作用、生物多样性、生物地球化学循环及资源可持续利用等（Lambin et al，1997）。"国际地圈与生物圈计划"（International Geosphere – Biosphere Programme，IGBP）（Baker，1988）和"国际全球环境变化人文因素计划"（International Human Dimensions Programme on Global Environmental Change，IHDP）（Relief，1998），于1995年联合提出"土地利用/土地覆盖变化"研究计划，使LUCC研究成为全球变化研究的前沿和热点课题（刘纪远等，2002）。

　　IGBP把土地利用定义为：人类为获取所需的产品或服务而进行的利用土地自然属性的目的、方式和意图（Turner et al，1995）。联合国粮食及农业组织（Food and Agriculture Organization of the United Nations，FAO）把土地利用定义为：由自然条件和人类干预所决定的土地功能（Gregorio et al，1998；蔡玉梅等，2005）。因此，土地利用是人类根据土地的特点，按一定的经济与社会目的，对土地进行的长期性或周期性的经营活动，更侧重于土地的社会经济属性（蔡红艳，2010）。

　　IGBP将土地覆盖定义为：地球表面及其以下的次表面部分，包括生物群落、土壤、地形、地表水、地下水及人文结构（Turner et al，1995）。FAO将土地覆盖定义为：地球表面可被观察到的自然覆盖（Gregorio et al，1998）。《中国土地利用》将土地覆盖定义为：覆盖在地面的自然物体和人工建筑物，它包括了已利用和未利用的各种要素的综合体（吴传钧等，1994）。因此，土地覆盖是自然营造物和人工建筑物所覆盖的地表诸要素的综合体，包括地表植被、土壤、冰川、湖泊、沼泽湿地及各种建筑物，具有特定的时间和空间属性，其形态和状态可在多种时空尺度上变化，侧重于土地的自然属性（蔡红艳等，2010）。

　　土地利用与土地覆盖关系密切，土地利用体现了人类改造自然的能动作用，土地覆盖是土地利用的结果，在区域直至全球尺度发生显著变化，表现为土地退化、温室气体排放、生物多样性减少等全球环境变化问题，而这些问题又反过来制约人类的土地利用决策和行为（Houghton，1994）。

地表覆盖物的空间特征、光谱特征和时间特征是土地覆盖遥感分类的主要依据。地表覆盖物具有发射、吸收和反射电磁波的特性，并随着波长的变化而变化。遥感传感器通过捕捉地物发射或反射的电磁波谱特征，从而识别不同的地表覆盖物，电磁波谱划分如表4-1所示。捕捉地物发射的电磁波谱特征的遥感称为主动遥感，一般使用的电磁波是微波波段和激光，普通雷达、侧视雷达、合成孔径雷达、红外雷达、激光雷达等都属于主动遥感系统。捕捉地物反射的电磁波谱特征的遥感称为被动遥感，遥感系统本身不带有辐射源的探测系统，一般使用的电磁波段是可见光波段、近红外波段和红外波段，如航空摄影系统、红外扫描系统等。典型地物的光谱特征具有各自的特点（见彩图18）：植被在绿波段有个小的反射峰，在近红外波段内形成高反射峰，在短波红外波段内形成水的吸收带；土壤在整个波谱段内反射率较低，并随含水量的变化而变化，干土反射率高于湿土；雪的反射率随波长增加，整体呈降低趋势；水体在红外波段强吸收，光学特征集中表现在可见光波段内（孙华生，2009）。

表4-1　电磁波谱划分

波谱区	波长范围	可见光波谱区	波长范围
γ射线区	0.005～0.17 nm	紫波段	380～440 nm
X射线区	0.1～10 nm	蓝波段	440～485 nm
远紫外区	10～200 nm	青波段	485～500 nm
近紫外区	200～380 nm	绿波段	500～565 nm
可见光区	380～780 nm	黄波段	565～590 nm
近红外区	0.78～2.5 μm	橙波段	590～625 nm
中红外区	2.5～50 μm	红波段	625～740 nm
远红外区	50～1000 μm		
微波区	0.1～1000 cm		
射频区	1～1000 m		

土地利用/土地覆盖分类是土地利用/土地覆盖变化研究的基础工作和关键环节。通过土地利用/土地覆盖分类，不仅可以了解不同土地利用/土地覆盖类型的基本属性，而且可以认识土地利用/土地覆盖的区域结构与分布特征，为进一步研究土地利用/土地覆盖变化的地域差异性奠定基础。

景观格局指的是大小和形状各异的景观要素在空间上的排列组合，包括景观组成单元的类型、数目及空间分布与配置，它是景观异质性的具体体现，同时又是不同时空尺度上的生物因素、非生物因素和人为因素长期相互作用的结果（王计平等，2010）。一切自然营力及人类活动都将引起景观格局的变化，土地利用变化与景观格局变化紧密相关，土地利用与景观格局的时空变化过程综合反映了人类活动对区域生态系统的影响（田锡文等，

2014；万荣荣等，2005）。土地利用变化与景观格局变化的相互作用可通过相关性分析来实现，Shen 等（2019）通过分析斑块类型级别景观指数变化率与相应的景观级别景观指数变化率的皮尔逊相关性，研究土地利用变化对景观变化产生的影响。

甘肃白水江国家级自然保护区，蕴藏着丰富的野生动植物资源。人类活动对保护区的土地利用变化产生了极大影响，20 世纪末的乱砍滥伐导致了植被严重退化，而之后的退耕还林还草等政策又促进了植被恢复，为调节保护区内居民生产生活与野生动植物资源保护的矛盾，保护区出台了一系列保护政策，土地利用发生了明显变化。为此，基于 2018 年的 Sentinel-2 数据，进行白水江国家级自然保护区土地利用现状分类，掌握各土地利用类型的空间分布；基于 Landsat 数据，研究 1986—2015 年期间，白水江国家级自然保护区的土地利用演变特征；基于景观指数，研究 1986—2015 年期间，白水江国家级自然保护区的景观格局演变特征，并分析土地利用变化对景观格局产生的影响。通过对自然保护区的土地利用类型进行遥感分类，分析土地利用及景观格局演变特征，可掌握白水江国家级自然保护区的植被覆盖现状及变化趋势，可为研究区的珍稀濒危野生动植物资源保护和生态文明建设提供决策支持。

4.1　数据收集与预处理

4.1.1　Sentinel-2 数据收集与预处理

哨兵（Sentinel）系列卫星是欧洲全球环境与安全监测系统项目——"哥白尼计划"的成员。目前共有 7 颗卫星在轨（S1A/B，S2A/B，S3A/B，S5P）。目前已经免费公开了 S1～S3 的数据。

Sentinel-1 卫星是欧洲极地轨道 C 波段雷达成像系统，是合成孔径雷达（Synthetic Aperture Radar，SAR）操作应用的延续（杨魁等，2015）。单个卫星每 12 天映射全球一次，双星座重访周期缩短至 6 天，赤道地区重访周期为 3 天，北极为 2 天。拥有干涉宽幅模式和波模式两种主要工作模式，另有条带模式和超宽幅模式两种附加模式。干涉宽幅模式幅宽 250 km，地面分辨率 5 m×20 m；波模式幅宽 20 km×20 km，图像分辨率 5 m×5 m；条带模式幅宽 80 km，分辨率 5 m×5 m；超宽幅模式幅宽 400 km，分辨率 20 m×40 m。

Sentinel-2 是全球环境与安全监测系统"哥白尼计划"中的第二颗卫星，是高分辨率多光谱成像卫星，携带一枚多光谱成像仪（Multispectral Imager，MSI），用于陆地监测，可提供植被、土壤和水覆盖、内陆水路及海岸区域等图像，还可用于紧急救援服务（苏伟等，2018），分为 2A（2015 年 6 月 23 日）和 2B（2017 年 3 月 7 日）两颗卫星。高度为 786 km，可覆盖 13 个光谱波段，幅宽达 290 km。地面分辨率分别为 10 m、20 m 和 60 m，一颗卫星的重访周期为 10 天，两颗互补，重访周期为 5 天。Sentinel-2 号卫星的波段设置如表 4-2

所示。Sentinel-2卫星数据是目前可免费获取的空间分辨率最高的光学遥感数据，最高空间分辨率可达10 m，被用于白水江国家级自然保护区土地利用现状分类。

Sentinel-3是一个极轨、多传感器卫星系统，搭载的传感器主要包括光学仪器和地形学仪器。光学仪器包括海洋和陆地彩色成像光谱仪（OLCI）、海洋和陆地表面温度辐射计（SLSTR）；地形学仪器包括合成孔径雷达高度计（SRAL）、微波辐射计（MWR）和精确定轨（POD）系统（晓然，2016）。能够实现海洋重访周期小于3.8天，陆地重访周期小于1.4天。主要任务是高精度和准确测量海面地形、海洋和陆地表面温度及颜色，以支持海洋预测系统，用于环境和气候监测。

表4-2　Sentinel-2号波段设置

波段名称	Sentinel-2A		Sentinel-2B		空间分辨率（m）
	中心波长（nm）	半宽高（nm）	中心波长（nm）	半宽高（nm）	
B2	496.6	98	492.1	98	10
B3	560.0	45	559.0	46	
B4	664.5	38	665.0	39	
B8	835.1	145	833.0	133	
B5	703.9	19	703.8	74.5	20
B6	740.2	18	739.1	18	
B7	782.5	28	779.7	28	
B8A	864.8	33	864	3	
B11	1613.7	143	1610.4	141	
B12	2202.4	242	2185.7	238	
B1	443.9	27	442.3	45	60
B9	945.0	26	943.2	27	
B10	1373.5	75	1376.9	76	

Sentinel-2数据从美国地质勘探局网站（http://earthexplorer.usgs.gov/）下载。Sentinel-2 L1C是经过几何精校正的大气表观反射率产品，因此，其预处理包括辐射定标、大气校正、拼接和裁剪，由于ENVI5.5之前的版本对Sentinel-2数据的支持不好，不能直接打开数据，因此使用ENVI5.2.2试用版本（http：//blog.sina.com.cn/s/blog_764b1e9d0102ycm2.html）对Sentinel-2数据进行预处理。

（1）Sentinel-2数据辐射定标。Sentinel-2 L1C是大气表观反射率产品，辐射亮度值ρ_λ与大气表观反射率L_λ存在如公式（4-1）的数学关系，进而可由公式（4-2）求得辐射亮度值。

$$\rho_{\lambda} = \frac{\pi L_{\lambda} d^2}{E_{\lambda} \sin \theta} \tag{4-1}$$

$$L_{\lambda} = \frac{\rho_{\lambda} E_{\lambda} \sin \theta}{\pi d^2} \tag{4-2}$$

式中，d 表示日地距离，单位为天文单位，即太阳和地球之间的平均距离；E_{λ} 表示太阳辐照度，单位为 W/（m²·μm）；θ 表示太阳高度角，单位为度。

使用 Radiance Sentinel-2 LTC 工具，对 4 个空间分辨率为 10 m 的波段，即用于白水江国家级自然保护区土地利用现状分类的波段，进行辐射定标。辐射定标结果如图 4-1 所示。

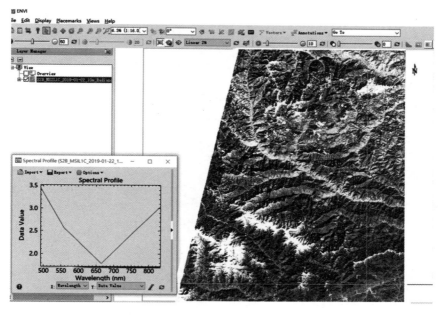

图 4-1　Sentinel-2 数据辐射定标结果

（2）Sentinel-2 大气校正。大气校正方法包括基于图像特征的相对校正法、基于地面线性回归模型法、基于大气辐射传输模型法和复合模型法 4 种，其中的大气辐射传输模型法的精度最高，常用的模块有 ATREM、ATCOR、ACORN、HATCH、FLAASH 等（郝建亭等，2008）。其中，FLAASH（Fast Line-of-sight Atmospheric Analysis of Spectral Hypercubes）大气校正以 MODTRAN 4 为内核计算反射率反演模型大气参数，用 Gordon 模型反演遥感图像地物反射率，是目前精度最高的大气辐射校正模型（高箕悦，2011）。FLAASH 模块中的辐射传输方程如公式（4-3）所示（宋晓宇等，2005）。

$$L = \left[\frac{A\rho}{1 - \rho_{e}S}\right] + \left[\frac{B\rho_{e}}{1 - \rho_{e}S}\right] + L_{a} \tag{4-3}$$

式中，L 为遥感器接收的总辐射，ρ 为像元的反射率，ρ_{e} 为周围区域的平均反射率，S 为大气向下的半球反照率，L_{a} 为大气程辐射，A、B 为依赖于大气透过率和几何状况的系数；$\dfrac{A\rho}{1-\rho_{e}S}$ 表示像元反射直接进入遥感器的部分，$\dfrac{B\rho_{e}}{1-\rho_{e}S}$ 表示地表像元的反射经大气的散射进入传感器的部分。

因此，使用FLAASH Atmospheric Correction大气校正工具（ENVI工具查询路径：Radiometric Correction->Atmospheric Correction Module->FLAASH Atmospheric Correction），进行大气校正。大气校正参数设置如图4-2所示，大气校正结果如图4-3所示。

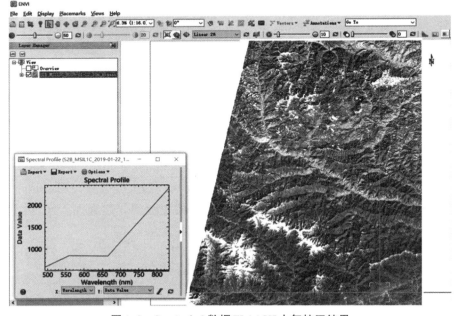

图4-2　Sentinel-2 FLAASH大气校正参数设置

图4-3　Sentinel-2数据FLAASH大气校正结果

（3）Sentinel-2数据拼接。覆盖白水江国家级自然保护区需要2景Sentinel-2数据，因此需要对完成大气校正的Sentinel-2数据进行拼接，使用的拼接工具是Seamless Mosaic（ENVI工具查询路径：Mosaicking->Seamless Mosaic），拼接结果见彩图19。

（4）Sentinel-2数据裁剪。导入白水江国家级自然保护区的矢量边界，使用Subset Data from ROIs工具（ENVI工具查询路径：Regions of Interest->Subset Data from ROIs）对Sentinel-2数据进行裁剪，得到保护区经过预处理的Sentinel-2影像图（见彩图20）。

4.1.2　Landsat数据收集与预处理

地球资源卫星（Landsat）是地球资源与环境探测领域的代表，自第一颗Landsat卫星于1972年发射成功以来，至今Landsat系列卫星已经对地球进行了长达40多年的连续观测，获取了大量的地球遥感时序数据（姚薇等，2011）。这些数据被广泛用于资源调查、生态环境监测、城乡规划与建设、重大自然灾害监测以及农林畜牧业等众多领域（张志杰等，2015）。

Landsat系列卫星，自1972年7月23日以来，一共发射了8颗。其中，第6颗发射失败，Landsat 1~4均相继失效，Landsat 5于2013年6月退役，Landsat 7于1999年4月15日发射升空，Landsat 8于2013年2月11日发射升空。至今Landsat 7和Landsat 8两颗卫星仍在服役。各卫星的服役时间如图4-4所示（韦银高，1992；冯钟葵等，2000；张玉君，2013）。

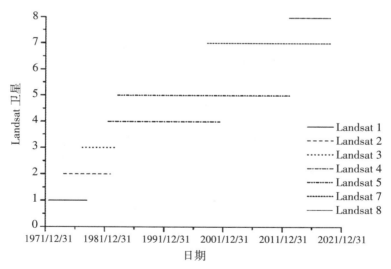

图4-4　Landsat系列卫星的服役时间

Landsat卫星轨道为与太阳同步的近极地圆形轨道，以确保北半球中纬度地区获得中等太阳高度角（25°~30°）的上午成像，而且卫星以同一地方时、同一方向通过同一地点，保证遥感观测条件基本一致，以利于图像的对比（姜高珍等，2013）。各Landsat卫星传感器的波段设置见表4-3，卫星参数设置见表4-4。

表4-3　Landsat卫星传感器波段设置

传感器	波段		波长范围（μm）	空间分辨率（m）
	Landsat1～3	Landsat4～5		
MSS（Landsat1～5）	MSS-4	MSS-1	0.5～0.6	78
	MSS-5	MSS-2	0.6～0.7	78
	MSS-6	MSS-3	0.7～0.8	78
	MSS-7	MSS-4	0.8～1.1	78
TM（Landsat4～5）	1		0.45～0.52	30
	2		0.52～0.60	30
	3		0.63～0.69	30
	4		0.76～0.90	30
	5		1.55～1.75	30
	6		10.40～12.50	120
	7		2.08～2.35	30
ETM+（Landsat7）	1		0.450～0.515	30
	2		0.525～0.605	30
	3		0.630～0.690	30
	4		0.775～0.900	30
	5		1.550～1.750	30
	6		10.40～12.50	60
	7		2.090～2.350	30
	8		0.520～0.900	15
OLI（Landsat8）	1		0.433～0.453	30
	2		0.450～0.515	30
	3		0.525～0.600	30
	4		0.630～0.680	30
	5		0.845～0.885	30
	6		1.560～1.660	30
	7		2.100～2.300	30
	8		0.500～0.680	15
	9		1.360～1.390	30
TIRS（Landsat8）	10		10.6～11.2	100
	11		11.5～12.5	100

表4-4 Landsat卫星参数设置

卫星参数	Landsat 1	Landsat 2	Landsat 3	Landsat 4	Landsat 5	Landsat 7	Landsat 8
卫星高度（km）	920	920	920	705	705	705	705
半主轴（km）	7385.438	7285.989	7285.776	7083.465	7285.438	—	—
倾角（°）	99.125	99.125	99.125	98.22	98.22	98.2	98.2
经过赤道时间（a.m.）	8:50	9:03	6:31	9:45	9:30	10:00	10:00±15min
重访周期（d）	18	18	18	16	16	16	16
幅宽（km）	185	185	185	185	185	185×170	180×170

Landsat卫星系列数据从美国地质勘探局网站（http：//earthexplorer.usgs.gov/）下载。根据Landsat数据的质量、云量和成像时间等信息，选择1986年、1995年、2008年和2015年共4个时期的数据提取土地覆盖信息，以研究保护区的土地利用变化，数据详细信息见表4-5。为尽可能保证数据的一致性，均使用Lansdat 5 TM和Landsat 8 OLI数据中空间分辨率为30 m的6个波段进行土地覆盖分类，即蓝（Blue）、绿（Green）、红（Red）、近红外（Near Infrared，NIR）和两个短波红外（Short-wave Infrared，SWIR）波段。由于获取的Landsat数据已经是标准的正射产品，因此，Landsat数据的预处理包括辐射定标、大气校正、裁剪，均在ENVI5.3中完成（祝佳，2016）。

表4-5 Landsat数据基本信息

传感器类型	条带号	时间（年-月-日）	云量（%）
TM	129/37	1986-07-31	0.00
TM	129/37	1995-06-22	1.00
TM	129/37	2008-06-25	9.00
OLI	129/37	2015-05-12	2.06

（1）Landsat辐射定标。使用Radiometric Calibration工具（Radiometric Correction->Radiometric Calibration）进行辐射定标，将遥感影像的数字量化值（Digital Number，DN）转换为辐射亮度值。辐射亮度值L_λ计算公式如所示：

$$L_\lambda = G \cdot D + O \tag{4-4}$$

式中，G表示增益值，O表示偏移值，单位为W/（m$^2 \cdot \mu$m），D为数字量化值。

Radiometric Calibration工具能自动从元数据中读取辐射定标参数，从而完成辐射定标，辐射定标参数设置如图4-5所示。辐射定标前后的波谱曲线对比如图4-6所示。

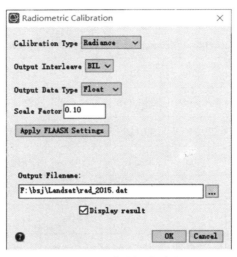

图4-5　Landsat 辐射定标参数设置

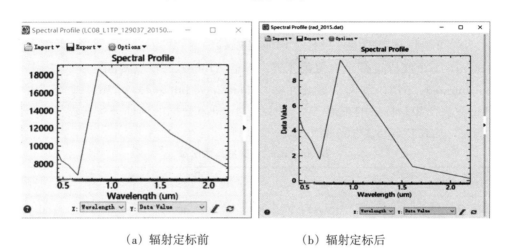

（a）辐射定标前　　　　　　　　（b）辐射定标后

图4-6　Landsat 辐射定标前后波谱曲线对比图

（2）Landsat大气校正。使用FLAASH Atmospheric Correction大气校正工具进行大气校正。Landsat数据FLAASH大气校正参数设置如图4-7所示，大气校正后的波谱曲线如图4-8所示。

（3）Landsat数据裁剪。导入白水江国家级自然保护区的矢量边界，使用Subset Data from ROIs工具对Landsat数据进行裁剪，得到保护区经过大气校正后的Landsat影像图（见彩图21）。

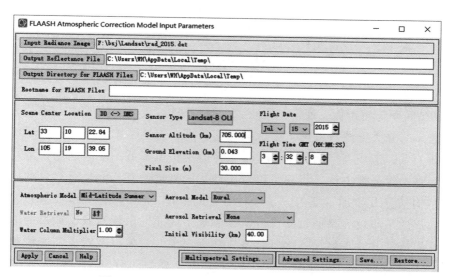

图4-7　Landsat 数据FLAASH大气校正参数设置

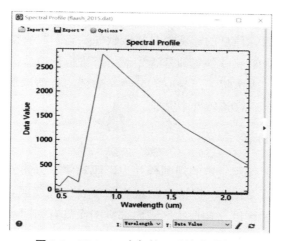

图4-8　FLAASH大气校正后的波谱曲线

4.1.3　其他数据收集与预处理

另外，所使用的数据还包括森林资源二类调查数据（2010年）及林地更新数据（2017年），来自甘肃白水江国家级自然保护区管理局；数字高程模型（Digital Elevation Model，DEM），空间分辨率为30 m，源自中国科学院计算机网络信息中心地理空间数据云网站（http：//www.gscloud.cn/）；研究区矢量边界数据，来自甘肃白水江国家级自然保护区管理局。

4.2　面向对象的遥感分类方法

高空间分辨率遥感影像，通常波段较少，而空间信息、几何信息和纹理信息丰富。传统的基于像元的分类方法只考虑了影像的光谱信息，忽视了图像自身的空间特征及地物对象的拓扑关系，造成高空间分辨率遥感影像分类精度降低，空间数据大量冗余。而面向对象的遥感影像分类方法，不仅可以利用地物的光谱信息，而且可充分利用影像的几何信息、结构信息及纹理特征等，是一种综合的处理方法（张俊等，2010）。面向对象分类方法处理的最小单元是通过影像分割得到的"同质"影像对象，通过提取对象的光谱特征、几何特征、纹理特征等多种特征，建立对象与对象以及对象与影像整体之间的逻辑关系，最终完成遥感影像分类，可以大大提高高空间分辨率遥感影像的分类精度（黄瑾，2010）。

eCognition 是德国 Definiens imaging 公司开发的一款基于面向对象理论的智能化影像分析软件，是第一个基于目标信息的遥感信息提取软件。它采取决策专家系统支持的模糊分类算法，突破了传统商业遥感软件单纯基于光谱信息进行影像分类的局限性，采取面向对象的思路进行信息提取，大大提高了高空间分辨率数据的自动识别精度（宋杨等，2012）。面向对象分类均在 eCognition 9.0 软件中完成。

4.2.1　影像分割理论

影像分割将若干像元按照一定的规则合并为影像对象，影像分割质量是面向对象分类方法成败的关键（傅刚，2016）。影像分割根据灰度、纹理、颜色等特征进行影像分割，将遥感影像分割成不同的区域，在这些区域内部，图像具有相同或相似的特征属性，而在不同区域内，图像特征具有明显差异，在这些区域的边界上表现出不连续性。

影像分割分为自上而下型和自下而上型两类。自上而下型又称为知识驱动型，根据知识规则和先验模型直接指导分割过程，包括棋盘分割（Chessboard Segmentation）和四叉树分割（Quadtree Based Segmentation）；自下而上型又称为数据驱动型，根据影像数据自身的特征直接进行影像分割，包括多尺度分割（Multiresolution Segmentation）和光谱差异分割（Spectral Difference Segmentation）（傅刚，2016）。

4.2.1.1　棋盘分割

棋盘分割是最简单的分割算法，它采用矩阵分块的原理，将整幅图像或特定的一个图像对象分割成许多给定大小的相等正方形小对象，常被用于细分图像与图像对象（方海泉等，2019）。采用不同分割参数的棋盘分割方法对 Sentinel-2 遥感影像进行分割处理，分割效果见彩图 22。

4.2.1.2 四叉树分割

四叉树分割与棋盘分割类似，但它是将整幅图像或特定的一个图像对象分割成许多大小不同的正方形（倪林，2002）。在裁剪出第一个正方形网格后，继续进行四叉树分割，如果符合同质性标准就停止分割，如果不符合同质性标准，则继续进行分割，直到在每个正方形中都符合同质性标准。采用不同分割参数的四叉树分割方法对Sentinel-2遥感影像进行分割处理，结果见彩图23。

4.2.1.3 多尺度分割

多尺度分割通过合并相邻的像元或小的分割对象，在保证对象与对象之间平均异质性最小、对象内部像元之间同质性最大的前提下，基于区域合并技术实现影像分割（谭衢霖等，2007）。多尺度分割的主要参数包括：分割尺度、波段权重、形状因子和紧致度因子，分割参数的设置对后续的遥感影像分类有着直接影响。

1.分割尺度的设置

在进行多尺度分割时，选择一个最优分割尺度有利于提高遥感影像信息提取的精度。最优分割尺度指在该分割尺度下，能清晰表达地物的轮廓，影像分割后对象的大小与该地物类别的真实情况接近，且在同一对象内部的同质性最强，不同影像对象间的异质性最大，使得属于不同地类的对象具有最大的可分性，从而得到最佳分类结果（朱琳，2015）。当分割尺度设置不当时，容易造成影像的"欠合并"或"过合并"现象，导致分割不足或过度分割（Ton et al，1991）。

ESP（Estimation of scale Parameter）尺度评价工具，于2010年首先提出，针对的是eCognition软件中的多尺度分割算法，常被用于确定不同地物类别的最优分割尺度（Drăguţ et al，2010）。2014年，Drăguţ等对ESP工具进行了改进，提出ESP2（Estimation of scale Parameter2）工具（Drăguţ et al，2014）。在不同分割尺度参数下，把通过ESP工具计算的影像对象同质性的局部变化（local variance，LV），作为分割对象层的平均标准差（standard deviation），以此来判别最优分割效果。并通过LV的变化率值ROC-LV（rates of change of LV）来获得对象分割最优尺度参数，当LV出现峰值时（变化率值最大），该点对应的分割尺度值即为一个最优分割尺度（李娜等，2016）。一般地，ESP计算得到的最优分割尺度并非只有一个，这是由于几个最优分割尺度是针对影像内不同地物得出的，不同的地物有各自的最优分割尺度（马浩然，2014）。LV的变化率值ROC-LV的计算公式为：

$$I_{\text{ROC}} = \left[\frac{V_{(L)} - V_{(L-1)}}{V_{(L-1)}} \right] \times 100 \tag{4-5}$$

式中，$V_{(L)}$为目标层即L层对象层的平均标准差，$V_{(L-1)}$为目标层L层的下一层$L-1$层对象层的平均标准差。在eCognition软件中ESP工具和ESP2的参数设置界面如图4-9和图4-10所示，ESP工具共有6个分割参数，而ESP2工具共有13个分割参数。

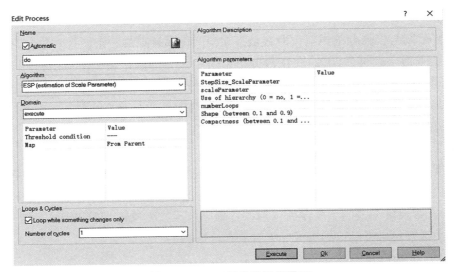

图4-9　ESP工具参数设置界面

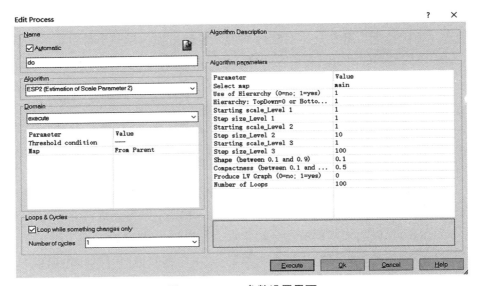

图4-10　ESP2参数设置界面

ESP工具需要设置的参数包括（Drăguţ et al，2010）：

a）Step size scale parameter：尺度计算的步长。

b）Starting scale parameter：初始尺度参数。

c）Use of hierarchy：使用层次与否（其中0代表尺度参数的计算是基于像素分别独立生成的；1则代表尺度参数是基于层次生成的且较高层次基于较低层次进行分割）。

d）Number of loops：循环范围，即从开始计算尺度参数后要计算的尺度范围。

e）Shape：形状因子。

f）Compactness：紧致度因子。

ESP2 工具需要设置的参数包括（Drăguţ et al，2014）：

a）Select map：本次计算的对象图层，默认为 main。

b）Use of Hierarchy（0=no;1=yes）：是否使用多层次流程，不使用为 0，使用为 1，默认为 1。

c）Hierarchy：TopDown=0 or Bottom…=1：自上而下参数为 0，自下而上参数为 1，默认为 1。

d）Starting scale_Level 1：第 1 层分割起始尺度，默认为 1。

e）Step size_Level 1：第 1 层分割尺度的增长步长，默认为 1。

f）Starting scale_Level 2：第 2 层分割起始尺度，默认为 1。

g）Step size_Level 2：第 2 层分割尺度的增长步长，默认为 10。

h）Starting scale_Level 3：第 3 层分割起始尺度，默认为 1。

i）Step size_Level 3：第 3 层分割尺度的增长步长，默认为 100。

j）Shape（between 0.1 and 0.9）：形状因子，默认为 0.1。

k）Compactness（between 0.1 and 0.9）：紧致度因子，默认为 0.5。

l）Produce LV Graph（0=不生成；1=生成）：生成 LV 图，默认为 0。

m）Number of loops：循环次数，默认为 100 次。

以 ESP2 的默认参数进行分割实验，计算结果如图 4-11 所示，在分割尺度为 31、37、43、47、53 和 57 处出现了峰值，对应着不同地物的最优分割尺度。

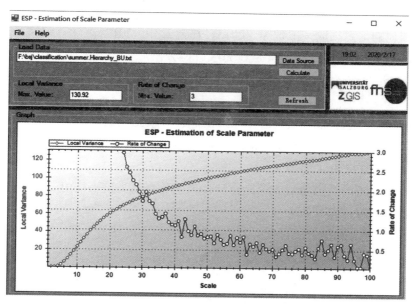

图 4-11　ESP2 工具界面及计算结果

2.波段权重的设置

由于影像分割涉及光谱异质性计算，因此需要设置各波段的权重，波段权重值越大，则该波段在影像分割时贡献的信息就越多。在实际分割时，可根据波段特性和目标地物的大小，按照需要调整波段权重，eCognition软件中默认的每个波段的权重均为1。

3.形状因子和紧致度因子的设置

同质性表示最小异质性，由颜色和形状两部分组成，两者权重之和为1。而形状又由光滑度和紧致度两部分组成，两者权重之和也为1。因此，在参数设置时只需要设置形状因子和紧致度因子，颜色因子和光滑度因子分别用1减去形状因子和紧致度因子即可得到。

波段权重、形状因子和紧致度因子为默认值，分别为1、0.1和0.5，分割尺度分别为31和57时的Sentinel-2影像分割效果见彩图24。

4.2.1.4 光谱差异分割

光谱差异分割是一种分割优化手段，不能直接基于像元层来创建新的分割层，而是基于其他分割算法得到的分割结果，通过分析相邻分割对象的亮度差异是否满足给定的阈值来决定是否将对象进行合并（杜斌，2014）。如多尺度分割+光谱差异分割，采用分割尺度为57，波段权重、形状因子和紧致度因子都为默认值的多尺度分割+光谱差异分割方法对Sentinel-2遥感影像进行分割处理，结果见彩图25。

4.2.2 遥感影像对象特征选取

影像分割技术将遥感影像分割为影像对象，这些影像对象不仅具有光谱特征，还具有空间特征、纹理特征和对象之间的拓扑关系特征。选取合适的影像对象特征，能更好地实现影像分类和地物信息提取（王贺等，2013；郑云云等，2017）。

eCognition中的影像对象特征就是在完成影像分割后，得到的关于影像对象的属性特征，分为自定义特征（Customized）、类型（Type）、图层值（Layer Values）、几何特征（Geometry）、位置特征（Position）、纹理特征（Texture）、变量特征（Variables）、层次特征（Hierarchy）、专题属性（Thematic Attributes）、对象元数据（Object Metadata）、点云特征（Point Cloud Features）（洪志佳，2013；陈丽萍等，2013）。

4.2.2.1 图层值特征

图层值特征反映的是影像对象的光谱特性，主要包括光谱平均值、亮度、标准差、比率等。

1）平均值：用于表示每个影像对象或区域的各波段的均值，即

$$\overline{C_L} = \frac{1}{n}\sum_{i=1}^{n}C_{Li} \tag{4-6}$$

式中，C_{Li}表示L影像层中每个像元的灰度值，n表示像元个数。

2）亮度：用每个影像对象对应的各个波段均值的平均值来表示影像的亮度，即

$$b = \frac{1}{n_L}\sum_{i=1}^{n_L}\overline{C_i} \tag{4-7}$$

式中，n_L 为影像的波段总数，$\overline{C_i}$ 表示各波段的均值。

3）标准差：用于表示影像区域每个波段数据的集散情况，即

$$\sigma_L = \sqrt{\frac{1}{n-1}\sum_{i=1}^{n}(C_{Li} - \overline{C_L})^2} \tag{4-8}$$

4）比率：图层 L 的比率 r_L 是一个图像对象在图层 L 上的平均值 $\overline{C_L}$ 在所有光谱层平均值 $\overline{C_i}$ 总和中所占的比例，即

$$r_L = \frac{\overline{C_L}}{\sum_{i=1}^{n_L}\overline{C_i}} \tag{4-9}$$

4.2.2.2　几何特征

几何特征，又称形状特征，指对象本身或其子对象可以描述的对象形状方面的特征。形状信息的提取是在对构成对象的像素空间的分布统计基础上进行的。几何特征主要包括面积、长宽比、长度、宽度、边界长度、形状指数、紧致度等。计算这些几何特征需要用到区域边界像元坐标的协方差矩阵：

$$S = \begin{pmatrix} \text{Var}(X) & \text{Cov}(XY) \\ \text{Cov}(XY) & \text{Var}(Y) \end{pmatrix} \tag{4-10}$$

式中，X 和 Y 分别是影像对象的所有像元坐标（x，y）组成的矢量，$\text{Var}(X)$ 和 $\text{Var}(Y)$ 分别是 X 和 Y 的方差，$\text{Cov}(XY)$ 是 X 和 Y 之间的协方差，设 $\text{eig}_1(s)$ 和 $\text{eig}_2(s)$ 为该矩阵的两个特征值，其中 $\text{eig}_1(s) > \text{eig}_2(s)$。常用的几何特征及其计算公式：

1）面积（Area）：指组成影像对象的像元总数，若遥感影像没有地理参考，则一个像元的面积即为1。

$$S = \sum_{i=1}^{n} a_i \tag{4-11}$$

2）长宽比（Length/Width）：协方差矩阵中较大的特征值与较小的特征值的比值。

$$\gamma = \frac{1}{w} = \frac{\text{eig}_1(s)}{\text{eig}_2(s)}, \quad \text{eig}_1(s) > \text{eig}_2(s) \tag{4-12}$$

式中，$w = \sqrt{S/\gamma}$。

3）长度（Length）：由长宽比和面积两个特征值来计算，即

$$l = \sqrt{S\gamma} \tag{4-13}$$

4）宽度（Width）：由长宽比和面积两个特征值来计算，即

$$w = \sqrt{\frac{S}{\gamma}} \tag{4-14}$$

5）边界长度（Rel. Border to Image Border）：指影像对象边界上的像素点的个数。

6）周长（Border Length）：指影像对象的周长 d，即

$$d = \sum_{i=1}^{n} e_i \qquad (4-15)$$

7）形状指数（Shape Index）：描述影像对象区域边界的光滑程度，其值越小越光滑；边界越破碎，形状因子越大。

$$i = \frac{bl}{4 \times \sqrt{S}} \qquad (4-16)$$

8）密度（Compactness）：描述影像对象区域的紧凑程度，值越大，影像对象越接近正方形。

$$c = \frac{\sqrt{n}}{1 + \sqrt{\mathrm{Var}(X) + \mathrm{Var}(Y)}} \qquad (4-17)$$

9）对称性（Asymmetry）：由影像对象区域外接椭圆的长轴长度 a 和短轴长度 b 计算得到，即

$$\beta = 1 - \frac{b}{a} \qquad (4-18)$$

4.2.2.3 纹理特征

纹理特征是根据子对象的纹理利用数学工具进行描述的特征（裴欢等，2018）。纹理反映的是灰度的空间变化情况，有3个主要标志：某种局部的序列性在比次序列更大的影像区域内不断重复；此序列由基本部分非随机排列组成；序列的各部分几乎是均匀的统一体，在纹理区域内的任何地方都有大致相同的结构尺寸。满足上述3个标志的序列的基本部分被称为纹理基元。纹理的平滑性、粗细度、随机性、颗粒性、直线性、周期性、方向性、重复性等定性或定量的概念特征常用于纹理描述（祝振江，2010）。

纹理特征提取方法主要包括：以灰度共生矩阵为代表的统计方法，基于马尔科夫随机场模型的方法，基于自相关函数的方法，基于频域的傅里叶变换的方法、小波变换法等（刘丽等，2009）。其中，灰度共生矩阵（Grey Level Concurrence Matrix，GLCM）是目前用于辅助遥感数据进行土地利用/土地覆盖分类及专题信息提取最普遍的方法，由 Haralick 等于 1973 年首先提出，常用的 GLCM 纹理统计量有以下几个（Haralick et al，1973）：

1）局部稳定（Homogeneity）：用于衡量局部的同质性，同质性越好，该值越大。

$$H = \sum_{i,j} \frac{P(i, j | d, \theta)}{1 + (i - j)^2} \qquad (4-19)$$

式中，H 为局部稳定值，$P(i, j | d, \theta)$ 为灰度联合概率矩阵。

2）对比度（Contrast）：用于衡量邻域内的最大值与最小值之间的差异参数，差异越大，局部变化越大，该值就越大。

$$C = \sum (i - j)^2 P(i, j | d, \theta) \qquad (4-20)$$

式中，C 为对比度。

3）非相似度（Dissimilarity）：用于度量相邻对象的相似性程度，与对比度的值相反。

$$D = \sum_{i,j} |i - j| P(i, j|d, \theta) \qquad (4-21)$$

式中，D 为非相似度。

4）均值（Mean）：用于度量对象区域的灰度均值。

$$M = \sum_{i,j} i \times P(i, j|d, \theta) \qquad (4-22)$$

式中，M 为均值。

5）变化量：用于表示对象区域的灰度变化状况。

$$V = \sum_{i,j} P(i, j|d, \theta) \times (i - M)^2 \qquad (4-23)$$

式中，V 为变化量。

6）熵（Entropy）：用于衡量图像的无序性，图像的纹理越不均匀，熵值越大。

$$E = \sum_{i,j} P(i, j|d, \theta) \times \log_2 (i, j|d, \theta) \qquad (4-24)$$

式中，E 为熵值。

7）能量（Ang. 2nd moment）：又称角二阶矩，用于描述局部稳定性。

$$A = \sum_{i,j} P(i, j|d, \theta)^2 \qquad (4-25)$$

式中，A 为能量值。

8）相关程度（Correlation）：用于衡量对象邻域的灰度线性依赖性。

$$R = \frac{\sum_{i,j} (i - \mu_x)(j - \mu_y) P(i, j|d, \theta)}{\sigma_x \sigma_y} \qquad (4-26)$$

式中，R 为相关程度值。

$$\mu_x = \sum_i i \sum_i P(i, j|d, \theta), \quad \mu_y = \sum_j j \sum_j P(i, j|d, \theta) \qquad (4-27)$$

$$\sigma_x = \sum_i (i - \mu_x)^2 \sum_i P(i, j|d, \theta), \quad \sigma_y = \sum_j (j - \mu_y)^2 \sum_j P(i, j|d, \theta) \qquad (4-28)$$

4.2.2.4　层次特征

层次特征提供的是一个影像对象在整个影像对象层次结构中嵌入的信息，如图层、低层图层数、高层图层数、子对象数、邻居对象数等。

（5）专题属性特征

专题属性指的是在分类中引入专题信息时专题层的对象具有的属性特征，可用于指导影像分类。为避免分类过程中盲目使用多种特征，导致计算量增加、分类精度降低、分类特征冗余等问题，可基于 eCognition 软件中的 Feature Space Optimization 工具，找到区分各地物类别的最大平均最小距离的特征组合，作为最优特征集参与分类（Laliberte et al，2012；汪红等，2017）。

4.2.3 分类方法

eCognition 软件中的面向对象分类方法可以分为阈值法分类、隶属度分类、最近邻分类、分类器分类4大类。

4.2.3.1 阈值法分类

阈值法分类是图像分类里的一种软分类，其原理是根据各种特征的分布来得到阈值，这是一种"真"和"假"的逻辑判定。符合这一阈值条件的对象，则将其完全归为某类，否则就归为其他类。阈值分类法的关键在于找到某地物的分类特征，并统计该特征的分布情况，定义该特征下的阈值条件（郑云云，2015）。

4.2.3.2 隶属度分类

隶属度分类是一种基于规则模式的模糊分类方法，经分割后的影像对象不是被硬性地分为某一类，而是在某种程度上属于某类，同时在另一种程度上属于另一类（刘陈立等，2017）。对象与类之间的关系不是确定的，而是通过隶属度函数表达。隶属度函数是一个模糊表达式，通过将影像对象的任意特征值转换为0~1之间的数值，表示该对象属于某类地物的可能性，隶属度函数的值越大，则该对象属于此类的可能性就越大（李中夫，1987）。单一的隶属度函数表现为一条二维曲线，横坐标为类别的特征值，纵坐标为类别的隶属度，在特征值与隶属度间建立了直观的联系。常用的隶属度函数有二值函数、正态分布函数、阶跃函数、S型函数等，在信息提取过程中选择一种最适合的函数描述分类特征。eCognition 中的预定义函数如图4-12所示。

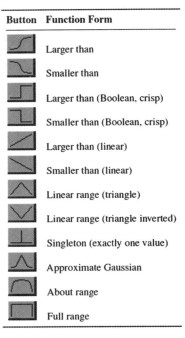

图4-12　预定义隶属度函数

隶属度函数的确定方法有三种：一是根据个人经验或主观认识给出隶属度的具体数值；二是根据问题的性质选用一些典型的函数作为隶属度函数；三是根据模糊统计来确定，通过心理测量来进行，研究的是事物本身的模糊性。

4.2.3.3 最近邻分类

最近邻（Nearest Neighbor）分类的原理：对选择的样本进行样本类特征的统计，然后以统计出的特征向量为中心，对待分类的对象中包含且用于分类的特征同样本类特征求"差"值作为距离，把对象距离最近的那个样本类作为对象类别归属（陈金丽，2009）。假设有m个类别，每个类别有N个样本，待分类影像对象o与样本对象s之间的特征值距离d计算公式为：

$$d = \sqrt{\sum_f \left(\frac{v_f^{(s)} - v_f^{(o)}}{\sigma_f} \right)^2} \tag{4-29}$$

式中，$v_f^{(s)}$表示样本对象s的f对象特征值；$v_f^{(o)}$表示待分影像对象o的f对象特征值；σ_f为f对象特征的标准差。该方法操作直观、简单，处理速度快，但是不能很好地运用上下文关系。

4.2.3.4 分类器分类

eCognition中的分类器有贝叶斯分类器、K最近邻分类器、支持向量机分类器、决策树分类器和随机森林分类器。

1.贝叶斯（Bayes）

贝叶斯是一种基于贝叶斯定理带有强独立性假设的简单概率分类器，由Good等（1965）于1966年提出。贝叶斯分类器只需要少量的训练样本数据去评估分类所必需的参数（变量的均值与方差）（董立岩等，2007）。贝叶斯定理指的是已知事件B发生的情况下，事件A发生的概率，即$P(A|B)$已知；以此求出事件A发生情况下，事件B发生的概率$P(B|A)$。公式为：

$$P(B|A) = \frac{P(A|B)P(B)}{P(A)} \tag{4-30}$$

贝叶斯分类的定义：设有待分类项$x = \{a_1, a_2, \cdots, a_m\}$以及类别集合$\{y_1, y_2, \cdots, y_n\}$，其中$a_i(i = 1, 2, \cdots, m)$表示$x$的每个特征属性。各类别的条件概率$P(yk|x) = \{\max P(y_1|x), P(y_2|x), \cdots, P(y_n|x)\}, k \in \{1, 2, \cdots, n\}, x \in yk$（Zhang et al，2009）。

2.K最近邻（K Nearest Neighbor，KNN）

K最近邻由Cover等（2009）于1968年提出，该算法的主要思想为：当一个未知类别样本在特征空间中最近邻（或最相似）的k个样本均属于同一类别时，则该样本也属于该类。通常基于距离来衡量待分类样本与训练样本（近邻样本）之间的相似度，如欧氏距离、曼哈顿距离、闵可夫斯基距离等。KNN算法简单高效，无参数化，分类效果好，鲁棒性强，常被用于文本分类、图像分类以及模式识别等领域。KNN算法的分类步骤如下：

第一步，确定 K 的值，并计算待分类样本 X 与训练样本 T 之间的距离，假定每个样本包含 n 个特征，则训练样本与待分类样本的特征向量可表示为 $T = (t_1, t_2, \cdots, t_n)$ 和 $X = (x_1, x_2, \cdots, x_n)$，二者之间的距离 $D(T, X)$ 的计算公式为：

$$D(T, X) = \sqrt{\sum_{i=1}^{n} (t_i - x_i)^2} \tag{4-31}$$

第二步，根据 $D(T, X)$ 对所有训练样本按照由大到小的顺序进行排序，并从中选取排在前 K 位的训练样本。

第三步，确定以上训练样本各自所属的类别，并统计每个类别出现的频率，将其中出现频率最高的类别作为样本 X 的类别。

3.支持向量机（Support Vector Machine，SVM）

SVM 由 Cortes 等（1995）提出，该算法寻找模型复杂度与学习能力之间的最佳折中，以期获取较高的泛化性能。该算法的优点是适合解决小样本问题，可避免当训练样本个数与高维特征相比相对较少时，分类精度下降的现象。

SVM 算法的原理：给定一组训练样本，每个样本类别已知，SVM 通过已知样本建立模型，通过模型找到最优的线性分离超平面，从而对样本类别进行判断（范昕炜，2003）。在 SVM 中用核函数将非线性可分离类别从原始特征空间映射到高维空间，从而在高维空间中找到线性超平面进行分类。运用最大边缘概念，即使得超平面和与其最近的特征向量的间隔最大化，以此来找到类别间的最优分离超平面，特征向量被称为支持向量。常用的核函数如下：

线性核函数：$K(x_i, x_j) = (x_i, x_j)$；

多项式核函数：$K(x_i, x_j) = [(x_i, x_j) + 1]^q$；

Sigmoid 核函数：$K(x_i, x_j) = \tanh [\gamma(x_i \cdot x_j) + d]$；

径向基（Radial Basis Function，RBF）核函数：$K(x_i, x_j) = \exp(-\gamma |x_i - x_j|^2)$。

式中，q、d 和 γ 表示核函数参数，通常基于人工经验或交叉验证方法获取。

4.决策树（Decision Tree，DT）

决策树方法最早由 Breiman 等于 1984 年提出，是一种典型的用于数据挖掘的非参数方法（Breiman et al，1984）。eCognition 软件自带的决策树算法为分类回归树（Classification and Regression Tree，CART）算法。分类回归树是一种二叉树，每个节点按照某个属性分为 2 个子节点，当各个节点所包含的类别相同时，节点停止划分，此时的节点称为叶子节点（于文婧等，2016）。分类回归树的构建包括以下步骤：

第一步，创建根节点，其中包括所有的待分类的样本；

第二步，按照样本所具有的属性进行划分，然后计算每个划分产生的 GINI impurity（GINI 不纯度指标，指的是样本在按照某个属性划分后被选中的概率与其被分错的概率的乘积），以该值最小作为划分依据，由此生成子节点；

第三步，对第二步生成的子节点再次按照 GINI 指标进行划分，直至所有节点中的样本类别一致或者只有一个样本，此时所形成的节点为叶节点；

第四步，对所生成的树进行剪枝，剪枝的目的是防止噪声数据的过拟合现象。

5.随机森林（Random Forest，RF）

RF 由 Breiman（2001）提出，包含多个决策树，输出类别由每个决策树分出的类别来决定。随机森林的构建过程为：

（1）随机从训练样本 N 中有放回地抽取 n 个样本，作为决策树的输入样本；

（2）从 M 个样本特征中随机选取 m 个特征，作为每个结点的输入样本特征，其中 m 远小于 M；

（3）以 m 个特征的最优分裂作为该结点的分裂规则；

（4）每棵决策树均最大限度地生长，不剪枝（尚明，2018；郭玉宝等，2016）。

4.2.4　分类结果精度评价方法

eCognition 中的精度评价方法一共有4种：分类稳定性（Classification Stability）、最佳分类结果概率（Best Classification Result）、基于像素的混淆矩阵（Error Matrix Based on TTA Mask）和基于对象样本的混淆矩阵（Error Matrix based on Samples）。前两者主要针对"软分类"，即模糊分类；后两种主要针对"硬分类"，即常用的混淆矩阵。本章使用的是基于对象样本的混淆矩阵的精度评价方法。

总体精度、生产者精度、用户精度、Kappa系数等指标常被用于遥感影像分类精度评价，这些指标可根据混淆矩阵计算，对于含 k 类别的分类问题，误差矩阵为一个 k 行 k 列的矩阵，误差矩阵结构如表4-6所示（徐首琚，2018）。

表4-6　分类精度评价误差矩阵模型

分类数据类别	参考数据类型				分类总和
	w_1	w_2	$\cdots$	w_k	
w_1	p_{11}	p_{12}	$\cdots$	p_{1k}	p_{1+}
w_2	p_{21}	p_{22}	$\cdots$	p_{2k}	p_{2+}
$\cdots$	$\cdots$	$\cdots$	$\cdots$	$\cdots$	$\cdots$
w_k	p_{k1}	p_{k2}	$\cdots$	p_{kk}	p_{k+}
参考总和	p_{+1}	p_{+2}	$\cdots$	p_{+k}	m

矩阵中的每一行代表在参考图像中属于某类地物的样本数目，每一列代表实际分类结果中各个类别对应的样本数目。其中，$p_{i+}=\sum_{j=1}^{n}p_{ij}$ 为参考数据的第 i 类的总和；$p_{+j}=\sum_{i=1}^{n}p_{ij}$ 为分类数据中第 j 类的总和；p_{ij} 表示真实属于第 i 类，却被分类成第 j 类的样本数；m 表示

样本总数。

（1）总体精度（Overall Accuracy，OA）。表示被正确分类的像元占总像元的比例，其定义为：

$$P_{OA} = \sum_{i=1}^{m} p_{ii} \qquad (4-32)$$

（2）生产者精度（Producer's Accuracy，PA）。生产者精度为某类别正确分类个数除以该类的总采样个数（该类的列总和）。第 i 类生产者精度 PA_i 表示真实情况下属于第 i 类，分类结果也判为第 i 类的条件概率：

$$P_{PA_i} = \frac{p_{ii}}{p_{+i}} \qquad (4-33)$$

（3）用户精度（User's Accuracy，UA）。用户精度为某类别正确分类个数除以分为该类的采样个数（该类的行总和）。第 i 类用户精度表示分类方法判为第 i 类，真实情况下也属于第 i 类的条件概率：

$$P_{UA_i} = \frac{p_{ii}}{p_{i+}} \qquad (4-34)$$

（4）Kappa 系数。总体精度、生产者精度、用户精度依赖于采样样本及采样方法，Kappa 系数较这 3 个指标更为客观。Kappa 系数摒弃了基于正态分布的统计方法，认为遥感数据是呈多项式的、离散分布的，在统计过程中综合考虑了误差矩阵的所有因素，更具实用性，计算公式为：

$$R_{Kappa} = \frac{m \sum_{i=1}^{k} p_{ii} - \sum_{i=1}^{m} (p_i g p_{+i})}{m^2 - \sum_{i=1}^{m} (p_i g p_{+i})} \qquad (4-35)$$

Kappa 系数的取值区间为[-1，1]。若 Kappa 系数的评价结果为 0.8，则表明待评价影像的分类结果与参考图像的分类结果相似度为 90%。当各个类别像素数目相差较大时，总体精度不能反映小类的分类效果，而 Kappa 系数考虑到了各类像素数目的不平衡性，不会随各类别占比的变化而改变。因而 Kappa 系数能全面地反映分类结果与真实结果的一致性程度，能更加全面地度量分类精度。

4.3　保护区土地利用类型的空间分布

4.3.1　保护区土地利用现状

以 2018 年（2018-04-02）的 Sentinel-2 数据为数据源，选取空间分辨率为 10 m 的 4 个波段，基于 eCognition 软件，使用面向对象的分类方法，获取白水江国家级自然保护区的土地利用现状。

4.3.1.1　分类体系

参考国际土地利用/土地覆盖分类系统（Sulla et al，2019）和中国土地覆盖分类体系（张增祥等，2009），结合所用数据及白水江国家级自然保护区的土地利用实际情况，得出土地利用分类体系为阔叶林、针叶林、针阔混交林、灌木林、草地、高山灌丛草甸、耕地、建筑用地（包括居民点和道路）、水体9类。训练样本点和验证样本点均基于森林资源二类调查数据和Google Earth影像生成。训练样本点共664个，其中，阔叶林188个，针叶林114个，针阔混交林143个，灌木林50个，草地44个，高山灌丛草甸15个，耕地81个，建筑用地21个，水体8个。验证样本点共3180个，其中，阔叶林924个，针叶林538个，针阔混交林1046个，灌木林254个，草地40个，高山灌丛草甸26个，耕地176个，建筑用地135个，水体41个。土地利用现状分类的训练样本点和验证样本点的分布见彩图26。

表4-7　土地利用现状分类训练样本与验证样本数量

类型	阔叶林	针叶林	针阔混交林	灌木林	草地	高山灌丛草甸	耕地	建筑用地	水体
训练样本	188	114	143	50	44	15	81	21	8
验证样本	924	538	1046	254	40	26	176	135	41

4.3.1.2　面向对象分类实现方法

1.分割参数确定

使用多尺度分割方法进行Sentinel-2影像的分割，形状因子和紧致度因子使用控制变量选最优的方法确定，最优分割尺度使用ESP2（Estimation of scale Parameter2）工具获得。最终确定形状因子为0.4，紧致度因子为0.5，分割尺度为38。分割效果见彩图27。

2.分类特征选取

选择了 Mean Brightness、Mean Max.diff、Mean Blue、Mean Elevation、Mean Green、Mean Nir、Mean Red 等波段均值特征，以及增强植被指数（Enhanced Vegetation Index，EVI）、归一化植被指数（Normalized Difference Vegetation Index，NDVI）和归一化水体指数（Normalized Difference Water Index，NDWI）3个指数特征，EVI、NDVI和NDWI的计算公式为：

$$Y_{EVI} = 2.5 \times \frac{\rho_{NIR} - \rho_{RED}}{\rho_{NIR} + 6.0\rho_{RED} - 7.5\rho_{BLUE} + 1} \tag{4-36}$$

$$Y_{NDVI} = \frac{\rho_{NIR} - \rho_{RED}}{\rho_{NIR} + \rho_{RED}} \tag{4-37}$$

$$Y_{NDWI} = \frac{\rho_{GREEN} - \rho_{NIR}}{\rho_{GREEN} + \rho_{NIR}} \tag{4-38}$$

式中，ρ_{BLUE}、ρ_{GREEN}、ρ_{RED} 和 ρ_{NIR} 分别表示影像在蓝波段、绿波段、红波段和近红外波

段的反射率。

3.随机森林分类器分类

使用classifier算法，先训练（Train），选择随机森林分类器，并设置参数，将最大树的数量设置为100（图4-13），再执行分类（Apply）（图4-14）。

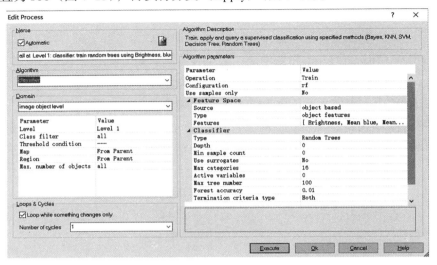

图4-13　随机森林分类器训练时的参数设置

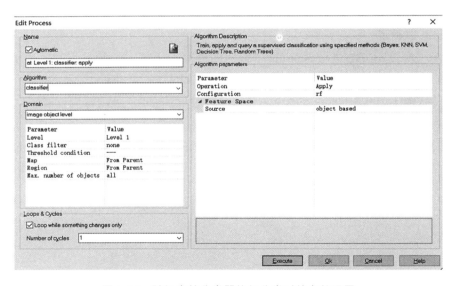

图4-14　随机森林分类器执行分类时的参数设置

白水江国家级自然保护区的土地利用现状分类结果见彩图28，各土地利用类型的面积和占比统计结果如表4-8所示。由彩图28和表4-8可知，阔叶林、针叶林、针阔混交林和灌木林在保护区分布最为广泛，分别占保护区总面积的42.05%（782.72 km²）、10.17%（189.33 km²）、30.09%（560.03 km²）和10.63%（197.85 km²）。且海拔从高到低依次为针叶林、针阔混交林、阔叶林和灌木林。草地分布较为分散，且占比较小，仅为1.16%（21.59 km²）。高山灌丛草甸分布在西南部高海拔地区，占比为1.36%（25.40 km²）。耕地分布在海拔较低、地势相对平缓的河谷低地，占比3.53%（65.79 km²）。建筑用地和水体占比分别为0.52%（9.76 km²）和0.48%（8.94 km²）。

表4-8　白水江国家级自然保护区2018年土地覆盖面积及占比

类型	阔叶林	针叶林	针阔混交林	灌木林	草地	高山灌丛草甸	耕地	建筑用地	水体
面积（km²）	782.72	189.33	560.03	197.85	21.59	25.40	65.79	9.76	8.94
占比（%）	42.05	10.17	30.09	10.63	1.16	1.36	3.53	0.52	0.48

白水江国家级自然保护区土地利用现状分类精度评价结果如表4-9所示。分类总体精度为83.30%，Kappa系数为0.79。用户精度从高到低依次为针叶林（91.39%）、水体（90.70%）、阔叶林（86.66%）、建筑用地（80.50%）、高山灌丛草甸（77.78%）、针阔混交林（77.36%）、灌木林（76.32%）、耕地（75.70%）和草地（68.52%）。生产者精度从高到低依次为水体（95.12%）、草地（92.50%）、阔叶林（87.88%）、针叶林（86.80%）、针阔混交林（82.50%）、高山灌丛草甸（80.77%）、耕地（77.84%）、建筑用地（70.37%）和灌木林（68.50%）。不同林地类型（阔叶林、针叶林、针阔混交林和灌木林）之间混分较为普遍。

表4-9　白水江国家级自然保护区土地利用现状分类精度评价结果

类型	阔叶林	针叶林	针阔混交林	灌木林	草地	高山灌丛草甸	耕地	建筑用地	水体	合计	用户精度（%）
阔叶林	812	7	45	56	0	0	12	5	0	937	86.66
针叶林	3	467	40	0	0	0	0	0	1	511	91.39
针阔混交林	81	39	434	7	0	0	0	0	0	561	77.36
灌木林	22	13	6	174	3	0	6	4	0	228	76.32
草地	1	2	0	3	37	4	3	4	0	54	68.52
高山灌丛草甸	0	5	0	1	0	21	0	0	0	27	77.78
耕地	4	2	0	12	0	0	137	25	1	181	75.70
建筑用地	0	3	0	1	0	1	18	95	0	118	80.50
水体	1	0	1	0	0	0	0	2	39	43	90.70
合计	924	538	526	254	40	26	176	135	41		
生产者精度（%）	87.88	86.80	82.50	68.50	92.50	80.77	77.84	70.37	95.12		

总体精度=83.30%，Kappa系数为0.79

4.3.2 保护区土地利用变化

以白水江国家级自然保护区为研究对象，基于4期Landsat系列卫星数据，探索面向对象方法在保护区提取土地覆盖类型信息中的效果；分析1986—2015年白水江国家级自然保护区的土地利用时空演变特征。

4.3.2.1 分类体系

Landsat土地覆盖分类体系包括林地（包括灌木林、阔叶林、针阔混交林和针叶林）、高山灌丛草甸、建筑用地（包括居民点和道路）、草地、耕地和水体6类。训练样本点基于森林资源二类调查数据和Google Earth影像生成，共666个，其中，林地484个，高山灌丛草甸21个，建筑用地29个，草地31个，耕地86个，水体15个。验证样本来自88个固定样地、2019年的43个野外验证点、59个居民点及筛选的814个在2010年与2017年期间小班类型未变化的点，共1004个，其中，林地554个，高山灌丛草甸26个，建筑用地135个，草地72个，耕地176个，水体41个。为保证分类结果的可比性，不同时期的影像均使用一致的训练样本与验证样本，样本选择在不同时期的Landsat影像和Google Earth影像中土地覆盖类型不变的点。各土地覆盖类型的训练样本点和验证样本点的数量如表4-10所示，分布见彩图29。

表4-10 1986—2015年土地覆盖分类训练样本与验证样本数量

类型	林地	草地	高山灌丛草甸	耕地	建筑用地	水体	合计
训练样本	484	31	21	86	29	15	666
验证样本	554	72	26	176	135	41	1004

4.3.2.2 土地利用时空演变特征研究方法

本研究采用ArcGIS 10.2软件，计算土地利用转移矩阵，获取各土地利用类型随时间的变化过程及各地类间的相互转化关系（Kefalas et al，2019）。此外，选取综合土地利用动态度、土地利用强度综合指数和土地利用多样性程度3个指标，分析1986—2015年间土地利用在空间上的演变特征，反映研究区自然因素和人类活动对土地利用时空变化分异特征的影响（宋戈等，2016；王秀兰等，1999）。

综合土地利用动态度（K_t）指各种土地利用类型在研究期间数量变化的频率，定量描述土地利用的变化速度，对预测未来土地利用变化趋势有积极作用，计算公式为：

$$K_t = \left(\frac{\sum\limits_{i=1}^{n} \left| S_{bi} - S_{ai} \right|}{2\sum\limits_{i=1}^{n} S_{ai}} \right) \times \frac{1}{T} \times 100\% \qquad (4\text{-}39)$$

式中，S_{ai}为初期土地利用类型的面积，S_{bi}为末期土地利用类型的面积，i为土地利用类型，n为土地利用类型数，T为土地利用变化时段。

土地利用强度综合指数（L）表示人类开发利用土地的广度和深度，被用于衡量人类活动对土地利用的干扰程度。结合研究区特点，将土地利用强度分为4级：Ⅰ级为高山灌丛草甸，Ⅱ级为林地、草地和水体，Ⅲ级为耕地，Ⅳ级为建设用地，并将其强度依次设定为1、2、3、4。L计算公式为：

$$L = \sum_{j=1}^{m} A_j \cdot \frac{S_j}{S} \tag{4-40}$$

式中，A_j为研究区第j级土地利用强度分级指数，S_j为研究区第j级土地面积，S为样本区域内土地总面积，m为土地利用强度分级数。

土地利用多样性程度（G）指土地利用类型组成的复杂程度，用于衡量研究区土地利用多样性程度，计算公式为：

$$G = 1 - \left[\frac{\sum_{i=1}^{n} S_i^2}{\left(\sum_{i=1}^{n} S_i \right)^2} \right] \tag{4-41}$$

式中，S_i为第i类土地利用类型的面积，n取值越大，研究区土地利用类型数越多。G的理论最大值为$(n-1)/n$。

4.3.2.3　1986—2015年土地覆盖分类

1.影像分割

使用多尺度分割方法进行Landsat影像分割，形状因子和紧致度因子使用控制变量选最优的方法确定，最优分割尺度使用ESP2（Estimation of Scale Parameter2）工具获得。最终确定形状因子为0.4，紧致度因子为0.5，分割尺度为32。1995年Landsat TM影像的分割效果见彩图30。

2.分类特征选取

利用eCognition软件中的分类特征选取工具Feature Space Optimization（图4-15），从25个特征中进行筛选，包括19个光谱特征、3个几何特征和3个纹理特征。得到样本的平均分离距离为1.96，确定最优分类特征为10个，即NDVI、Area、Length/Width、Shape Index、Mean elevation、Mean nir、STD. elevation、STD. nir、STD. swir1、STD. swir2（图4-16）。土地覆盖类型间的可分离距离矩阵如图4-17所示。

3.分类结果

使用随机森林分类器进行分类，得到白水江国家级自然保护区1986年、1995年、2008年和2015年的土地覆盖分类结果（见彩图31和表4-11）。由彩图可知，林地分布最为广泛，从东到西，从高海拔到低海拔均有分布；耕地和建筑用地主要分布在地势较为平缓的河谷地区；高山灌丛草甸分布在西南部高海拔地区；草地分布较为分散。由表4-11可知，林地面积占比最大，且呈增加趋势，占比从1986到2015年依次为83.12%

（1546.85 km²）、85.23%（1586.21 km²）、86.72%（1613.87 km²）和88.54%（1647.75 km²）；耕地面积呈减少趋势，占比从1986年到2015年依次为10.42%（193.84 km²）、8.80%（163.76 km²）、7.68%（142.91 km²）和5.84%（108.61 km²）；高山灌丛草甸、草地、建筑用地和水体面积较小，均小于5%，且面积变化不大。

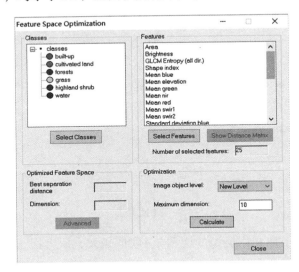

图4-15　Feature Space Optimization 工具界面

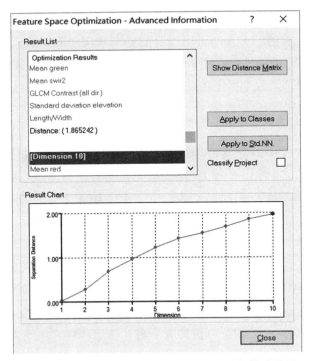

图4-16　Feature Space Optimization 工具特征筛选结果

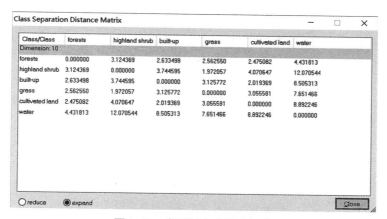

图4-17　类别间分离距离矩阵

表4-11　白水江国家级自然保护区1986—2015年土地覆盖面积（km²）

土地覆盖类型	1986年	1995年	2008年	2015年
林地（km²）	1546.85（83.12%）	1586.21（85.23%）	1613.87（86.72%）	1647.75（88.54%）
高山灌丛草甸（km²）	42.67（2.29%）	46.42（2.49%）	52.95（2.85%）	41.91（2.25）%
建筑用地（km²）	8.71（0.47%）	8.17（0.44%）	9.12（0.49%）	8.10（0.44%）
草地（km²）	60.27（3.24%）	48.81（2.62%）	34.04（1.83%）	47.58（2.56%）
耕地（km²）	193.84（10.42%）	163.76（8.80%）	142.91（7.68%）	108.61（5.84%）
水体（km²）	8.71（0.47%）	7.69（0.41%）	8.16（0.44%）	7.11（0.38%）

注：括号内的数字表示该类型面积占研究区总面积的比例。

4.精度评价

由表4-12～表4-15可知，1986年、1995年、2008年和2015年白水江国家级自然保护区的分类总体精度分别为86.37%、85.50%、85.70%和85.73%，Kappa系数分别为0.79、0.77、0.78和0.77，总体精度均在85%以上，Kappa系数在0.77以上，满足土地利用及景观格局研究的要求。林地和高山灌丛草甸的分类精度较高，而草地和水体的分类精度较低。

表4-12　1986年土地利用分类精度

类型	林地	高山灌丛草甸	建筑用地	草地	耕地	水体	合计	用户精度（%）
林地	508	0	6	24	11	2	551	92.20
高山灌丛草甸	2	25	0	1	0	0	28	89.29
建筑用地	0	0	117	0	6	1	124	94.35
草地	16	1	2	33	1	0	53	62.26

续表4-12

类型	林地	高山灌丛草甸	建筑用地	草地	耕地	水体	合计	用户精度(%)
耕地	24	0	7	14	153	12	210	72.86
水体	3	0	2	0	1	26	32	81.25
合计	553	26	134	72	172	41		
生产者精度(%)	91.86	96.12	87.31	45.83	88.95	63.41		

总体精度=86.37%,Kappa系数为0.79

表4-13　1995年土地利用分类精度

类型	林地	高山灌丛草甸	建筑用地	草地	耕地	水体	合计	用户精度(%)
林地	511	0	9	22	14	5	561	91.09
高山灌丛草甸	4	25	0	2	0	0	31	80.65
建筑用地	1	0	112	1	4	3	121	92.56
草地	12	1	2	32	0	0	47	68.09
耕地	22	0	11	15	156	14	218	71.56
水体	3	0	0	0	0	19	22	86.36
合计	553	26	134	72	174	41		
生产者精度(%)	92.40	96.15	83.58	44.44	89.66	46.34		

总体精度=85.50%,Kappa系数为0.77

表4-14　2008年土地利用分类精度

类型	林地	高山灌丛草甸	建筑用地	草地	耕地	水体	合计	用户精度(%)
林地	500	1	2	23	17	3	546	91.58
高山灌丛草甸	7	24	0	0	0	0	31	77.42
建筑用地	1	0	120	0	4	2	127	94.49
草地	7	1	1	32	0	1	42	76.20
耕地	35	0	7	17	154	7	220	70.00
水体	3	0	4	0	0	27	34	79.41
合计	553	26	134	72	175	40		
生产者精度(%)	90.42	92.30	89.55	44.44	88.00	67.50		

总体精度=85.70%,Kappa系数为0.78

表4-15　2015年土地利用分类精度

类型	林地	高山灌丛草甸	建筑用地	草地	耕地	水体	合计	用户精度(%)
林地	519	0	5	22	28	2	576	90.10
高山灌丛草甸	4	26	0	2	0	0	32	81.25
建筑用地	1	0	109	0	5	4	119	91.60
草地	8	1	0	36	0	0	44	81.82
耕地	18	0	18	12	143	9	200	71.50
水体	3	0	2	0	0	26	31	83.87
合计	553	26	134	72	176	41		
生产者精度(%)	93.85	100.00	81.34	50.00	81.25	63.41		

总体精度=85.73%，Kappa系数为0.77

4.3.2.4　1986—2015年土地利用变化

从时间变化上看，白水江国家级自然保护区在1986—2015年间，土地利用变化的主要特征是林地面积增加，耕地面积减少（见彩图32和表4-16）。林地面积增加最多，29年间增加了100.89 km²。耕地面积减少最多，减少了85.23 km²，另外草地面积减少了12.69 km²。增加的林地面积主要来自耕地和草地。

表4-16　1986—2015年土地利用类型转移矩阵

2015年 / 1986年	林地（km²）	高山灌丛草甸（km²）	建筑用地（km²）	草地（km²）	耕地（km²）	水体（km²）	合计（km²）
林地（km²）	1486.86	8.35	0.50	30.64	19.43	1.07	1546.86
高山灌丛草甸（km²）	9.46	32.78		0.42			42.67
建筑用地（km²）	1.66		2.93	0.03	3.94	0.15	8.71
草地（km²）	41.18	0.72	0.08	15.93	2.32	0.04	60.27
耕地（km²）	106.90		4.20	0.06	81.20	1.47	193.84
水体（km²）	1.67	0.05	0.39	0.49	1.73	4.37	8.71
合计（km²）	1647.75	41.91	8.10	47.58	108.61	7.11	

从空间变化上看，研究区的综合土地利用变化速率较低，1986—2015年综合土地利用动态度为0.19%（表4-17）。1986—2015年的土地利用强度较低且呈下降趋势，均值为2.07（表4-18）。1986—2015年的土地利用多样性程度较低且呈下降趋势，与土地利用强度的变化趋势一致，均值为0.25（表4-18）。

表4-17　白水江国家级自然保护区1986—2015年综合土地利用动态度

时间段	1986—1995年	1995—2008年	2008—2015年	1986—2015年
综合土地利用动态度（%）	0.26	0.15	0.32	0.19

表4-18　白水江国家级自然保护区1986—2015年土地利用强度和土地利用多样性程度

年份	1986年	1995年	2008年	2015	均值
土地利用强度	2.09	2.07	2.06	2.04	2.07
土地利用多样性程度	0.30	0.26	0.24	0.21	0.25

4.4　保护区景观格局指数

4.4.1　景观格局研究方法

景观指数反映了景观的结构组成和空间配置等特征，是衡量景观格局特征的重要依据（布仁仓等，2005）。景观指数的计算在Fragstats 4.2软件中完成，Fragstats是由美国俄勒冈州立大学森林科学系开发的一个景观指标计算软件（邬建国，2007），可计算的景观指数有几十个，分为三个级别，即斑块级别（Patch Level）、斑块类型级别（Class Level）和景观级别（Landscape Level），分别反映了每个斑块、不同土地覆盖类型和景观总体的景观特征（李广东等，2019；陈文波等，2002）。在本章中，选择6个类别（面积边缘指数、密度大小及差异指数、形态复杂度指数、邻近度指数、聚散性指数、多样性指数）共12个景观指数，即最大斑块所占景观面积的比例（LPI）、边缘密度（ED）、斑块数量（NP）、平均斑块面积（MPS）、面积加权平均形状指数（AWMSI）、面积加权平均斑块分形指数（AWMPFD）、平均邻近度（PROX_MN）、欧式平均最邻近距离（ENN_MN）、聚集度指数（CONTAG）、结合度指数（COHESION）、香农多样性指数（SHDI）和香农均匀度指数（SHEI），用于分析景观格局的时空变化特征。

4.4.1.1　面积边缘指数

1.最大斑块所占景观面积的比例（Largest Patch Index，LPI）

LPI表示最大斑块占整个景观面积的比例。1<LPI≤100（单位：%），当对应的斑块类型的最大斑块越来越小时，LPI趋近于0。当整个景观由一个斑块类型的斑块组成时，即当最大的斑块占整个景观的100%时，LPI=100。LPI有助于确定景观的优势类型，其值的大小决定着景观中的优势种、内部种的丰度等生态特征，其值的变化可以改变干扰的强度和频率，反映人类活动的方向和强弱。

$$I_{\mathrm{LPI}} = \frac{\max\left(S_{ij}\right)}{S} \times 100\% \tag{4-42}$$

式中，S_{ij}为斑块ij的面积，S为景观总面积。

2.边缘密度（Edge Density，ED）

ED 等于所有涉及相应斑块类型的边缘片段长度（l）的总和，除以总的景观面积（S），乘以 10000（转换为公顷）。如果存在景观边界，则 ED 包括涉及相应斑块类型的景观边界，只表示"真实"边界（即毗邻不同类别的斑块）。如果没有景观边界，ED 包含用户指定比例的景观边界，包括相应的斑块类型。ED≥0（单位：m/hm²），当景观中没有类型边界时，ED=0。

$$d_{\mathrm{ED}} = \frac{l}{S}\,(10000) \tag{4-43}$$

式中，l为景观内的斑块的边缘总长度，S为景观总面积。

4.4.1.2　密度大小及差异指数

1.斑块数量（Number of Patches，NP）

NP 反映景观的空间格局，常用来描述整个景观的异质性，其值的大小与景观的破碎度有较好的正相关性。NP≥1，当景观只包含一个斑块时，NP = 1。

$$M_{\mathrm{NP}} = N \tag{4-44}$$

式中，N为景观内斑块数量。

2.平均斑块面积（MPS）

MPS 等于景观中所有斑块或某一斑块的总面积除以斑块总数。MPS 代表一种平均状况，也可以表征景观的破碎程度，如在景观级别上一个具有较小 MPS 值的景观比一个具有较大 MPS 值的景观更破碎，MPS 值的变化能反馈更丰富的景观生态信息，它是反映景观异质性的关键。MPS >0（单位：hm²）。

$$S_{\mathrm{MPS}} = S/N \tag{4-45}$$

式中，S等于总景观面积，N为景观内斑块数量。

4.4.1.3　形态复杂度指数

1.面积加权平均形状指数（Area Weighted Mean Shape Index，AWMSI）

AWMSI 等于每一斑块的周长除以面积的平方根，再乘以正方形校正常数，再乘以斑块面积与景观总面积之比，然后对所有斑块进行加和。AWMSI ≥1，AWMSI 随斑块形状的不规则性增加而增加；当景观中所有斑块均为正方形时，AWMSI=1。AWMSI 是度量景观空间格局复杂性的重要指标之一，并对许多生态过程都有影响。

$$I_{\mathrm{AWMSI}} = \sum_{i=1}^{m}\sum_{j=1}^{n}\left[\left(\frac{0.25 l_{ij}}{\sqrt{S_{ij}}}\right)\left(\frac{S_{ij}}{S}\right)\right] \tag{4-46}$$

式中，l_{ij}为斑块周长，S_{ij}为斑块面积，S为斑块总面积。

2.面积加权平均斑块分形指数（Area Weighted Mean Patch Fractal Dimension Index，AWMPFD）

$$I_{AWMPFD} = \sum_{i=1}^{m} \sum_{j=1}^{n} \left[\left(\frac{2\ln(0.25 l_{ij})}{\ln(\sqrt{S_{ij}})} \right) \left(\frac{S_{ij}}{S} \right) \right] \qquad (4-47)$$

式中，l_{ij} 为斑块周长，S_{ij} 为斑块面积，S 为斑块总面积。

4.4.1.4 邻近度指数

1.平均邻近度（Mean Proximity Index，PROX_MN）

PROX_MN ≥ 0。如果一个斑块在指定的搜索范围内没有相同类型的邻近斑块，则 PROX = 0。PROX_MN 随着邻近区域（由指定的搜索半径定义）相同类型的斑块增加，即相同类型斑块变得更紧密、更连续（或更少碎片化）而增加。PROX_MN 的上限受搜索半径和斑块之间的最小距离的影响。

$$I_{PROX\_MN} = \sum_{g=1}^{n} \frac{S_{ijg}}{h_{ijg}^2} \qquad (4-48)$$

式中，S_{ijg} 为斑块 ijg 与斑块 ij 的相邻面积，h_{ijg} 为斑块 ijg 与斑块 ij 间的距离。

2.欧式平均最邻近距离（Mean Euclidean Nearest-Neighbor Distance，ENN_MN）

ENN_MN > 0（单位：m），随着与最近邻的相同类型斑块的距离减小，ENN_MN 趋近于 0。

$$I_{ENN\_MN} = \sum_{j=1}^{n} (h_{ij}/n_i) \qquad (4-49)$$

式中，h_{ij} 等于离斑块 ij 最近的同类型邻近斑块的距离，n_i 为斑块总数量。

4.4.1.5 聚集度指数

1.聚集度指数（Contagion Index，CONTAG）

CONTAG 又称蔓延度指数，描述的是景观中不同类型成分的聚集程度，与 ED 成反比。0 < CONTAG ≤ 100，CONTAG 接近 0 时，表示斑块类型在很大程度上的不聚集并且分散（所有类型斑块相邻程度一致）；其值等于 100 时，表示斑块类型最大程度的聚集，即景观只包含单个斑块。蔓延度受到斑块间散布和分散程度的影响，程度低的分散（即高比例的相邻同类像元）和程度低的散布（即像元分布的不均匀）都将导致程度较高的蔓延度。

$$I_{CONTAG} = \left[1 + \frac{\sum_{i=1}^{m} \sum_{k=1}^{m} \left[(p_i) \times \left(g_{ik} / \sum_{k=1}^{m} g_{ik} \right) \right] \left[\ln(p_i) \times \left(g_{ik} / \sum_{k=1}^{m} g_{ik} \right) \right]}{2\ln(m)} \right] \times 100\% \qquad (4-50)$$

式中，p_i 为斑块类型占景观的比例，g_{ik} 为斑块类型 i 和斑块类型 k 的临接数量，m 为景观内斑块数量。

2.结合度指数（Patch Cohesion Index，COHESION）

$$I_{\text{COHESION}} = \left[1 - \frac{\sum\limits_{i=1}^{m}\sum\limits_{j=1}^{n} l_{ij}^*}{\sum\limits_{i=1}^{m}\sum\limits_{j=1}^{n} l_{ij}^* \sqrt{S_{ij}^*}} \right] \times \left[1 - \frac{1}{\sqrt{n}} \right]^{-1} \times 100\% \qquad (4-51)$$

式中，l_{ij}^* 为斑块周长（元胞计数），S_{ij}^* 为斑块面积（元胞计数），n 为景观中的元胞数量。

4.4.1.6 多样性指数

1.香农多样性指数（Shannon's Diversity Index，SHDI）

SHDI 由 Wilhm 等（1968）提出，可以描述斑块类型在景观中出现的概率，反映景观类型的多样性及斑块分布的复杂化程度，是斑块丰富度的反映。SHDI ≥ 0，SHDI＝0 的表示景观只包含一个斑块，即没有多样性。当不同斑块类型即斑块丰富度增加，SHDI 的值也相应地增加。当景观中各类型面积比例相当时，该指数达到最大值。

$$I_{\text{SHDI}} = -\sum_{i=1}^{m} \left(P_i \ln P_i \right) \qquad (4-52)$$

式中，P_i 为类型 i 斑块占景观内斑块的比例。

2.香农均匀度指数（Shannon 式中，Evenness Index，SHEI）

SHEI 表示不同景观类型在其数目或面积方面的均匀程度，随着斑块类型的分布变得越来越不均匀，它与优势度表现的内容一致。0≤ SHEI≤ 1，其值越低，各个景观类型所占面积比例差异越大，即景观中只有一个优势类型；值越接近1，则类型间的面积比例越接近。

$$I_{\text{SHEI}} = -\sum_{i=1}^{m} \left(P_i \ln P_i \right) / \ln m \qquad (4-53)$$

式中，P_i 为类型 i 斑块占景观内斑块的比例，m 为斑块数量。

使用12个景观级别的景观指数分析白水江国家级自然保护区的总体景观格局。使用9个类型级别的景观指数（类型级别中不包括CONTAG、SHDI和SHEI三个指数）分析土地利用变化对总体景观格局的影响。

景观指数变化率（L_R）表示末期的景观指数值与早期的景观指数相比的变化率，计算公式如公式（4-54）所示（Shen et al，2019）。分别计算 1986—1995 年、1995—2008 年、2008—2015 年、1986—2015 年 4 个时间段的景观指数变化率（$Land_R$），研究白水江国家级自然保护区的景观指数随时间的变化情况。

$$L_R = \left(L_E - L_B \right) / L_B \qquad (4-54)$$

式中，L_R 为景观指数变化率，L_B 为早期的景观指数值，L_E 为末期的景观指数值。

Pearson 相关系数是一种统计学参数，通常被用于定量衡量变量之间的相关关系，其计算公式为：

$$r = \frac{\sum XY - \dfrac{\sum X \sum Y}{N}}{\sqrt{\left(\sum X^2 - \dfrac{\left(\sum X\right)^2}{N}\right)\left(\sum Y^2 - \dfrac{\left(\sum Y\right)^2}{N}\right)}}$$

(4-55)

式中，变量 X 是所有点的 x 坐标的集合；变量 Y 是所有点的 y 坐标的集合；N 表示点的个数。

本章使用Pearson相关系数表示类型级别景观指数变化率和相应的景观级别景观指数变化率的相关关系，用于分析土地利用变化对景观格局变化的影响。

4.4.2 景观格局时空演变特征

4.4.2.1 景观级别景观格局变化

由于对白水江国家级自然保护区保护政策的实施，不断协调人类需求与资源环境保护之间的矛盾，1986—2015年白水江国家级自然保护区的景观格局发生了显著变化（表4-20）。从景观尺度来看，在1986—2015年期间，随着人类活动的加剧，白水江国家级自然保护区的景观格局变得更加破碎。从面积边缘指数看，最大斑块所占景观面积的比例（LPI）呈增加趋势，说明优势景观类型的主导性逐渐增加，人类活动对景观的干扰程度和频率不断减弱。边缘密度（ED）呈下降趋势，说明单位面积内的边缘长度不断减小，景观格局的破碎化趋势在降低。从景观的密度大小及差异指数看，斑块数量（NP）呈增加趋势，说明景观格局的破碎化程度可能增加。平均斑块面积（MPS）变得越来越小，也说明景观格局的破碎度呈增加趋势。从形态复杂度指数看，面积加权平均形状指数（AWMSI）和面积加权平均斑块分形指数（AWMPFD）变化趋势均不明显，说明景观复杂度的变化并不显著。从景观邻近度指数看，平均邻近度（PROX_MN）先增加后减小，说明同类型斑块的邻近性在1986—1995年间变得更加紧密，而在1995—2015年同类型斑块的邻近性变得越来越差。欧式平均最邻近距离（ENN_MN）呈下降趋势，表示同类型斑块间的相隔距离逐渐缩小，分布更为紧密。从聚散性指数来看，聚集度指数（CONTAG）和结合度指数（COHESION）都呈增加趋势，说明斑块的聚集性和结合度都越来越高。从多样性指数看，香农多样性指数（SHDI）和香农均匀度指数（SHEI）都呈下降趋势，说明景观的多样性在降低。

表4-20　1986—2015年白水江国家级自然保护区景观级别的景观指数

景观指数	LPI（%）	ED（m/hm²）	NP	MPS（hm²）	AWMSI	AWMPFD	PROX_MN	ENN_MN（m）	CONTAG	COHESION	SHDI	SHEI
1986年	67.53	20.11	2005	92.82	15.17	1.26	16205.42	345.36	78.10	99.86	0.64	0.36
1995	69.36	20.10	2140	86.97	15.91	1.26	20152.96	276.21	79.66	99.87	0.58	0.33
2008	69.32	19.20	2127	87.50	15.15	1.25	17873.46	275.68	80.93	99.87	0.55	0.30
2015	72.44	19.54	2331	79.84	16.60	1.26	16232.42	237.75	82.27	99.88	0.50	0.28

4.4.2.2　斑块类别级别的景观格局变化

1986年、1995年、2008年和2015年斑块类型级别的景观格局指数见彩图33和表4-21所示。从最大斑块所占景观面积的比例（LPI）来看，1986—2015年，林地的LPI最大且呈增加趋势，说明林地在景观中占绝对主导地位，且主导性在增加；耕地的LPI呈下降趋势，说明耕地在景观中的主导性在下降；高山灌丛草甸的LPI呈增加趋势，但LPI值较林地小得多，说明高山灌丛草甸在景观中的主导性略微有所增加；草地、建筑用地和水体的LPI值较小且变化不大，对景观格局变化影响较小。

从边缘密度（ED）来看，ED值从大到小依次为林地、耕地、草地、高山灌丛草甸、水体和建筑用地，表示景观破碎化程度从小到大依次为林地、耕地、草地、高山灌丛草甸、水体和建筑用地。

从斑块数量（NP）来看，林地、草地和耕地的斑块数量占主要部分。林地的斑块数量先增加后减少，草地的斑块数量先减少后增加，耕地的斑块数量持续增加。高山灌丛草甸、水体和建筑用地的斑块数量较少且变化不大。

从平均斑块面积（MPS）来看，林地的平均斑块面积最大，且呈先减少后增加的趋势，说明林地在1986—1995年期间，景观变得破碎，但在1995—2015年期间，林地的破碎化程度降低；在1986—2015年期间，高山灌丛草甸的平均斑块面积变化不大，略有下降；在1986—2015年期间，耕地的平均斑块面积急剧下降，景观破碎化程度增加；草地、水体和建筑用地的平均斑块面积最小，景观最为破碎，且没有明显变化。

从面积加权平均形状指数（AWMSI）和面积加权平均斑块分形指数（AWMPFD）来看，在1986—2015年，林地的AWMSI值和AWMPFD值最大且变化趋势不明显，说明林地的形态最为复杂。耕地的AWMSI值和AWMPFD值总体呈下降趋势，说明耕地的复杂度在降低。高山灌丛草甸的AWMSI值和AWMPFD值先减少后增加，说明在1986—1995年，高山灌丛草甸的复杂度在降低，而在1995—2015年，高山灌丛草甸的复杂度呈增加趋势。水体的AWMSI值和AWMPFD值呈先增加后减少的趋势，草地和建筑用地的AWMSI值和AWMPFD值较小，景观复杂度最低。

从平均邻近度（PROX_MN）来看，林地的PROX_MN最大，说明林地的斑块最为紧密；在1986—2015年，林地的PROX_MN呈先减小后增加的趋势，在1986—1995年，PROX_MN降低，说明林地的斑块有分散趋势，而1995—2015年，PROX_MN呈增加趋势，说明林地的斑块呈聚集趋势。在1986—2015年，耕地的PROX_MN显著下降，说明耕地的斑块变得越来越分散。高山灌丛草甸的PROX_MN总体呈增加趋势，但变化趋势不是很明显。草地、水体和建筑用地的PROX_MN值最小且变化不明显，说明这3类地物一直以来的分布都很分散。

从欧式平均最邻近距离（ENN_MN）来看，其值从大到小依次为建筑用地、高山灌丛草甸、水体、草地、耕地和林地，说明与最近邻的相同类型斑块的距离从大到小依次为建筑用地、高山灌丛草甸、水体、草地、耕地和林地。在1986—2015年，6类地物类型的

ENN_MN在总体上均呈下降趋势，表明同类型斑块间的距离在缩小。

表4-21　1986—2015年白水江国家级自然保护区类别级别的景观指数

土地利用类型	年份	NP	LPI	ED	MPS(hm²)	AWMSI	AWMPFD	PROX_MN	ENN_MN	COHESION
林地	1986	525	67.53	17.47	294.65	17.09	1.27	61446.33	120.07	99.97
	1995	810	69.36	18.51	195.83	17.68	1.27	52993.86	95.87	99.97
	2008	636	69.32	17.61	253.76	16.77	1.26	59528.95	93.69	99.97
	2015	585	72.44	18.01	281.67	18.15	1.27	64504.07	90.56	99.98
高山灌丛草甸	1986	88	0.86	1.98	48.71	6.34	1.22	181.17	714.28	98.90
	1995	104	1.02	2.12	44.73	5.55	1.20	72.43	662.23	98.83
	2008	111	1.20	2.41	47.79	6.02	1.21	331.94	268.18	98.93
	2015	112	1.69	2.10	37.51	7.75	1.23	177.14	313.13	99.09
建筑用地	1986	113	0.02	1.24	7.71	2.30	1.14	2.98	977.26	91.39
	1995	106	0.02	1.18	7.70	2.14	1.13	3.87	970.46	90.58
	2008	113	0.02	1.30	8.07	2.21	1.13	3.30	989.38	91.08
	2015	142	0.03	1.22	5.69	2.25	1.14	3.63	848.26	91.57
草地	1986	747	0.25	7.03	8.07	2.57	1.13	14.74	417.04	93.70
	1995	583	0.21	5.60	8.37	2.68	1.14	12.02	361.34	94.07
	2008	562	0.10	4.45	6.06	2.08	1.11	1.99	456.52	91.25
	2015	743	0.31	5.97	6.41	2.69	1.14	10.37	292.5	93.48
耕地	1986	381	2.12	10.80	50.84	6.77	1.22	536.33	224.96	98.86
	1995	446	1.39	11.29	36.70	6.85	1.21	418.73	185.79	98.62
	2008	629	1.08	11.09	22.71	4.84	1.19	186.70	158.45	97.75
	2015	675	0.33	10.41	16.08	4.42	1.19	109.87	159.70	96.94
水体	1986	151	0.10	1.70	5.70	4.34	1.22	6.06	389.92	93.21
	1995	91	0.08	1.50	8.39	4.32	1.23	6.68	529.30	93.40
	2008	76	0.11	1.53	10.69	4.36	1.23	8.78	381.58	93.81
	2015	74	0.10	1.36	9.56	4.17	1.22	9.04	277.31	93.42

从结合度指数（COHESION）来看，其值从大到小依次为林地、高山灌丛草甸、耕地

（呈下降趋势）、水体、草地和建筑用地，说明斑块类型在景观上的聚集程度从大到小依次为林地、高山灌丛草甸、耕地、水体、草地和建筑用地，且耕地的聚集程度明显降低。

总之，在1986—2015年期间，白水江国家级自然保护区的林地景观破碎化程度呈降低趋势，耕地景观破碎化程度呈增加趋势，而高山灌丛草甸、草地、建筑用地和水体的景观格局变化不大。

4.4.3　土地利用变化对景观格局的影响

通过斑块类型级别的景观指数变化率与对应的景观级别的景观指数变化率的相关性分析，探讨土地利用变化对景观格局产生的影响（见彩图34）。结果表明，林地的变化与最大斑块所占景观面积的比例（LPI）、面积加权平均形状指数（AWMSI）、面积加权平均斑块分形指数（AWMPFD）呈极显著正相关关系，说明林地作为优势斑块类型，对景观占主导地位，影响着景观的形态复杂度；林地的变化与平均邻近度（PROX_MN）呈极显著负相关关系，说明林地的PROX_MN增加，景观级别的PROX_MN反而降低，即林地的景观聚集程度越高，景观在总体上的聚集程度越低。高山灌丛草甸与平均斑块面积（MPS）呈显著正相关关系，说明景观级别的MPS随着高山灌丛草甸的MPS的增加而增加。草地与面积加权平均斑块分形指数（AWMPFD）呈显著正相关关系，说明随着草地的复杂度增加，景观在总体上的复杂度增加。耕地与最大斑块所占景观面积的比例（LPI）呈显著负相关关系，说明耕地的LPI增加，则景观在总体上的LPI下降。建筑用地和水体的景观格局变化对保护区总体上的景观格局没有显著影响。

本章基于面向对象分类技术和景观格局分析方法，研究了白水江国家级自然保护区的土地利用现状，分析了1986—2015年4个时期白水江国家级自然保护区的土地利用和景观格局变化情况，以及土地利用变化对景观格局变化的影响。得出以下结论：

（1）根据2018年的Sentinel-2数据的面向对象分类结果，白水江国家级自然保护区的土地利用类型面积从大到小依次为阔叶林42.05%（782.72 km²）、针阔混交林30.09%（560.03 km²）、灌木林10.63%（197.85 km²）、针叶林10.17%（189.33 km²）、耕地3.53%（65.79 km²）、高山灌丛草甸1.36%（25.40 km²）、草地1.16%（21.59 km²）、建筑用地0.52%（9.76 km²）和水体0.48%（8.94 km²）。

（2）根据1986年、1995年、2008年和2015年的Landsat数据的面向对象分类结果，得到白水江国家级自然保护区在近30年的土地利用变化：从时间变化上看，林地面积占比最大，且呈增加趋势，占比从1986到2015年依次为83.12%（1546.85 km²）、85.23%（1586.21 km²）、86.72%（1613.87 km²）和88.54%（1647.75 km²）；耕地面积呈减少趋势，占比从1986年到2015年依次为10.42%（193.84 km²）、8.80%（163.76 km²）、7.68%（142.91 km²）和5.84%（108.61 km²）；高山灌丛草甸、草地、建筑用地和水体面积占比较小，均小于5%，且面积变化不大。从空间变化上看，1986—2015年，研究区的综合土地利用变化速率较低，综合土地利用动态度为0.19%；土地利用强度较低且呈下降趋势，均值为2.07；土地利用多样性程度较低且呈下降趋势，与土地利用强度的变化趋势一致，均值为0.25。

（3）基于景观指数分析白水江国家级自然保护区的景观格局变化，得到保护区的景观格局时空演变特征：从景观级别来看，在1986—2015年期间，随着人类活动的加剧，白水江国家级自然保护区的景观格局变得更加破碎。从斑块类型级别来看，在1986—2015年期间，白水江国家级自然保护区的林地景观破碎化程度呈降低趋势，耕地景观破碎化程度呈增加趋势，而高山灌丛草甸、草地、建筑用地和水体的景观格局变化不大。

（4）使用Pearson相关系数度量土地利用变化对景观格局的影响，发现林地变化对景观格局的影响最大，其次为耕地、高山灌丛草甸和草地，而建筑用地和水体对景观格局的影响不大。

总之，保护政策对白水江保护区的原真性复原起到很大的作用。尤其是退耕还林政策的实施使得林地在保护区的主导地位更加凸显，其景观破碎化程度不断降低；而随着耕地面积的减少，耕地的景观破碎化程度不断增加。

第5章

自然保护区大熊猫及同域物种分布

5.1 野生动物数量调查方法概述

种群数量是动物资源管理学核心的问题之一，也是动物生态学、行为生态学研究的基础。种群动态、种群生活史及进化对策、种群栖息地状况都是通过种群数量调查获取的（戈峰，2008），种群繁殖行为的表达也与种群数量调查密切相关（李博等，2000）。在应用上，种群数量可以作为制订有效的保护濒危动物管理计划的依据，种群数量的变化可以评价濒危物种的保护措施对种群恢复的作用（史雪威等，2016），同时为野生动物资源的评估、生物多样性保护、动物濒危程度研究以及保护区经营管理水平的评估提供重要依据和数据（刘宁，1998）。野生动物的种群数量及种群动态变化一般是通过监测工作获得，但是野生动物尤其是兽类，具有行动迅捷、隐蔽性强的特点，传统的监测和调查方法如样线法、捕获法、观察法等都有其局限性（唐继荣，2001），极难通过哪一种方法准确地收集到它们细致、直观的活动情况。因此，如何找到一种新的监测方法，能够与这些传统方法相结合，形成新的监测模式，就成了野生动物保护者和研究者们关心的问题。经过不断探索和发现，将样线法、观察法与红外触发相机结合起来的方法，是一种科学、高效的监测手段（刘宁，1998）。采用新的监测技术、手段和方法，逐步改进和完善监测体系，对进一步提高自然资源保护管理和科研水平，系统掌握珍稀濒危物种的种群分布和数量动态，开展有效的资源保护和科学研究，均具有十分重要的意义。以下介绍主要的调查方法，分析它们的优劣势，以便在调查方法选择上有所借鉴。

5.1.1 绝对数量调查方法

绝对数量调查方法是准确计数野生动物在某一特定时间和地点的数量的方法。适用于较为开阔生境的动物统计，对于栖息于丛林中动物的数量的统计有局限。该方法常利用航天遥感拍摄技术、航空摄影技术对野生动物的数量进行调查。航天遥感调查法是通过卫星传感器在宇宙空间将地球上大范围地区野生动物的电磁波信号记录下来，经图像处理转变成人类肉眼可以判别的数据，从而快速准确地监测野生动物的数量变化；航空遥感调查法是利用搭载在飞机上的传感器从空中对野生动物进行拍摄，而后根据图像处理技术对所拍得的航片进行分析判读，得出野生动物的数量。如赵忠琴等（1985）对乌裕尔河流域下游地区的丹顶鹤及其他珍贵水禽利用航空遥感方法进行调查，获得了丹顶鹤在主要繁殖地的数量、分布等有关资料。目前应用无人机进行动物调查的研究越来越多。吴方明等（2019）使用两种无人机对三江源区域大型食草动物数量进行了调查，为藏羊、牦牛、西藏野驴和藏原羚等动物数量调查提供了一种有效、可靠的技术途径。宋清洁（2018）基于无人机系统对隆宝湿地国家自然保护区的大型食草动物进行了调查研究，得出无人机航拍技术非常适用于大型食草动物监测的结论。郭兴健等（2019）利用无人机对黄河源玛多县县域内的岩羊种群数量进行了估算，并对其生境进行了分析，得出岩羊偏好于选择海拔为4100~4200 m、距公路大于3 km、距悬崖峭壁200 m以内的区域活动的结论。王方等（2019）采用无人机技术，获得了准确、完整的亚洲象分布、数量、活动轨迹等信息。总之，无人机在野生动物调查中充分显示了其优越性，并将在野生动物调查、研究、监测及预警中发挥重要的作用。

除遥感调查方法外，还有人工直接计数法。它是通过诱捕计数法、区段计数法、哄赶计数法、足迹计数法、样带驱赶计数法和平行线驱赶计数法等直接统计在野外所见的动物数量，是比较常用的传统调查方法。

5.1.2 相对数量调查方法

相对数量调查方法是采用某种方法来推算某时某地野生动物数量的方法，可分为直接相对数量法和间接相对数量法两种。以动物本身为调查对象的方法为直接相对数量法，以非动物本身为调查对象如巢穴、足迹、粪便和食物残渣等来调查动物数量的方法为间接相对数量法。这两种方法适合于人迹罕至的崇山峻岭和复杂的丛林生境调查。这类生境的野生动物数量调查难度较大，通常不能整个区域进行调查，选取调查总面积的一部分，经数理统计估算动物数量。调查方法包括样线发、标志重捕法、相关比率变化法、空间分布样方法、哄赶法和围赶法，以及动物吼叫声统计法。

5.1.2.1 样线法

样线法是在一定的路线上统计野生动物数量的方法。在目前动物数量调查中，这种方法使用得最多。在调查区域随机选定若干条路线，沿着路线调查两侧一定距离内的野生动物数量，路线的长度和宽度可以根据动物的种类而定。根据样线上调查的密度求出样带的平均密度（D），以平均密度作为被调查动物总体密度的均值，推算出总的数量。由于许多动物在样带中难以看到，如大熊猫，在实际调查中又产生了很多变形的样线法，如实体观测垂距法（马建章等，1990）、截线法（朴仁珠，1996）、足迹链遇见率推算法（陈华豪，1990）等。

实体观测垂距法的计算公式为：

$$D = \frac{1}{m} d_i \tag{5-1}$$

$$d_i = \frac{n_i}{2L_i A_i} \tag{5-2}$$

式中，m 为样线数，d_i 为各条样线上动物的密度，A_i 为目标与样带中线的垂直距离，n_i 为每条样带上观测到的动物数量，L_i 为样带长度。

截线法的计算公式为：

$$D = \frac{n}{2La} \tag{5-3}$$

式中，n 为每条样带上观测到的动物数量，L 为样带长度，a 为有效宽度的一半，其值由下式计算：

$$a = \int_0^w g(x)\,\mathrm{d}x \tag{5-4}$$

式中，w 是实际截线宽度或最大观测宽度之 1/2，$g(x)$ 是探测函数，是被探测物体在截线垂距上被发现的条件概率。按 $g(x)$ 的定义，$g(0)=1$，且

$$\frac{1}{w} \int_0^w g(x)\,\mathrm{d}x = \frac{a}{w} \tag{5-5}$$

$\frac{a}{w}$ 可以理解为一头动物在观测线长度范围内被发现的平均概率。若令概率密度函数 $f(x)$ 为：

$$f(x) = \frac{1}{a} g(x) \tag{5-6}$$

则

$$\int_0^w f(x)\,\mathrm{d}x = \frac{1}{a} \int_0^w g(x)\,\mathrm{d}x = 1 \tag{5-7}$$

特别地，

$$f(0) = \frac{1}{a} g(0) = \frac{1}{a} \tag{5-8}$$

因为 $g(0)=1$，即截线上（$a=0$）及其附近的个体永远被全部发现。

因此，公式（5-3）变为

$$D = n \times \frac{f(0)}{2L} \tag{5-9}$$

式中，n 为期望动物数。实践中可以用一次调查新遇见的动物数来代替。$f(0)$ 有不同的估算方法，目前有负指数分布、半正态分布、幂级数分布等。

足迹链遇见率推算法是一种不考虑样线宽度统计足迹链的方法。所谓足迹链就是一只动物在一昼夜 24 h 之内，正常行走于雪地或泥地上留下的成行的新鲜足迹。调查时观察对象可以是动物实体，也可以是动物的活动痕迹，如雪地中的动物足迹、卧迹、粪便、尿斑等。记录实体时，只记录位于调查员前方及两侧的个体，包括越过样带的个体，观察记录

对象也包括样带预定宽度以外的实体数量，记录足迹链时只记录与样带中线交叉的足迹链，故不存在垂距。调查中样线的长度为 L，每条样线调查记录的足迹链数量为 N，每条样线的足迹链遇见率（V）为：

$$V = \frac{N}{L} \tag{5-10}$$

多个样线的同个物种足迹链平均数为：

$$\bar{Y} = (N_1 + N_2 + N_3 + \cdots + N_n)/n \tag{5-11}$$

多个样线同个物种样线足迹链遇见率（C）为：

$$C = \frac{\bar{Y}}{L} \tag{5-12}$$

5.1.2.2 标志重捕法

随机捕捉所研究种群中的部分个体，进行标记之后放回野外，第一次标记的动物记为 X，经过一定时间后，开展第二次随机捕捉，捕捉的部分动物标记为 Y。第二次捕捉到的动物中会有第一次被标记过的动物，记为 Z，用第二次捕捉到的个体中 Z 所占的比例来代表所有被捕捉个体在种群中（N）所占的比例，则：

$$\frac{Z}{Y} = \frac{X}{N - Y} \tag{5-13}$$

由公式（5-13）可以推导出：

$$N = Y\frac{X + Z}{Z} \tag{5-14}$$

由公式（5-14）估算出种群的数量。近年来采用多次标志、多次重捕的方法，使动物数量调查的准确性大大提高。对于兽类，用这种方法进行数量调查比较困难。

5.1.2.3 哄赶法和围赶法

哄赶法和围赶法是比较原始的方法（王朗自然保护区大熊猫调查组，1974）。调查流程如下：首先，根据目标动物的主要栖息地，选择调查样地；其次，在样地内对目标动物进行哄赶并计数；然后，计算调查样地内目标动物密度；最后，根据样地占研究区面积比例，推算研究区域内目标动物种群数量。这种方法仅适用于对大型动物的调查，但花费人力、物力较大。

5.1.2.4 空间分布样方法（或称为数学模型法）

随机选取面积和形状固定的样方，通过计数样方内动物的个体数或动物活动的痕迹数，运用数学模型法来估计动物种群的数量（潘文石等，1988）。数学模型表达为下：

$$P = \frac{V}{1 - (1 - T)^K} \tag{5-15}$$

式中，P 为单位面积内动物的平均数量，即密度（只/km²），T 为设立的样方的面积（km²），V 为一个观测时间单位中，在一个样方里观察到动物的平均数量[只/（样方面积·观测时间）]，K 为在一个观测时间中，一只动物可能独立进入一个样方的次数。在大熊猫数量调查时，该模型假设 T 为大熊猫进入样方一次的概率等于样方面积与单位面积之比，那么大熊猫不进入样方的概率为（$1-T$）。则在观测时间 t 内至少进入同一个样方一次的概率为 ［$1-$（$1-T$）K］。该方法简单易行，但野外直接观察到大型动物实体尤其是兽类十分困难，且模型参数较多为推测，模型存在一定的模糊性和不确定性。

5.1.3 大熊猫数量的调查方法演替

大熊猫栖息地地形复杂，再加上大熊猫数量少，其行动也十分隐蔽，在野外很难观察到它的实体，因此许多传统的动物数量的调查方法不能运用于大熊猫种群数量调查（冯文和等，1998）。常采用很多方法调查野生大熊猫数量，如直接计数法、路线调查法、距离区分法、咬节区分法、数学模型法、分子生物学方法等。全国历次大熊猫种群数量调查，方法都在变化，经历了不同的发展阶段。

5.1.3.1 初始阶段

第一次和第二次大熊猫调查归为初始阶段，采用的是样方数量调查和遇见率统计方法。第一次大熊猫调查，采用"V"形线路调查法，根据目睹和粪便统计调查数量。全国第二次大熊猫调查，采用野外生物种群横向密度估计法、内业综合统计法和密度参数估计法。在四川北川县片口乡和青片乡利用路线法调查法和猎犬哄赶法相结合的方法，还有粪便系数法，但此法在实践操作中难度大，不易得出大熊猫的准确数量（大熊猫调查队，1987）。

5.1.3.2 中期阶段

方盛国等（1996）提出用DNA指纹图谱法来进行大熊猫的数量调查，认为该方法准确可靠，可节省人力、物力和财力。该方法在四川冶勒自然保护区、四川唐家河自然保护区、陕西佛坪自然保护区及大相岭进行了应用。黄乘明等（1989）提出了用大熊猫粪便咬节（Bmaboo Stem Fragments，BSF）长度和聚类分析来区分大熊猫个体，选用 0.5 mm 作为聚类的标准，并用此方法调查了卧龙的大熊猫数量。胡杰等（2000）用同样的方法对四川黄龙自然保护区的大熊猫数量进行了调查。大熊猫在采食竹茎的过程中，将竹茎一段段地咬断，但是并没有将其完全地咀嚼和磨碎，所以成段的竹茎经过大熊猫的消化道被排出后，几乎仍然能保持其原来的长短和形状，通常将这些粪便中的竹茎称为咬节（Mangel et al，1994）。大熊猫由于不能消化纤维素，故粪便中的竹茎咬节和竹叶残片变化不大。由于BSF的长度与臼齿间距有关，咬节切缘及破碎程度反映了臼齿的磨损情况，可用粪便的直径和BSF长度对大熊猫进行年龄划分（胡锦矗，1990）。郭建等（1999）在四川冶勒自然保护区还做了样带法、逆向截距法和线路法的比较，发现各种方法均有其优缺点。样带法和逆向截线法因简便易行和数学推算过程的简单性而被广泛应用于野生动物的数量调查，但都有其不易满足的前提条件。杨光等（1994）用样带法和逆向截距法调查了四川马边大风顶自然保护区的大熊猫数量。该时期大熊猫粪便和咬节作为数量指标是用得最多的调查方法，DNA指纹图谱法也是靠野外收集大熊猫粪便为前提条件的。

5.1.3.3 后期阶段

以全国第三次大熊猫调查时间为节点，将该节点以后的调查定为后期，大熊猫种群数量的估计更加趋向于使用定量指标，使用的两个主要的定量指标是BSF长度和巢域大小。估算方法是距离咬节法。即任何两个相邻粪便点之间的距离超过3 km，就直接判定为不同个体；不超过3 km，则用BSF平均值的差进行判断，若BSF平均值相差大于2 mm，就判定为不同的个体。判别流程见图5-1。

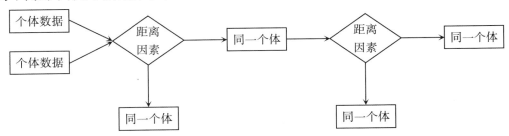

图5-1　基于距离咬节法大熊猫数量调查流程图（冉江洪，2004）

5.2　保护区大熊猫种群调查

5.2.1　调查方法与路线布设

野外调查以样线法为主，以非损伤性DNA数量鉴定法为辅，两种方法相结合调查大熊猫野生种群。在样线调查过程中，以移动距离-咬节综合分析法计算野外种群的数量，同时调查同域动物和人类干扰状况。调查线路的布设为：重点调查区按照2 km² 1条布设，一般调查区按照6 km² 1条布设。重点调查区域为三调确定的大熊猫栖息地，在调查过程中若发现在一般调查区范围内有大熊猫实体或痕迹，该区域即变为重点调查区，它与重点区域相邻，生境条件符合大熊猫栖息地要求，根据群众反映可能有大熊猫分布的区域。按照机械布点的方法，将调查区域划分为若干个2 km²（重点调查区域）或6 km²（一般调查区域）的正方形网格，每1个网格视作1个调查小区（史志嵩，2017）。在调查小区里，充分考虑相邻调查区域内的地形地貌、植被状况、竹子分布状况、海拔高度、大熊猫生态习性等因素，本着以最短的距离尽可能多地穿过调查小区内大熊猫活动的各种生境的原则，布设调查路线，白水江国家级自然保护区大熊猫及伴生种调查路线见彩图35。根据白水江国家级自然保护区的实际情况，结合分层抽样的方法，在各类植被生境类型中，分别沿沟谷、山脊和坡面等布设监测线路。

5.2.2　实地调查

按照布设路线进行调查。在调查过程中，仔细观测调查路线上的大熊猫活动情况，在发现大熊猫活体、尸体、痕迹等地点要 GPS 定点，并记录生境条件，每垂直 200 m 或水平行走 1000 m 时，要填写"大熊猫野外种群状况调查表"（见附表 1）。收集和保存调查过程中发现的粪便。每处粪便选取 1～3 个完整的粪团装入同一个样品袋，贴上标签。标签上填写取样编号、经度、纬度、海拔等信息。相距 200 m 之内的大小、形状及成分较一致的粪便，只在一处采样。以样线法调查大熊猫的天敌和竞食动物。天敌对成年大熊猫基本不构成威胁，主要威胁大熊猫幼体。大熊猫栖息地内有狼、豺、青鼬、金猫、豹猫、猞猁 6 种天敌，调查显示天敌的密度较低（史志嵩，2017）。发现活动痕迹点最多的是豹猫，其活动痕迹以 85% 的比例高居 6 种天敌榜首，其次是青鼬，第三是狼，第四是豺，第五是猞猁，最后一位是金猫。豹猫是甘肃省重点保护动物，属于常见的中偏小型食肉兽，在白水江国家级自然保护区的阴山河、碧口李子坝、黑阴沟分布最多。青鼬在白水江国家级自然保护区分布相对较多，是国家二级保护动物，属于中型食肉兽。其他四种天敌在保护区稀少。在大熊猫栖息地内调查发现 14 种竞食动物，按照活动痕迹点数量从高到低的排序是：羚牛、斑羚、金丝猴、毛冠鹿、野猪、鬣羚、黑熊、藏酋猴、小鹿、中华竹鼠、豪猪、梅花鹿、狍子、马鹿。其中羚牛、斑羚、金丝猴、毛冠鹿、野猪 5 种竞食动物的活动痕迹比例均在 10% 以上，总和占 88.9%，是主要的竞食动物。黑熊既是天敌，也是竞食动物。选择 12 种常见的与大熊猫有竞争关系的同域物种进行调查，与大熊猫种群调查路线同步进行，大熊猫同域物种调查表见附表 2。

5.3 大熊猫监测 AI 分析管理平台建设

目前，仅靠人力调查和巡护存在很多盲区，不仅工作量大，并且效率极低，监管水平落后。大熊猫监测智能识别（AI）分析管理平台可以全面加强保护区保护管理能力，通过采取有针对性的措施，有效保护大熊猫栖息地的生物多样性，彻底改变监测效率低、资源监管不力的落后局面。大熊猫监测 AI 分析管理平台可以更加有效地保护好保护区内生态环境与珍贵的野生动植物资源，加强地区生态保护力度，提升保护区保护管理能力。

5.3.1 建设内容

大熊猫监测 AI 分析管理平台把采集到的保护区资源以及生物多样性数据与基础地理数据相结合，在具有 GIS 平台的系统上对采集到的数据进行地图可视化分析与管理。其中包括建立一套移动巡护指挥系统、大熊猫群活动监测分析管理平台、大数据指挥决策平台以及 AI 分析平台。通过对野外数据的实时监测以及利用巡护人员手持终端采集数据相结合的方式对大熊猫所处位置、周边环境进行实时监测。大熊猫监测监控系统，用于监测国家一级保护动物大熊猫及其他生物的生存环境及其活动规律，为大熊猫及其他同域野生动物保护工作提供有效的数据积累和重要的科学依据。该监测系统包括适用于野外环境的硬件平台以及数据分析平台，实时、长期地对大熊猫及其他野生动物进行监测。同时可实现大熊猫及其他野生动物的个体识别，定位跟踪大熊猫及其他野生动物，以及对其生境条件和生存状态之间的关系分析。

5.3.2　数据库建设

数据库是具有结构明确、一定聚集和共享程度的数据信息集合。通过采集、交换、汇集与存储等手段在各级结点建立相应的数据库，各级结点的数据库共同构成全区数据库整体。在数据库建设中，须规范保护区各级部门的信息资源分类、数据库建设内容，明确数据库更新维护职责和应用权限。应用系统数据库建设分为三类，分别为高分遥感大数据服务、基础信息服务平台、林业专题云数据建设，具体如图5-2。

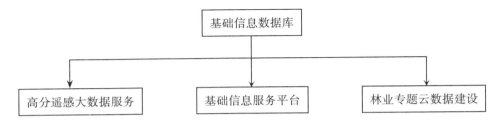

图5-2　白水江国家级自然保护区大熊猫监测数据库结构

野生大熊猫数据库（包括公共基础数据库、林业基础数据库、林业专题数据库）的建设整合，可实现野生大熊猫数据库的统一管理、维护、更新，确保数据完整、规范、准确、有效。根据国家林业和草原局的要求，以及管理局林业应用需求及管理特点，数据库实行分级管理。管理局林业数据中心负责全省数据的审核、入库、权限分配和管理，各数据分中心负责省上需要的相关数据的采集、编辑、入库、更新，确保数据服务的需要，为全省林业数据共享、政务协同、辅助决策、公共服务奠定基础。

5.3.3　大熊猫智能监测系统建设方案

前端点位对于前端视频监控系统是非常重要的，是实现林区视频采集、GIS定位等环境监测非常重要功能的设备站点。由于前段基站位于野外，而且四周一般都有高大灌木林，地形地势复杂，智能监控需要考虑监控半径范围和野外供电，根据地势地形结合智能监控的特点需要进行基站选址，根据监控范围选择修建铁塔的高度，根据气候条件考虑设备是否需要采取保温措施等；在无人值守的环境需要考虑基站的防盗问题，以及野外环境的防雷等问题。视频监控需要有供电和通信设施，所以选址尽量靠近电源和通信基站，可以运用已有的基础设施，避免重复建设，从而降低成本。

建立一套前端视频监控系统，包括远程监控系统、供电系统、通信系统、监控塔等，完善机房硬件设备，搭建一个软件平台，对经过摄像机前的动物进行抓拍对比，并且把数据传输到后台，进行后台智能分析，通过比较对大熊猫以及其他野生动物的生活状况做出分析。

　　大熊猫视频监控系统网络采用星型网络结构，公园管理中心作为一级监控中心，是整个网络的核心节点。层间的物理连接线路采用先进的以数据传输（SDH）为核心的光纤传输网技术来连接。光纤传输具备容量大、抗干扰强、传输距离远等优点，已成为视频、IP语音等宽带业务的主要物理连接媒介，适合野生动物视频监控。

　　目前在行业专网的组建中，主要采用的是基于SDH专线的方式，SDH传输技术已成为运营商的主流，且采用SDH专线组网，对网络的后续升级、扩容、维护、备品备件等都很便利，对网络的安全保障更有好处。管理中心–监控点是通过SDH全光纤数据专线进行连接传输的。

5.3.4　系统主要功能

5.3.4.1　实时视频监控

系统要求能对大熊猫栖息场所、活动范围、重点关注对象以及重点林区的险情监测视频进行实时访问。

5.3.4.2　报警联动

前端联动后台：前端发生险情时，将险情点GIS定位报警信息在平台上进行报警，报警后平台可通过相关设置进行录像以及向监控人员报警；后台联动前端：后台监控人员在发现险情或者林业资源遭到破坏事件时，可通过语音、报警设备或文字提醒前端部分人员对危险情况进行规避或处理，同时短信通知相关领导及时做出相关决策，或抵达前端现场，做出应急指挥，使险情事故或者违法行为得到控制。

5.3.4.3　录像及回放

系统要求能对前端视频进行录像，可以在平台端进行计划存储和报警存储，保障录像的完整性。

5.3.4.4　设备、用户、平台管理功能

系统要求能对前端设备、在线用户、平台各个服务进行实时管理与维护。

5.3.4.5　应急指挥

可与应急指挥系统融合，实现现场视频实时回传和语音双向通信。

5.4　数据分析方法

　　根据调查数据（多种方法），进行室内统计分析。利用ArcGIS技术，将大熊猫及其同域物种痕迹点与研究区DEM、植被类型、主食竹和河流分布图叠加，分析大熊猫的生境特征。将居民点、道路进行缓冲分析，与大熊猫及同域动物痕迹点叠加，分析大熊猫对生境选择的偏好。

5.5　保护区大熊猫和同域物种分布

根据调查数据，得出大熊猫和同域物种在白水江国家级自然保护区的分布（见彩图36）。分布区在行政区划上包括文县的铁楼、丹堡、刘家坪、范坝、碧口、中庙等乡镇。从分布图上可以看出，大熊猫在铁楼的丘家坝数量最多。不同季节发现的痕迹点不同，但分布区在行政区划上的差别不大，主要集中在核心区。

5.6　保护区大熊猫的分布与环境因子的关系

综合分析，影响大熊猫分布的因素可以划分为三大类：物理环境因素、生物环境因素和人类活动因素。物理环境因素常指海拔高度、坡度、水源等；生物环境因素包括食竹类的分布及丰富度、植被类型、天敌及竞食物种的分布；人类活动因素主要有交通、农业活动以及当地居民的日常生活活动等，这些活动指标目前用居民点和道路来表示。全球定位系统（GPS）、遥感技术（RS）和地理信息系统（GIS）的发展，为这些影响因素进行空间化提供了技术支撑。结合大熊猫的调查数据，分析大熊猫的分布与环境的关系，排除了以点带面的弊端。从保护角度来看，从山系或保护区尺度上来开展大熊猫分布与生境的关系研究，使得濒危动物的保护更具有科学依据。如对秦岭山系（Loucks et al，2003）、岷山山系（肖燚等，2004）、邛崃山系（Xu et al，2006）和大相岭山系都已经开展了山系尺度上的研究，许多重要因子都在较大尺度上对大熊猫的分布产生影响，如退耕还林政策的执行、道路及其他基础设施的建设、林型的分布以及主食竹开花等。徐卫华等（2006）选取海拔、坡度、植被类型、竹子分布、道路和居民点等因子，借助GIS和RS技术，系统地研究了大相岭山系大熊猫生境的分布、生境质量与空间格局，在此基础上提出了该山系生境保护与自然保护区建设的对策。基于这种研究成果提出的建设对策，更具有针对性。肖燚等（2004）对岷山地区大熊猫生境进行评价，结果表明，交通使得大熊猫生境隔离成为多个相互分隔的生境单元。生境连通性是岷山地区大熊猫保护的主要对策。根据白水江国家级自然保护区第3、4次大熊猫调查数据及2020年野外调查结果，结合区域的基础数据，利用GIS技术，分析白水江国家级自然保护区大熊猫分布与多种因子的关系，旨在为该区域大熊猫的保护提供依据。

5.6.1　大熊猫分布与地形的关系

根据不同季节大熊猫痕迹点的调查数据，分析大熊猫分布与海拔的关系（图5-3）。由图可以看出，大熊猫多分布在1600～2900 m，＜1000 m和＞3450 m没有分布。在春季，大熊猫下移到低海拔处，在夏季上移到海拔较高处，在冬秋季，由于调查受限，痕迹点少，在高海拔仍然出现的频度较大。痕迹点出现在坡度比较缓（<5°）的区域较多，从坡向上看，无坡向及阳坡大熊猫的痕迹点较多。在坡形上大熊猫偏好选择山顶和山麓活动，说明大熊猫在选择生境时，对缓坡、阳坡和平台有偏爱。

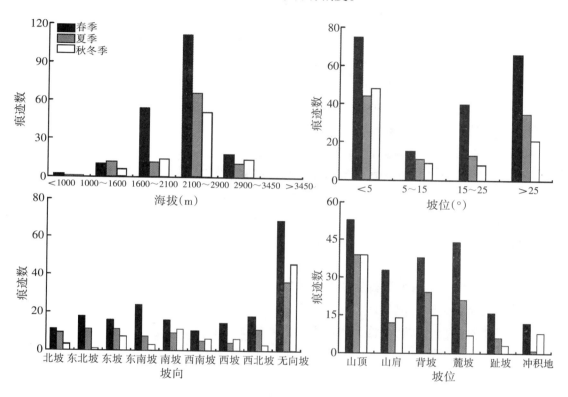

图 5-3　白水江国家级自然保护区不同季节大熊猫分布与地形的关系

据报道，在卧龙自然保护区，大熊猫通常在海拔 1400~3600 m 范围内活动，并喜在地形平缓、坡度在 20° 以下的山脊与平台活动取食，最适生境主要分布在海拔 2300~2800 m 的平缓山坡与台地（欧阳志云等，2001；卧龙自然保护区，1992；刘淑珍等，1984）；也有报道，大熊猫喜欢活动于阳坡或半阴半阳坡的平缓坡（夷平地）的中或上坡位、离水源较近的生境，并且明显回避有人类干扰的生境（张泽钧等，2000），与白水江大熊猫的生境选择较一致，但活动的海拔范围在卧龙自然保护区要大。在大相岭山系大熊猫在海拔 1500~3000 m 的范围内分布最多，主要的植被类型为针叶林（徐卫华等，2006）。在青木川自然保护区，大熊猫的适宜活动区海拔在 1100 m 以上（王芸等，2012）。在草坡自然保护区大熊猫分布在海拔 2000~3200 m 地区，痕迹点最大区域的海拔为 2000~3000 m（饶佳等，2018）。秦岭地区的大熊猫具有季节性迁移行为，春末夏初从低海拔向高海拔迁移，秋季则迁回低海拔。在 95% 置信区间内，大熊猫 4 月活动范围为 1656~

1686 m，7月为2499～2538 m，10月为1688～1748 m。大熊猫在4月、7月的分布海拔具有显著性差异（$P<0.01$），4月和10月之间没有显著差异（$P=0.07$）（李亚军等，2016）。大熊猫对生境选择的偏爱不同的区域有差异，可能与食物基地的差异有关，也许与人类的活动干扰有关。

5.6.2　大熊猫分布与植被的关系

在大熊猫活动的海拔范围内，植被类型垂直分异规律明显。有常绿落叶阔叶混交林带（900～1600 m）、落叶阔叶林带（1600～2100 m）、针阔叶混交林带（2100～2900 m）、亚高山针叶林带（2900～3450 m）和灌丛。相应地，分布着不同的主食竹种类。白水江国家级自然保护区内已知有竹类8属18种1变种（黄华梨，2005），在大熊猫栖息地内分布并可供大熊猫食用的竹类有5属9种1变种（表5-1）。

春季大熊猫分布与植被类型和主食竹的关系见彩图37，从痕迹点由多到少排序，植被类型依次为：针阔叶混交林、落叶阔叶林、常绿落叶阔叶混交林、针叶林和灌丛。在针阔叶混交林型中，缺苞箭竹分布区大熊猫活动痕迹点最多，其次是青川箭竹。落叶阔叶林和常绿落叶阔叶混交林中，青川箭竹分布较多，在针叶林中，大熊猫主要以缺苞箭竹为食物。

夏季大熊猫分布与植被类型和主食竹的关系见彩图38，从痕迹点由多到少排序，植被类型依次为：针阔叶混交林、常绿落叶阔叶混交林、落叶阔叶林、针叶林和灌丛。针阔叶混交林型中，以缺苞箭竹分布为主，大熊猫活动痕迹点最多，其次是青川箭竹。在常绿落叶阔叶混交林中，基本上无箭竹分布，在针叶林中，主要是缺苞箭竹。

秋冬季大熊猫分布与植被类型和主食竹的关系见彩图39，从痕迹点由多到少排序，植被类型依次为：针阔叶混交林、落叶阔叶林、针叶林、常绿落叶阔叶混交林和灌丛。在针阔叶混交林型中，缺苞箭竹分布区大熊猫活动痕迹点最多，其次是青川箭竹。在落叶阔叶林中，青川箭竹分布区中大熊猫出现频率较多，在针叶林中，缺苞箭竹分布区大熊猫活动痕迹点最多，在常绿落叶阔叶混交林中，无箭竹分布区大熊猫出现较多。总之，白水江国家级自然保护区大熊猫对生境的选择以针阔叶混交林为偏好，主要的食物为缺苞箭竹和青川箭竹。王建宏等（2016）对白水江国家级自然保护区生物环境因素进行了量化评价，评价标准见表5-2。

表5-1 白水江国家级自然保护区大熊猫栖息地的竹类分布（黄华梨，2005，有改动）

竹 种		林带分布	白水江国家级自然保护区分布地							
			1	2	3	4	5	6	7	8
刚竹属	石绿竹 *Phyllostachys arcana*	①②	⊕	⊕	⊕	⊕				
	毛金竹 *P. nigra* var. *Henonis*	①	⊕	⊕	⊕	⊕				
箭竹属	青川箭竹 *Fargesia fufa*	①②③		⊕	⊕		⊕			
	缺苞箭竹 *F. denudata*	②③④	⊕	⊕	⊕	⊕		⊕	⊕	⊕
	糙花箭竹 *F. scabrida*	②③	⊕					⊕		
	龙头竹 *F. dracocephala*	②③		⊕	⊕					
	团竹 *F. oblique*	①②③		⊕						
寒竹属	刺黑竹 *Chimonobambusa purpurea*	①		⊕						
巴山木竹属	巴山木竹 *Bashania fargesii*	①	⊕	⊕	⊕					
箬竹属	巴山箬竹 *Inducalamus bashanensis*	①		⊕						
备注	1红土河；2碧口；3让水河；4刘家坪；5丹堡河；6白马河；7岷堡河；8尖山									
	①常绿落叶阔叶混交林带；②落叶阔叶林带；③针阔叶混交林带；④亚高山针叶林带									

表5-2 对生物因素适应性评价（王建宏等，2016，有改动）

生物因素	适宜区	较适宜区	不适宜区
植被类型	寒温性针叶林 温性针叶林 针阔混交林 落叶阔叶林	常绿阔叶混交林 常绿阔叶林 灌木林 山地人工林	草甸 农田 灌草丛
可食竹分布区	华西箭竹 缺苞箭竹 青川箭竹 龙头箭竹 糙花箭竹 团竹	巴山木竹 石绿竹 毛金竹	无竹子分布
赋值	3	2	1

卧龙大熊猫的主要可食竹类有冷箭竹（*Bashania fangiana*）、拐棍竹（*Fargesia rebusta*）和短锥玉山竹（大箭竹）（*Yushania bevipaniculata*）等。生境利用率最高的竹林类型区域为冷箭竹林，利用率达到了51.63%，而生境选择的主要竹林类型为拐棍竹和冷箭竹，二者占空间利用面积的95.20%（白文科等，2017）。针阔混交林及针叶林是大熊猫的最适植被（胡锦矗等，1980；胡锦矗等，1981），占空间利用面积的90.23%（白文科等，2017）。在岷山地区，大熊猫主要可食竹类有缺苞箭竹、糙花箭竹、团竹、青川箭竹、华西箭竹、巴山木竹、白夹竹等，亚高山暗针叶林与针阔混交林是大熊猫的最适植被（胡锦矗，2001；胡锦矗等，1981；唐稚英，1983），在大小相岭山系，山地针叶林是大熊猫的最适生境，阔叶林和灌丛带也有活动痕迹（张泽钧等，2003；冉江洪等，2003），该山系竹类丰富，大熊猫的主食竹类为短锥玉山竹、八月竹和冷箭竹。白水江大熊猫的生物环境要素与其他区域有差异，因岷山与白水江国家级自然保护区相邻，所以大熊猫的生物环境要素在两个区域一致。从全国大熊猫的生境看，已有的研究表明，野生大熊猫主要选择郁闭度0.6以上原始林或恢复多年的次生林，林分类型偏好落叶阔叶林、针阔混交林和亚高山针叶林。喜食密度适中、秆径较粗、较高、生长发育好和营养质量好的竹子种类。

5.6.3　大熊猫分布与河流距离的关系

根据白水江国家级自然保护区水系分布，做水系的缓冲区。分为＜200 m、200～400 m、400～700 m、700～1000 m、1000～1500 m和＞1500 m六个区（见彩图40）。由图5-4可以看出，大熊猫选择距水源地近的区域活动。在春季，49.74%的痕迹点落在距水源＜200 m的区域，24.08%的痕迹点落在200～400 m的区域，18.32%的出现在400～700 m的区域，5.76%出现在700～1000 m的区域，2.09%出现在1000～1500 m的区域，＞1500 m的区域没有发现痕迹点。在夏季，44.44%的痕迹点落在距水源＜200 m的区域，28.28%的痕迹点落在200～400 m的区域，20.2%的痕迹点出现在400～700 m的区域，5.05%的痕迹点出现在700～1000 m的区域，1.01%的痕迹点出现在1000～1500 m的区域，只有1.01%的痕迹点出现在＞1500 m的区域。在秋冬季，35.71%的痕迹点落在距水源＜200 m的区域，34.52%的痕迹点落在200～400 m的区域，25%的痕迹点出现在400～700 m的区域，3.57%的痕迹点出现在700～1000 m的区域，在1000～1500 m的区域没有出现痕迹点，＞1500 m的区域发现痕迹点的比例为1.19%。很多学者定性描述大熊猫喜欢活动于离水源较近的生境（张泽钧等，2000），但都缺乏定量界定。由白水江国家级自然保护区大熊猫的调查可以看出，大熊猫基本活动在距水源地700 m的范围内。

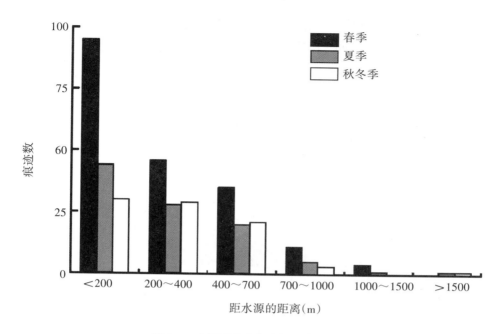

图5-4　大熊猫分布与水源距离的关系

5.6.4　大熊猫分布与道路距离的关系

根据白水江国家级自然保护区道路分布（国道与省道，一般公路），以道路为中心做道路的缓冲区。根据距离道路的远近划分为<1000 m、1000～2500 m、2500～4500 m、4500～6500 m、6500～8500 m、8500～11000 m、11000～13000 m和>13000 m八个区（见彩图41）。由彩图41可以看出，大熊猫选择距道路远的区域活动。一般选择距道路1000 m以外的区域。徐卫华等（2006）将道路的影响划分为强烈影响、中等影响、弱影响和无影响，对于国道和省道，<180 m为强烈影响，180～300 m为中等影响，300～720 m为弱影响，>720 m为无影响。根据白水江国家级自然保护区的具体情况，国道和省道对大熊猫的干扰不大。一般公路，<60 m为强烈影响，60～210 m为中等影响，210～720 m为弱影响，>720 m为无影响。在邱家坝、丹堡和碧口管辖区域，大熊猫痕迹点出现在210～720 m范围内，其他保护区，大熊猫的痕迹点出现的范围都在8000 m以外，说明大熊猫选择活动区域属于道路干扰小的区域。

5.6.5　大熊猫分布与居民点距离的关系

根据白水江国家级自然保护区居民点分布，以居民点为中心做缓冲区。根据居民点的距离远近划分为<1500 m、1500～3500 m、3500～5500 m、5500～7500 m、7500～10000 m、10000～12000 m、12000～15000 m和>15000 m八个区（见彩图42）。由彩图42可以看出，与道路的影响相同，大熊猫选择距居民点远的区域活动。一般选择距居民点3500 m

以外的区域。王建宏等（2016）将居民点的影响划分为强烈影响、中等影响、弱影响和无影响，<900 m 为强烈影响，900～1410 m 为中等影响，1410～1920 m 为弱影响，>1920 m 为无影响。根据白水江国家级自然保护区的具体情况，居民点对大熊猫的干扰不大。在邱家坝、丹堡和碧口管辖区域，大熊猫痕迹点出现在210～720 m 范围内，其他保护区，大熊猫的痕迹点出现的范围都在8000 m 以外，说明居民点的干扰小。

第6章
自然保护区大熊猫潜在分布模拟

6.1 物种潜在分布模拟研究综述

物种分布模型（Species distribution models，SDMs）是一种模拟物种生态位的数值模型，是将物种的分布样本信息和对应的环境变量信息进行关联得出物种的分布与环境变量之间的关系，并将这种关系应用于所研究的区域，对目标物种的分布进行估计的模型（许仲林等，2015）。目前，SDMs已经成为基础生态学和生物地理学研究的重要工具，被广泛用于研究全球变化背景下物种的分布和气候之间的关系（蒋霞等，2005；Anderson et al，2010；Elith，2006；翟天庆等，2012）、区域气候变化对植物群落和功能的影响（冷文芳等，2007；张雷等，2011）、生态系统功能群和关键种的监测和预测（张志东等，2007）、生态系统不同尺度多样性的管理和保护（Svenning et al，2005）、外来物种入侵区域的预测（Larson et al）、面向生态系统恢复的关键物种的潜在分布预测和保护区规划（Xu et al，2012）等。物种分布模型起始于BIOCLIM模型的开发及其应用（Busby，1991），在随后的三十多年里涌现了生态位因子分析模型（ENFA）、马氏距离（MD）、边界函数方法（BF）、最大熵模型（MaxEnt）、广义线性模型（GLM）、广义加法模型（GAM）、分类与回归树模型（CART）、随机森林模型（RFs）、多元适应性回归样条（MARS）、表面分室模型（SRE）、柔性判别分析（FDA）、多元自回归样条模型（MARS）、助推法模型（GBMs）、分类回归树分析（CTA）、基于规则集的遗传算法（GARP）和人工神经网络（ANN）等，这些模型对中国植物种分布的模拟及其应用次数见表6-1（刘晓彤等，2019）。作为气候变化情景下物种适宜生境预测的方法主体，目前有大量的物种分布模型及相关软件可用（如表6-2所示）。

在众多的SDMs中，根据所需的物种存在-不存在（presence-absence）样点信息可将这些模型分为两大类：第一类需要物种存在和不存在的样点信息；第二类只需要物种存在的样点信息（Guisan et al，2000）。第一类模型通常运用逻辑回归分析的方法，以概率形式表现物种分布的适宜性，第二类模型含有生态位的思想，如 ENFA（Hirzel et al，

2002）、BIOCLIM（Walker et al，1991）、GARP（Stockwell et al，1992）和 DOMAIN（Carpenter et al，1993）。

表6-1　物种分布预测模型及在中国的应用

模型名称	应用数量	模型名称	应用数量
最大熵模型（MaxEnt）	296	循环分区回归树（RPART）	3
基于规则集的遗传算法（GARP）	27	Logistic 回归模型（LR）	3
生物气候模型（BIOCLIM）	26	CLIMEX	2
广义线性模型（GLM）	21	作物生态需求模型（ECOCROP）	2
广义加法模型（GAM）	21	农业生态区模型（AEZ）	1
随机森林模型（RF）	19	决策树模型（CT）	1
DOMAIN	13	生态位因子分析模型（ENFA）	1
推进式回归树模型（GBM/BRT）	13	GREEN	1
多元适应回归样条函数（MARS）	12	生境适生性模型（HSM）	1
人工神经网络模型（ANN）	11	线性判别分析模型（LDA）	1
柔性判别分析模型（FDA）	10	马氏距离模型（MAHAL）	1
支持向量机模型（SVM）	9	迭代决策树算法（MART）	1
分类树分析模型（CTA）	8	空间明晰物种组合模型（SESAM）	1
分类回归树（CART）	6	N 维环境资源模型（n-DERM）	1
表面分布区分室模型（SRE）	6	生态位模型（NM）	1
复合型广义相加模型（MGCV）	3	随机预测模型（RPM）	1
拟合神经网络（NNET）	3		

注：MaxEnt：Maximum Entropy Model；GARP：Genetic Algorithm for Rule-set Prediction；GLM：Generalization Linear Model；GAM：Generlized Additive Model；RF：Random Forest；GBM/BRT：Generalized Boosted Regression Models/Boosted Regrssion Tree；MARS：Multivariate Adaptive Regression Splines；ANN：Artificial Neural Network；FDA：Flexibled Discriminant Analysis；SVM：Support Vector Machine；CTA：Classification Tree Analysis；，CART：Classification and Regression Tree；SRE：Surface Range Envelope；MGCV：Mixed GAM Computation Vehicle；NNET：Fit Neural Networks；RPART：Recursive Partitioning and Regression Trees；LR：Logistic Regression；ECOCROP：Crop Ecological Requirements；AEZ：Agriculture Ecological Zone Model；CT：Classification Tree Model；ENFA：Ecological Niche Factor Afalysis；HSM：Habitat Suitability Model；LDA：Linear Discriminant Analysis；MAHAL：Mahalanobis Distance；MART：Multiple Additive Regression Tree；SESAM：Spatially Explicit Species Assemblage Model；n-DERM：n-Dimentional Environment and Resource Model；NM：Niche Model；RPM：Random Predictive Model.

表6-2　常用的物种分布预测模型及软件

软件	模型	URL,参考文献
Biomapper	ENFA	http://www2.uni1.ch/biomapper/ Hirzel et al,2002
Biomod2	ANN,SRE,CTA,GAM,GBM,GLM, RF,FDA,MARS,MaxEnt	http://cran.at.r-project.org/web/packages/biomod2 Thuiller et al,2009
Diva-GIS	SRE,DOMAIN	http://www.diva-gis.org/ Hijmans et al,2001
GARP	GA	http://www.nhm.ku.edu./desktopgarp/ Stockwell et al,1999
GRASP	GAM,GLM	http://www.unige.ch/ia/climate/grasp/ Lehmann et al,2002
HyperNiche	Nonparametric regression	http://home.centurytel.net/~mjm/hypermiche.htm Berrvman et al,2006
MAXENT	MaxEnt	http://www.cs.princeton.edu/~schapire/maxent/ Phillips et al,2006
ModEco	ANN,SRE,CTA,DOMAIN,GLM, MaxEnt,ML,RS,SVM	http://gis.ucmerced.edu/ModEco/ Guo et al,2010
Openmodeller	ANN,SRE,ENFA,GA,MaxEnt,SVM	http://openmodller.sourceforge.net/ Mu-noz et al,2011
SAM	OLS,Autoregression	http://www.ecoevol.ufg.br/sam/ Rangel et al,2010

注：表中的符号同表6-1。

6.2　主要物种分布模型简介

6.2.1　BIOCLIM模型

BIOCLIM模型是许多物种分布模型的发展先驱（Busby，1991），它将生态位定义为在环境变量空间中包含所有研究物种样本的超体积。按照此定义，该超体积是一个以各环境变量的极值（极大值和极小值）界定的超矩形，超矩形所界定的变量范围都被认为是适合于物种分布的。这种定义的缺陷在于，极限环境条件也被认为能够维持种群的稳定，这是不合理的，因为在极限环境条件下，物种虽然能够存活，但是不能维持种群的延续。因此，为减少极值对模型性能的影响，提高模型的预测能力，通常在界定多维超矩形的边界之前，对所有样本上的各变量值进行排序，在其各变量值序列选择一定数量的极值样本

（例如选择排在序列值高值的5%的样本），并对这些环境变量的极值进行平均处理，以得到超矩形的边界，由此估计物种的潜在分布区（Beaumont et al，2005）。

6.2.2 HABITAT 模型

HABITAT 模型将生态位定义为物种在环境变量空间上的凸壳（Walker et al，1991）。与 BIOCLIM 模型不同，在环境变量空间中 HABITAT 模型不再将环境变量的极值作为生态位的边界，即边界不再是刚性的，而是以样本本身所对应环境变量的一个邻域作为适宜物种分布的环境条件，这样就排除了某些极限环境条件。遗憾的是，HABITAT 模型对边界的刻画仍然依赖于外围样本。

6.2.3 DOMAIN 模型

基于 Gower 距离算法的 DOMAIN 模型利用点-点的相似矩阵计算目标点上环境变量的适宜性，该适宜性表示了在环境变量空间中（而非现实分布空间中）目标点与离它最近的分布样本点之间的相似程度（Carpenter et al，1993）。在确定物种的生境或者分布范围时，首先需要确定一个阈值以排除非适宜分布区。与之前 BIOCLIM 方法相比，DOMAIN 模型在环境变量空间中确定的环境超矩形并不一定是连续的。

6.2.4 ENFA 模型

生态位因子分析模型（ENFA）通过计算边际性和环境偏差来度量目标点的适宜性（Hirzel et al，2002）。在一维情况下，边际性表现为该环境变量的值域上，分布样本点所对应的环境变量的均值（样本均值）与研究区所有点对应的环境变量的均值（全局均值）之间的差，环境偏差其实就是该环境变量的样本方差与全局方差之间的差别。在多维情况下，边际性和环境偏差以多维向量的形式表示。在确定了边际性和环境偏差之后，应用阈值对环境条件进行筛选，可得到物种在环境变量空间中的适宜范围，将其映射到实际研究区，便可得到物种的分布区域。

6.2.5 MAHAL 模型

MAHAL 方法首先计算样本上各环境变量的平均值，并统计研究区各点上的环境变量到该平均值的 Mahalanobis 距离，依据一定的方法确定一个阈值用以确定生境空间的边界。用 Mahalanobis 距离算法计算得出的椭圆形超体积能够有效地表达环境变量之间的关系（Farber et al，2003）。

6.2.6 BF 模型

BF 模型以边界函数界定物种在环境变量空间上的边界。以二维环境变量（V1 和 V2）空间为例，边界函数的确定方法分为以下步骤：首先，收集物种分布样本及与之相关的环境变量V1和V2，并作散点图；其次，对其中的一个变量（例如V1）进行分段并取各段的中值（或均值），对各段V1值相对应的V2值进行排序，选择一定比例（如5%）的极值并统计极值的平均值；再次，在对每一段进行相应分析之后，可得到一系列环境变量对偶值，对这些值进行拟合，便可得到环境变量的边界函数（许仲林等，2011；Zhao et al，2006），对影响研究物种分布的各环境变量都进行相应的分析，则可得到物种在整个环境变量空间上的边界；最后，将所得边界映射至研究区，便可估计物种的潜在分布区。该方法更加准确地刻画了环境变量空间上的生态位，其缺憾在于相关计算和处理较为烦琐。

6.2.7 GLM和GAM模型

GLM和GAM模型被广泛地应用于物种的潜在分布建模中。由于观测样本为布尔值（1为存在分布，0为不存在），而不是连续变量，因此无法构建线性回归模型，于是转而预测物种出现（1）或不出现（0）的概率μ。此概率μ取值0～1，为连续变量。然而，若以环境变量为预测变量、μ为应变量，仍无法建立合理的线性回归模型，这是因为物种分布概率与环境变量之间的关系往往不是线性相关的。因此，将求概率μ的问题转化为$\lg[\mu/(1-\mu)]$形式与环境变量的线性函数，在确定了此函数的参数后，再推求μ，便可得到各环境条件下物种分布的概率（戚鹏程，2009）。GLM模型是多元线性回归模型的推广，事实上，由广义线性模型所得到的物种分布的概率是多维环境变量空间中的一个响应曲面，但该曲面对真实概率的拟合程度受样本数量的影响较大，即样本量越大，拟合程度越好，对潜在分布的估计越合理；反之，若样本量较少，则由广义线性模型估算的潜在分布概率不太可靠。另外，广义线性模型的响应变量需要服从高斯分布或者其他对称分布，但物种的响应曲面很可能不是对称的，因此即便增加拟合参数（如增加二次项），也不能很好地逼近真实响应曲面（朱源等，2005）。在这种情况下，GAM模型由于能够逼近更丰富的响应曲面而得到了广泛的应用（温仲明等，2008）。此外，广义相加模型受数据而不是模型驱动，即它能够按照数据的结构而不是预先设定的模型（例如高斯分布）对数据进行拟合，因此较广义线性模型更适用。

6.2.8 CART模型

CART模型通过二值递归分割产生二叉树，在每一个可能的节点根据变量的值进行判断并将变量的所有值分割为两个子类。每一次分割都只基于单个变量值，在此过程中，有些变量值可能会被采用多次，而另外一些变量值则可能不会被采用。在每一次分割之后，能够保证包含在两子类中的变量值是"有区别的最大化"。两个子类的变量值根据一定的准则被继续分割，直至达到分类的目的。在物种潜在分布模拟中，通常以物种分布样本上各变量的极值作为节点进行分割。

6.2.9　MARS 模型

MARS 模型将线性回归、样条函数构建和二值递归分割相结合，产生一个线性的或者非线性的预测变量和响应变量之间的关系模型。为实现该过程，MARS 模型以一系列基函数对关系函数进行逼近。具体地，若令 $B_n = a_n + b_n x_n$（式中 x_n 为预测变量，在物种空间分布建模中为环境变量）为基函数序列，则 MARS 模型的形式为：$\hat{f}(x) = \sum_{i=1}^{n} c_n B_n$。

6.2.10　GARP 模型

GARP 模型利用物种的分布数据和环境数据产生不同规则的集合，判断物种的生态需求，然后预测物种的潜在分布区。GARP 模型是一个反复迭代、寻找最优种类分布规则的过程（Li et al，2008），在模型中，遗传算法本身并不能刻画生物分布与环境因子的关系，被用来刻画这种关系的是"规则"（Rule），如 Range 规则、Atomic 规则、Logit 规则等，遗传算法的作用是为这些规则寻找最大的参数。GARP 模型具有以下优点：首先，它能快速有效地搜索多变量空间；其次，遗传算法是一种非参数方法，它对变量所属总体的统计分布形式没有严格要求；最后，GARP 模型集成了多类规则，各类规则之间的互补提高了 GARP 的模拟能力（Stockwell et al，2006）。

6.2.11　MaxEnt 模型

MaxEnt 模型基于热力学第二定理。按照该定律，一个非均衡的生命系统通过与环境的物质和能量交换以保持其存在，也就是说，一个实测存在的系统具有"耗散"的特征，耗散使系统的熵不断增加，直至该生命系统与环境的熵最大，而使熵达到最大的状态，也是系统与环境之间的关系达到平衡的状态。在物种潜在分布的相关研究中，可将物种与其生长环境视为一个系统，通过计算系统具有最大熵时的状态参数确定物种和环境之间的稳定关系，并以此估计物种的分布（Phillips et al，2006）。基于该原则，最大熵模型在已知样本点和对应环境变量的基础上，通过拟合具有熵值最大的概率分布对物种的潜在分布做出估计。最大熵模型自 2006 年被开发以来，在我国得到了非常广泛的应用（马松梅等，2010；张颖等，2012；段居琦等，2012）。

在众多的模型中，哪一种才是最优的预测模型？Elith 等（2006）利用来自全球6个地区的4个生物类群（植物、鸟类、哺乳类和爬行类）226种物种的分布数据，比较了包括 GLM、GARP 和 MaxEnt 在内的16种物种分布模型的表现，结果表明，16种模型均能较好地用来进行物种适宜生境的预测，但 MaxEnt 模型的预测效果总体上要优于其他模型。在动物和病虫物种适宜生境预测和评价研究中，MaxEnt 模型得到了最广泛的应用，如罗翀等（2011）利用 MaxEnt 模型预测了秦岭山系林麝的生境分布，齐增湘等（2011）利用 MaxEnt 模型分析了黑熊生境空间分布及主要影响因子，刘振生等（2013）运用 MaxEnt 模型对贺兰山区域岩羊的生境适宜性进行了评价分析，李白尼等（2009）基于最大熵值法生态位模型对三种实蝇潜在适生性分布进行了预测，曾辉等（2008）用 MaxEnt 模型预测了54个天然橡胶种植国家或地区橡胶南美叶疫病菌的潜在地理分布，齐国君等（2012）利用 MaxEnt 生态位模型对稻水象甲在我国的入侵扩散动态及适生性进行了再分析和预测。MaxEnt 之所以被广泛应用，在于以下几个方面的优势：（1）源代码公开，操作界面友好；（2）即使在样本数据量小、数据不完整的情况下仍能得到稳定的结果；（3）仅需要目标物种的存在点位数据，不需要额外的生成不存在数据；（4）该模型可以同时使用连续数值或者分类的环境因子作为环境数据参与建模。

6.3　保护区大熊猫潜在分布模拟

栖息地是物种生存栖息的空间，是可以提供食物、庇护所和繁殖机会的场所，正如前章提及，由生物和非生物环境因子构成。野生动物的生存与发展离不开其所在的栖息地。对于生存于特定栖息地的物种，一旦某个适宜的栖息地因子可利用性降低，其就有可能灭绝。保护物种的最好方法之一就是保护其栖息地。栖息地评价，是指分析生物的栖息地要求与当地自然环境的匹配关系，以明确其适宜栖息地的分布范围与特征（欧阳志云等，2001）。对珍稀濒危野生生物的栖息地模拟，是了解这些物种对栖息地的需求，有助于分析导致种群数量减少乃至濒危的原因，同时亦能为制订合理的保护管理对策提供科学的依据。因此，开展白水江国家级自然保护区大熊猫栖息地模拟十分必要，是设计科学有效的保护行动、评价物种的保护成效、改进现有保护体系等方面的基础与前提，具有至关重要的意义。

对大熊猫栖息地的研究，一直是大熊猫生态学研究的热点。20世纪90年代之前主要停留在对大熊猫栖息地的描述上（胡锦矗等，1985；潘文石，2001），20世纪90年代之后，随着研究手段的改进和研究方法的更新，以及一些数理统计方法的引入，大熊猫的栖息地选择研究也逐渐进入定量化分析的阶段。随着地理信息系统（GIS）等空间分析技术在野生动物生态学研究中的推广应用，栖息地质量评价逐渐成为保护生物学研究中较为活跃的领域，其研究方法和手段也丰富多样。欧阳志云等（2001）运用 GIS 技术对卧龙自然保护区内大熊猫栖息地破碎化、群落格局以及栖息地变迁进行了研究，肖燚采用层次分析方法对岷山地区大熊猫栖息地进行了评价（肖燚等，2004），杨佳（2008）利用大熊猫栖息地结构理论，采用投影寻踪模型对陕西太白山自然保护区大熊猫栖息地进行了评价，王锐婷等（2010）利用累积距平曲线分析法、二项式系数加权平均法等方法，研究气候变化对大熊猫栖息地的影响，马月伟等（2011）结合"3S"技术，从景观格局演变等角度评价研究了夹金山脉大熊猫栖息地人地关系可持续发展，闫志刚等（2017）依据等级系统理论对大熊猫分布区及六大山系生态系统演化规律进行了研究，杨渺等（2017）构建 ISO 栖息地分类法和n-D可视化工具，对大熊猫实际利用栖息地区域进行评价，在众多方法中，景观要素赋值法和生态位模型方法最受欢迎。张文广等（2007）采用景观连接度赋值法，对大相岭北坡大熊猫栖息地质量进行评价，发现人为活动不仅减少了大熊猫的栖息地面积，也降低了大熊猫亚种群之间的景观连接度，对大熊猫种群之间的基因交流产生了阻碍。戎战磊等（2015）通过构建景观连接度模型对蜂桶寨自然保护区大熊猫栖息地适宜性进行评价，发现最适宜栖息地和较适宜栖息地在保护区内的分布较为破碎分散，大熊猫活动痕迹点更多地集中在栖息地适宜程度较高的区域，王建宏等（2016）利用景观连接度模型系统地研究了甘肃大熊猫栖息地的质量，发现甘肃大熊猫栖息地的质量总体较好，适宜和较适宜栖息地面积总和占到了69.77%。王学志（2008）将生态位应用于大熊猫栖息地评价中，综合评估了平武县自然保护区的分布状况和存在的保护空缺，Qi等（2015）运用生态位模型研究了唐家河自然保护区大熊猫栖息地，发现远离道路的针叶林是大熊猫高质量栖息地所在，Shen等（2015）利用生态位模型研究了气候变化对岷山山系大熊猫栖息地的影响，研究发现（16.3±1.4）%的大熊猫栖息地将丧失。

目前，景观因素赋值法和生态位模型是被广泛应用的两种方法，但是并没有做过这两种方法的对比研究。为此，我们试图利用这两种方法对大熊猫栖息地进行评价，以期为今后评估动物栖息地提供参考。

6.3.1　大熊猫生存因子的选择

大熊猫在食性上以竹类为主，主要活动在海拔1400～3600 m之间，其对栖息地的利用上表现出了明显的选择性，一般栖息在靠近河流且有高大树木的竹丛附近（滕继荣等，2010；戎战磊等，2017），亚高山暗针叶林与针阔混交林是野生大熊猫痕迹发现频率较高的植被类型（胡锦矗等，1980；冉江洪等，2004；张泽钧等，2003；Wei et al，2000；Zhang et al，2011）。地形高度、坡度、坡向也是重要的影响因素，它们也喜欢平坦的地区或平缓的斜坡，以方便移动（刘淑珍等，1984），明显回避有干扰的区域（Xu et al，2006；Shen et al，2008），道路导致大熊猫栖息地的可用性逐渐下降（Qi et al，2015），竹子的可用性和分布也是评估一个地区是否适合大熊猫栖息的重要生物因素（Reid et al，1989；Taylor et al，2004）。

综合前人研究成果，将影响大熊猫栖息地质量的因素分为非生物因子、生物因子以及人类活动因子三类。本研究选取海拔、坡度、坡向、水源、植被及食物来源等因子对保护区内大熊猫的栖息地适宜性进行评估。

6.3.2　数据来源与处理

数据来源：应用MaxEnt模型需要两方面数据，一是大熊猫的现实地理分布点数据，二是选择的环境因子数据。其中大熊猫分布点数据来源于全国第三、四次大熊猫野外调查以及白水江国家级自然保护区野外监测和本地调查数据。环境因子中的地形因子数据，包括海拔、坡度和坡向，由研究区30 m分辨率的DEM（数字高程图）获取，DEM数据来自

http：//www.gscloud.cn/；植被类型数据，主要来自TM影像解译（解译方法见第四章），可分为草甸、灌丛、针叶林、针阔混交林、落叶阔叶林、常绿落叶阔叶混交林和常绿阔叶林七类；其他数据，包括保护区公路、河流、保护区边界图层、功能区划图层等，数据来源于白水江国家级自然保护区管理局。

数据处理：以ArcGIS为平台，去除边界之外的GPS坐标点，将所有环境变量的图层统一边界，坐标系统统一为WGS-1984-UTM-Zone-48N，栅格大小统一为30 m×30 m，并转化成MaxEnt软件所要求的ASCⅡ格式文件。

6.3.3　大熊猫潜在分布模拟方法

6.3.3.1　景观连接度方法

景观连接度由Merriam（1984）首次应用到景观生态学研究中，被认为是测定景观生态过程和生态功能的一种重要指标（Merriam，1984）。Taylor等（1993）认为，景观连接度描述了景观中各元素有利或不利于生物群体在不同斑块之间迁徙、觅食的程度，在生物栖息地适宜性评价中和栖息地破碎化研究中具有重要作用。

参考卧龙自然保护区（陈利顶等，1999）、大相岭北坡（张文广等，2007）、栗子坪自然保护区（戎战磊等，2015）、甘肃大熊猫分布区（王建宏等，2016）等地的研究以及第5章的研究结果，建立如下模型对白水江国家级自然保护区大熊猫生境进行模拟及评价：

$$S_j = \prod_i^n u_i - R \tag{6-1}$$

式中，S_j表示不同单元针对大熊猫总的景观连接度水平；u_i表示不同影响因子，根据对大熊猫的影响程度进行的重要性赋值；n表示海拔、坡度、坡向、竹子和植被等景观因子；R表示距公路或居民区的景观连接度（表6-3）。

表6-3　大熊猫栖息地影响的评价准则

	变量	适宜	较适宜	不适宜
生物环境因素	可食竹	缺苞箭竹、青川箭竹、龙头竹、糙花箭竹和团竹等5种主食箭竹分布区	巴山木竹、石绿竹、毛金竹等3种偶食竹分布区	无竹子分布的区域
	植被	寒温性针叶林、温性针叶林、针阔混交林、落叶阔叶林	常绿阔叶混交林、常绿阔叶林、灌木林、山地人工林	草甸、农田、灌草丛等
物理环境因素	海拔(m)	1800～3200	1500～1800,3200～3500	>3500 < 1500
	坡度(°)	0～30	30～45	>45
	坡向	东、东南、南、西南、无坡向	西、西北、北、东北	—
	距水源距离(m)	< 2000	2000～4000	>4000
干扰因素	与公路的距离(m)	>720	210～720	< 200
	与居民区的距离(m)	>1920	900～1920	< 900
	赋值	3	2	1

6.3.3.2　生态位方法

生态位方法是基于 MaxEnt 模型的方法。将大熊猫分布点数据和环境变量数据导入 MaxEnt 中，在所有的大熊猫分布点中随机选取 75% 的点用于建立模型，25% 的点用于模型验证，利用 Jackknife 来检测变量的重要性，并对各生境因子进行敏感性分析，其他参数均为模型的默认值，结果以 Logistic 格式输出。模型的预测结果利用受试者工作特征曲线（ROC）下的面积值（AUC）进行检验，AUC 取值范围为 0～1，0.5～0.7 为模型准确率较低，0.7～0.9 为模型准确率中等，大于 0.9 为模型准确率较高。将模型输出结果导入 ArcGIS 中进一步分析，借鉴相关研究成果（王袁，2014；刘振生等，2013），对模型预测结果进行重新分类，将生境适宜图重新分为 3 个适宜等级：0～0.2 为不适宜，0.2～0.4 为较适宜，0.4～1.0 为最适宜。

6.3.4　大熊猫栖息地现状评价

基于景观连接度方法的评价结果显示（见彩图 43），大熊猫在白水江的适宜栖息地分布相对集中，面积较大。次适宜栖息地狭窄镶嵌在适宜和不适宜栖息地之间，不适宜栖息地主要集中在保护区的北部和东北部。适宜栖息地面积 950.3 km²，占栖息地总面积的 51.2%；不适宜栖息地面积 630 km²，占栖息地总面积的 33.9%，次适宜栖息地面积 277.3 km²，占栖息地总面积的 14.9%。

基于生态位模型方法的评价结果显示（见彩图 44），由各适宜栖息地等级面积和景观连接度方法获得的各适宜栖息地等级面积区别较大。其中适宜栖息地面积最少，约 209.9 km²，占栖息地总面积的 11.3%，次适宜栖息地分布面积约 545.4 km²，占整个保护区面积的 29.4%，不适宜栖息地面积最大，约 1102.2 km²，占保护区总面积的 59.3%。

6.3.5　大熊猫栖息地质量转移矩阵分析

将两种方法获得的大熊猫栖息地质量图层叠置分析，可以发现两种方法的预测结果的相似区和差异区。从空间分布来看，预测相似区主要分布在保护区的低海拔和高海拔区域（见彩图 45A）。从适宜性来看，在三个等级中，相似区主要为不适宜区和适宜区（表 6-4）。保护区共有 584.9 km² 区域被两种方法预测为不适宜，分别占不同方法预测的不适宜面积的 92.8%（景观连接度方法）和 53.0%（生态位模型方法）。保护区有 194.9 km² 区域被两种方法预测为适宜，分别占不同方法预测的适宜面积的 20.5%（景观连接度方法）和 92.9%（生态位模型方法），换言之，景观连接度方法中不适宜区域基本被生态位模型方法预测的不适宜区域包含，生态位模型方法预测的适宜区基本被景观连接度方法预测的适宜区域包含（见彩图 45B）。

表6-4　白水江国家级自然保护区大熊猫栖息地面积统计

两种方法		景观连接度			总和（km²）
		不适宜（km²）	次适宜（km²）	适宜（km²）	
生态位	不适宜	584.9	226.2	291.1	1102.2
	次适宜	37.9	43.2	464.3	545.4
	适宜	7.1	7.9	194.9	209.9
总和		629.9	277.3	950.3	1857.5

6.3.6　大熊猫栖息地选择分析

利用GIS空间分析工具，统计在研究区三个适宜性等级区域内大熊猫出现的频率。从研究结果看，景观连接度方法中，约2.8%的大熊猫痕迹点位于不适宜栖息地中，约4.4%的大熊猫痕迹点分布在次适宜栖息地中，约92.8%的大熊猫痕迹点分布在适宜栖息地中。生态位模型方法中，大熊猫在次适宜和适宜区域出现的频率分别为16.4%、83.6%（图6-1）。配对样本 T 检验表明，两组方法的结果有显著差异（$P = 0.037$）。针对不同等级面积比和痕迹点比的卡方检验表明，大熊猫活动痕迹点更多地集中在适宜程度较高的栖息地类型中（景观连接度方法：$x^2 = 16.84$，$df = 2$，$P = 0.00$；生态位模型方法：$x^2 = 332.77$，$df = 2$，$P = 0.00$）。

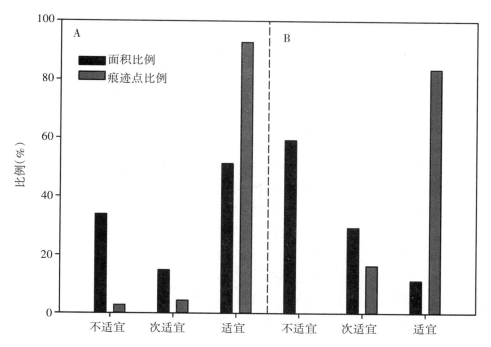

图6-1　白水江国家级自然保护区大熊猫活动痕迹点分布与栖息地适宜性之间的关系

6.3.7 大熊猫栖息地破碎化分析

在获得保护区栖息地质量图层的基础上，运用景观分析软件Fragstats，选择斑块面积、斑块个数、平均斑块面积、斑块密度、平均最近邻体距离和最大斑块指数六个指数对大熊猫栖息地进行研究。

大熊猫栖息地指数景观格局指数显示（表6-5），景观连接度方法中适宜栖息地分布相对集中，连通性较好，生态位模型方法中次适宜和适宜等级斑块数目较多，平均斑块面积较小，斑块密度较大，适宜等级平均最近邻体距离较大，最大斑块指数较小，表明相比景观连接度方法，生态位模型方法模拟的白水江国家级自然保护区大熊猫栖息地破碎化严重。

表6-5 白水江国家级自然保护区大熊猫栖息地破碎化

方法	栖息地类型	斑块面积（km²）	斑块数目（个）	平均斑块面积	斑块密度（个/km）	平均最近邻体距离	最大斑块指数
景观连接度方法	不适宜	630	2919	0.27	1.57	105.45	13.40
	次适宜	277.3	4994	0.06	2.68	103.30	2.96
	适宜	950.3	1422	0.67	0.76	89.23	42.16
生态位模型方法	不适宜	1102.2	4091	0.27	2.20	102.91	54.19
	次适宜	545.4	5709	0.10	3.08	96.25	11.66
	适宜	209.9	3793	0.06	2.04	101.41	3.60

6.3.8 两种模拟方法下大熊猫潜在分布特征的差异分析

栖息地是能为特定的生物提供生存和繁衍必需条件的生态地理环境（孙儒泳，2001）。大熊猫栖息地质量评价的主要目的是通过分析对栖息地的需求与自然环境在空间上的匹配关系，揭示适宜栖息地破碎化程度与空间分布格局，为优化就地保护措施提供科学的借鉴与参考。物种分布模型是物种研究和保护者常用的工具，不同模型的预测结果可能相差很大，对研究者选择模型造成一定的难度。本研究利用保护区多年监测数据，通过对比生态位和景观连接度模型两种方法对白水江国家级自然保护区的栖息地进行质量评估。

两种模型预测相似区主要分布在保护区的低海拔和高海拔区域。低海拔地区预测的一致区为不适宜区，高海拔一致区为适宜区。低海拔地区主要是保护区的实验区，实验区人为干扰较严重，表明大熊猫分布对人类干扰敏感。高海拔地区主要为河流上游的河谷地带，且主要为针叶林和针阔混交林，这与前人的研究结果一致。江华明对宝兴县大熊猫对栖息地的选择发现，大熊猫喜欢水源较近的栖息地（江华明，2009）。Zhang等（2011）发现大熊猫偏爱高海拔的原始林，大熊猫总是选择在既能降低能量消耗又能获得营养价值和能量净收益较高的适宜栖息地生存（胡锦矗，2000）。但由于研究方法、空间尺度选择、研究重点和描述方式等的不同，得到的大熊猫栖息地选择与利用的结论也会有所差异（杨春花等，2006）。

两种方法的结果显示，保护区内次适宜和适宜斑块较多，破碎化较严重，这主要是两方面的原因：一方面，保护区山高谷深，地形复杂；另一方面，这与研究数据的分辨率有关系。本研究环境变量的分辨率为30 m，高的分辨率，增加了斑块数量。复杂的地形和较高的分辨率造成了大熊猫栖息地的破碎化。很多学者的研究结果显示，栖息地的丧失和破碎化，造成了生态系统质量的普遍下降（闫志刚等，2017），减少了物种的种群生存力并且限制了种群的密度，导致大熊猫种群数量下降（Xu et al，2006），这是物种濒危和灭绝的主要原因之一（武正军等，2003；Wang et al，2014）。为此，需要加强对破碎化严重的适宜栖息地的保护，同时加强植被的恢复与改造，以提高大熊猫栖息地的连通性和适宜性。

两种方法模拟的次适宜和适宜小班平均面积为0.06～0.27 km²，斑块密度为0.76～3.08。大熊猫是面积敏感物种（Wang et al，2010；青菁，2016），面积敏感物种在破碎化的栖息地环境下，在小面积的栖息地斑块中不存在或罕见（Lynch et al，1984；Lee et al，2002）。满足一只大熊猫的生存空间的家域面积为1.29～2.53 km²（张晋东，2012）。大熊猫第四次调查报告显示，研究区有110只大熊猫，假设研究区大熊猫家域与前人研究相似，那么在白水江保护区，每只大熊猫生存的家域中平均只有0.06～2.10 km²次适宜和适宜栖息地，意味这研究区大熊猫家域中存在较大面积的不适宜栖息地，可能会降低该地区维持大熊猫种群生存的能力，但次适宜和适宜斑块具有较小的最近邻距离，表面次适宜和适宜栖息地连通性较好，大熊猫移动较短的距离就可以获得较好的生存环境，可减少大熊猫能量消耗。

从大熊猫活动痕迹点分布来看，大熊猫偏爱最适宜和次适宜栖息地，两个等级类型的栖息地用相对较小的面积占据了更多的大熊猫分布点。这可能反映了大熊猫在空间分布上趋利避害的结果，体现了对保护区内栖息地适宜性现状的生态适应，对栖息地选择的灵活性可以帮助它们适应周围的环境（Hong et al，2015），有利于个体适合度的提高，并确保种群的长期生存繁衍（青菁，2016）。

利用景观连接度方法进行野生动物栖息地的适宜性等级评价，选择合适的评价指标，才能准确地进行适宜性评价。然而，景观连接度方法受人为主观因素影响较大，如针对水源地和道路距离赋值一直存在争议。滕继荣等（2010）在研究水源距离对大熊猫影响中，将水源距离划分为100 m以内、100～300 m和300 m以上3个等级；廖颖等（2016）将水源距离<2000 m、2000～4000 m、>4000 m分别划分为适宜、次适宜和不适宜；张巍巍（2014）在王朗自然保护区大熊猫栖息地质量评价中将距河流距离<500 m、500～1000 m、1000～1500 m和>1500 m划分为最适宜、适宜、次适宜和不适宜；丁志芹（2017）在卧龙自然保护区大熊猫栖息地质量评价中将距河流距离<500 m、500～1000 m、1000～1500 m 和＞1500 m 划分为最适宜、适宜、次适宜和不适宜。另外，还有研究发现大熊猫多选择水源距离＞300 m 的环境，并不是越靠近水源越适宜（张巍巍，2014）。而道路对大熊猫分布的影响研究结果也很多样。徐卫华等（2006）在对大相岭山系大熊猫栖息地评价中，将与国道、省道的距离＜180 m、180～300 m、300～720 m、＞720 m 和与一般公路的距离＜60 m、60～210 m、210～720 m、＞720 m 分别划分为强烈影响、中等影响、弱影响和无影响；张文广等（2007）在对大相岭北坡大熊猫栖息地适宜性评价时，将公路分不同等级，分别将 0～2000 m、0～1000 m 和 0～500 m 作为国家级公路、省级公路、乡村公路的影响范围；廖颖等（2016）将距公路距离＞1000 m、500～1000 m、＜500 m 分别划分为适宜、次适宜和不适宜；张巍巍（2014）对王朗自然保护区和卧龙自然保护区大熊猫栖息地质量评价时都将距道路距离＞1000 m、500～1000 m、100～500 m、＜100 m 划分为最适宜、适宜、次适宜和不适宜；王建宏等（2016）对甘肃大熊猫栖息地质量评价时将与公路的距离＜60 m、60～210 m、210～720 m、＞720 m 划分为强烈、中度、弱和无影响四个等级；丁志芹（2017）对卧龙自然保护区大熊猫栖息地质量评价时将距道路距离＞1000 m、500～1000 m、100～500 m、＜100 m 划分为最适宜、适宜、次适宜和不适宜。对变量的赋值直接影响着研究结果，因此，在利用景观连接度方法进行栖息地质量评估时，须根据不同区域动物的生活习性具体情况和环境变量重要性建立评价指标。

对于 MaxEnt 模型，变量的相关性和完整性是构建模型的关键组成部分（Elith et al，2009；Guo et al，2017），因此，变量的筛选尤其重要。当前对变量筛选的方法也很多样，如专家知识（Kumar，2009）、相关分析（Qin et al，2016）、主成分分析（Zhang et al，2018）、刀切检验等（Hu et al，2010；Ren et al，2016；Tuanmu et al，2012）。在对大熊猫栖息地评估时，应选择贡献较大且相关性较小的变量（Rong et al，2019）。

大熊猫栖息地质量评价的准确性与可靠性可能受制于多方面因素的影响（魏辅文等，2011）。本研究两种方法评价结果的差异，也可能与适宜等级的划分方法并不一样有关。景观连接度方法因子准则的建立和等级划分依据前人研究结果而定。生态位模型方法阈值选择最小阈值法，最小阈值是最保守的阈值，可以识别出可能的最低适宜区域，从生态学的角度来说，最小阈值法可以被解释为包含那些被预测至少与物种被识别的地方一样合适的区域。但大熊猫可能因为迁移运动也可能会在经过的不适宜栖息地中留下活动痕迹，故使用该方法的时候，对点位的选择要求较高，这就造成了模型的不确定性。

大熊猫是我国国宝级的珍稀物种，人类共有的珍贵自然遗产，也是全球生物环境保护的旗舰物种。对大熊猫栖息地的评价研究，一直是保护生物学的热点。目前，已有几十种分布预测模型，其原理、假设和算法多种多样，适用范围和预测表现各有差异，选择适合的模型并非易事。本研究对栖息地定量经典方法（景观连接度）和近年来发展迅速的生态位模型（MaxEnt）两种方法进行对比研究，研究结果对保护大熊猫具有极大的意义，能为大熊猫栖息地的恢复、自然保护区的建立提供有力的依据，为保护区长远规划提供参考意见。然而两种方法的研究结果差异较大，景观连接度法人为赋值主观性较强，对要素合理赋值是有效评估的关键。而生态位中模型的不确定性也有待进一步分析和讨论。因此，研究方法有待进一步挖掘，以找出更多更适合用于大熊猫栖息地评价的方法和技术。建议今后要加大对大熊猫栖息地适宜性的研究，制定较为全面的适宜性标准体系，对不适宜的栖息地进行科学合理的改造，对破坏的栖息地进行修复，特别是要在栖息地斑块之间的连接带上建立适合大熊猫生存和迁移的廊道。

6.4　大熊猫保护对同域分布物种保护有效性评估

《国际生物多样性公约》将生物多样性定义为"存在于包括生存在陆地、海洋和其他水生生态系统中的所有生命体之间以及它们所处的生态复合体之间的全部变异；这包含物种内以及物种和生态系统间的多样性"（李新正，2010），生物多样性是在生态系统中不可替代的重要特征。丰富的生物多样性对人类的生存、社会的发展有着举足轻重的作用，保护、维持并发展生物多样性，达到人与自然和谐统一，是进行生物多样性研究的根本目标（王献薄等，1994）。建立自然保护区是世界生物多样性保护的重要途径，然而，世界上有太多的物种需要保护，我们不能为保护每一种物种都建立自然保护区进行直接保护。基于一些物种与其他生物类群间的生境需求的相似性，保护生物学家常常运用某一物种或种组作为"代理种"（surrogate species）来研究物种保护及生境管理的问题。代理种包括指示种（indicator species）、伞护种（umbrella species）和旗舰种（flagship species）（朱琳，2014）。通常，自然保护区的位置和面积范围是自然资源保护者根据少数物种的栖息地需求来确定自然保护区，也就是说，基于代理种栖息地需求和分布而建立自然保护区。理想情况下，建立自然保护区后，代理种和同域物种都可以得到高效的保护。然而，代理种和同域物种的栖息地需求可能不同。因此，有人质疑利用代理种建立自然保护区的合理性（Daniel，1998；Andelman et al，2000；Lewandowski et al，2010；Grantham et al，2010；Lindenmayer et al，2011；Westgate et al，2014），认为保护代理种对同域分布物种的保护有效性令人失望（Banks et al，2010；Wesner et al，2012），而其他人认为保护有效性高（Poiani et al，2001；Lambeck，2002；Xu et al，2014）。

对自然保护区的有效性进行评价，不仅是提高自然保护区可持续管理水平的重要手段之一，也是近年来生物多样性保护研究的热点（Kang et al，2013）。评估有效性的方法有很多，包括相关分析（申定健等，2009）、判别函数分析（Kang et al，2013）以及模型分析（Xu et al，2014）等。这些方法可分为统计方法和生境模型两大类。统计方法提供了一些关于物种栖息地偏好的见解，并得到了广泛的应用（Williams et al，2006），但它们仅基于点尺度（Grantham et al，2010）。相比之下，生境模型可以提供空间信息，近年来已成为栖息地评价的主流。当前，许多生境模型已经被开发出来，如GARP、BIOCLIM、DOMAIN、ENFA和MaxEnt。只有选择合适的模型，才可以准确地确定濒危物种适宜栖息地的潜在分布。已有研究发现，不同生境模型预测结果差别较大。MaxEnt只使用物种出现点数据和环境变量来预测物种的潜在分布，具有稳健的预测性能（Elith et al，2006；Tognelli et al，2009）。

大熊猫是世界上最稀有和濒危的物种之一。大熊猫分布在我国的岷山、邛崃山、相岭、凉山和秦岭地区（胡锦矗等，2011）。为了保护大熊猫这一濒危物种，我国政府自1963年以来建立了67个以保护大熊猫及其栖息地为目的的自然保护区（唐小平等，2015；Wei et al，2015）。其中，面积最大的是白水江国家级自然保护区。然而，当前对于保护大熊猫等物种的有效性却鲜有人评价。本研究选取了白水江构建自然保护区为研究区开展相关研究，我们的目标是：（1）预测保护区范围内大熊猫和其他同域物种的栖息地适宜性；（2）评估大熊猫作为代理种建立的自然保护区对保护同域物种的有效性；（3）根据代理种和同域物种栖息地的分布，设计科学合理的核心区。

我们选择大熊猫、红腹角雉、血雉、金丝猴、野猪、斑羚、鬣羚、扭角羚8种物种开展研究，其中，大熊猫为代理种，其他7种濒危物种为同域分布物种。我们挑选研究物种的标准有三：（1）是我国保护类名录中的保护物种，或是具有重要生态、经济和科学价值的国家保护陆生野生动物；（2）兼顾鸟类和兽类，以及不同的栖息地类型需求；（3）物种分布数据具有可获取性。根据表6-6选择8种受保护的物种。

表6-6　研究中选择的保护物种

物种	拉丁名	保护级别	生境偏好			痕迹点
			栖息地类型	海拔（m）	食物	
红腹角雉	*Tragopan temminckii*	II	有长流水的沟谷、山涧及较潮湿的悬崖下的常绿阔叶林、针阔叶混交林及针叶林下丛生灌木、竹类和蕨类的地方	1000～3500	以植物嫩芽、嫩叶、青叶、花、果实和种子等为食，兼食昆虫和少量无脊椎动物	15
血雉	*Ithaginis cruentus*	II	雪线附近的高山针叶林、混交林及杜鹃灌丛	2200～3200	以植物的嫩叶、芽苞、花序、浆果、种子，以及苔藓、地衣等为食，兼食昆虫和少量无脊椎动物	15
金丝猴	*Rhinopithecus roxellana*	I	亚热带山地常绿、落叶阔叶混交林，亚热带落叶阔叶林和常绿针叶林以及次生性的针阔叶混交林	1500～3300	主食树叶、嫩树枝、花、果，也吃树皮和树根，爱吃昆虫、鸟和鸟蛋	50
野猪	*Sus scrofa*	III	森林、草地和林丛	900～3000	主食草、果实、坚果、根、昆虫、鸟蛋、大家鼠、腐肉，也会吃野兔和鹿崽等	119

续表6-6

物种	拉丁名	保护级别	生境偏好			痕迹点
			栖息地类型	海拔（m）	食物	
斑羚	*Naemorhedus griseus*	II	山地针叶林、山地针阔叶混交林和山地常绿阔叶林	＞1000	以植物的嫩枝叶、果实以及苔藓等为食	123
鬣羚	*Capricornis milneedwardsii*	II	针阔混交林、针叶林或多岩石的杂灌林，偶尔也到草原活动	＞1000	以青草、树木嫩枝、叶、芽、落果和菌类、松萝等为食	26
扭角羚	*Budorcas taxicolor*	I	常绿落叶阔叶林、落叶阔叶林、针阔混交林、针叶林和高山草甸灌丛	2000～3400	以植物的嫩枝叶、草为食	233
大熊猫	*Ailuropoda melanoleuca*	I	落叶阔叶林、针阔叶混交林和亚高山针叶林带的山地竹林	1200～3800	竹子	252

注：I 为国家一级保护物种，II 为国家二级保护物种，III 为具有重要的生态、经济和科学价值的三有物种。

6.4.1　研究方法

6.4.1.1　模型选择

MaxEnt基于机器学习方法来预测物种的分布（Phillips et al，2006），该模型需要环境变量和物种分布点数据来驱动。MaxEnt模型的输出结果为生境适宜性指数，其值在0（不适宜）到1（完全适宜）之间。MaxEnt以其五个优点在世界范围内得到了广泛的应用：（1）只需要物种发生数据，便于收集；（2）同时使用连续型和分类型的环境数据；（3）输出的结果为连续型的图层，便于适宜性重分类；（4）小样本分布点数据亦可满足其运行需要，减少了繁重的野外调查工作（Pearson et al，2007；Wisz et al，2011）；（5）易于模型解释，便于和其他研究结果对比。Maxent在预测性能方面一直是稳健的（Tognelli et al，2009），在预测物种分布方面有许多应用实例（Reiss et al，2011）。

6.4.1.2　数据收集与处理

沿研究区海拔梯度布设监测线路550条，2015—2016年分季节进行的野外调查和巡护监测获得了8种受保护物种野外分布数据。在实地调查期间，运用全球定位系统接收器（GPS）记录了受保护物种出现的地理位置（如粪便、踪迹）。共获得833个物种分布点，其中红腹角雉和血雉分布点最少（15个），大熊猫分布点最多（252个）（表6-6）。

根据已知的物种栖息地选择研究结果，选择的环境变量包括地形、土地覆盖和人类干扰。地形变量（高程、坡度、坡向）来源于地理空间数据云（http：//www.gscloud.cn/）的数字高程模型（DEM）。从白水江国家级自然保护区管理局收集了包括水电站、道路和居民区在内的人为干扰变量。根据第四章的分类结果，土地利用类型共分为7类：草地、灌木林、针叶林、针阔混交林、落叶阔叶林、常绿阔叶林和农田。以ArcGIS为平台，去除边界之外的GPS坐标点，将所有环境变量的图层统一边界，把坐标系统统一为WGS-1984-UTM-Zone-48N，栅格大小统一为30 m×30 m，并转化成MaxEnt软件所要求的ASC Ⅱ格式文件。

6.4.1.3 模型验证

通过随机程序将8个物种的发生数据分为训练和验证，其中75%的数据用于训练，其余25%用于验证。模型采用受试者工作特征曲线（receiver operating characteristic curve，ROC）及其曲线下面积（area under curve，AUC）对预测结果的精度进行检验，其值越大，表明环境变量与预测的目标物种地理分布模型之间的相关性越大，预测效果越好（Hanley et al，1982）。AUC的值在0到1之间。较大的AUC表示首选模型。通常，根据AUC值，模型性能分为失败（0.5～0.6）、差（0.6～0.7）、一般（0.7～0.8）、好（0.8～0.9）、优秀（0.9～1）（Swets，2004）。AUC已广泛应用于模型的整体性能评价（Liu et al，2005）。

6.4.1.4 大熊猫栖息地与其他物种栖息地的关系分析

以代理种大熊猫栖息地需求和分布建立保护区是否意味着其同域分布的物种亦能得到有效保护？为了回答这个问题，我们进行了以下两个步骤的研究。第一，利用ArcGIS 10.3提取大熊猫分布点位置对应的生境适宜度指数，进而提取大熊猫分布点位对应的其他7种同域物种分布的生境适宜度值，利用SPSS软件计算大熊猫栖息地预测值与其他7种栖息地预测值的Spearman相关关系。第二，采用最小阈值法（利用物种分布点提取对应的生境适宜度，选择生境适宜度最小值作为生境适宜区分布和不适宜分布的阈值）确定8个物种的适宜生境。最小阈值是最保守的阈值，它可以识别出可能的最小预测区域，同时仍然保持训练和测试数据的零遗漏率（Liu et al，2005）。在生态学上，最小阈值可以解译为能满足物种生存的最低要求。将大熊猫适宜分布区与同域分布物种适宜区域叠加，计算适宜栖息地重叠面积与同域分布物种栖息地总面积的比值。

6.4.1.5 评价自然保护区的有效性

将8个物种的适宜区与白水江国家级自然保护区的功能分区图层叠置，计算各物种适宜区在核心区的面积。同时，对8个物种的潜在分布进行了重叠，得到了研究区的潜在丰富度。根据潜在的丰富度，确定划定新的核心区的方法。

6.4.2 同域物种的潜在分布

8个物种的AUC值均在0.85以上，表明MaxEnt模型具有较高的预测精度。8个物种的潜在分布如彩图46所示。大熊猫、金丝猴、中国斑羚、野猪等物种分布面积较大，羚牛、血雉、红腹角雉、鬣羚等物种分布面积较小。大熊猫、血雉、鬣羚和红腹角雉的最适栖息地分布在研究区西部，金丝猴、羚牛和斑羚最适栖息地主要分布在研究区南部和东北部。野猪的适宜栖息地几乎覆盖了整个研究区。

将8个物种的潜在分布叠加，生成研究区生物多样性潜在丰富度（见彩图47）。潜在丰富度值为0~8（表6-7），随着其数值的增大，适宜分布的物种种类增加。0的含义为8种物种均不适宜生存，8的含义为8种物种均适宜生存。统计分析发现，潜在丰富度为8的区域仅占保护区面积的1.4%，一些潜在丰富度较高的区域位于核心区之外（见彩图47中的黄色圆圈），潜在丰富度0区占保护区面积的22.7%。

表6-7　白水江国家级自然保护区潜在丰富度统计值

潜在丰富度	面积(km²)	比例(%)	累计比例(%)
8	26.2	1.4	1.4
7	193.1	10.4	11.8
6	237.6	12.8	24.6
5	201.9	10.8	35.4
4	178.2	9.6	45
3	159.0	8.5	53.5
2	206.4	11.1	64.6
1	237.2	12.7	77.3
0	421.9	22.7	100

6.4.3　大熊猫栖息地与其他物种栖息地的关系

大熊猫生境预测值与其他物种生境预测值的Spearman相关系数在0.01~0.78之间（$P<0.01$）（表6-8），鬣羚的相关性为0.78，表明该物种潜在生境分布与大熊猫生境相似性较高。金丝猴、羚牛、血雉、中国斑羚的Spearman系数较小（低于0.50），这意味着这4种动物的栖息地与大熊猫的栖息地之间存在较大的空间差异。大熊猫栖息地与其他物种栖息地的重叠面积占目标物种栖息地总面积的比例见表6-8，其中6种比例较高（50%以上），血雉比例最高（97.8%），野猪比例最低（57.3%）。综合相关系数和栖息地重叠度，我们可以得到两个组合：第一，高相关系数和高重叠比率（例如鬣羚）；第二，低系数和高比率（例如金丝猴、血雉）。第一个组合表示两个物种都喜欢的重叠区域。第二个组合表示重叠区域，两个物种都适合，但只有一个更适宜。

表6-8　大熊猫与同域分布物种的Spearman相关系数和栖息地覆盖率

	B	C	D	E	F	G	H
相关系数	0.15	0.22	0.15	0.01	0.78	0.54	0.45
比率(%)	63.2	67.1	97.8	63.3	85.7	63.2	57.3

注：B为金丝猴；C为羚牛；D为血雉；E为斑羚；F为大陆羚羊；G为红角雉；H为野猪。Spearman相关系数是大熊猫HSI值与其他8种保护动物HSI值之间的相关系数。8种动物的栖息地覆盖率是指大熊猫栖息地覆盖的同域分布物种栖息地面积占同域分布物种栖息地总面积的百分比。

6.4.4 自然保护区的有效性

大熊猫适宜栖息地面积占研究区面积的40.7%（图6-2），金丝猴、羚牛、斑羚和野猪的比例略高于大熊猫。其余3种的比例均小于40%。图6-3显示了核心区内8个物种的适宜生境面积占总适宜生境面积的比例。8个物种所占比例较高，表明所选物种的适宜生境位于核心区。结果表明，核心区具有较高的保护效果。然而，红腹角雉和野猪所占比例相对较低（约60%），表明这2个物种约40%的适宜栖息地位于核心区（缓冲区和实验区）之外，这意味着这2个物种受到人类活动的影响。

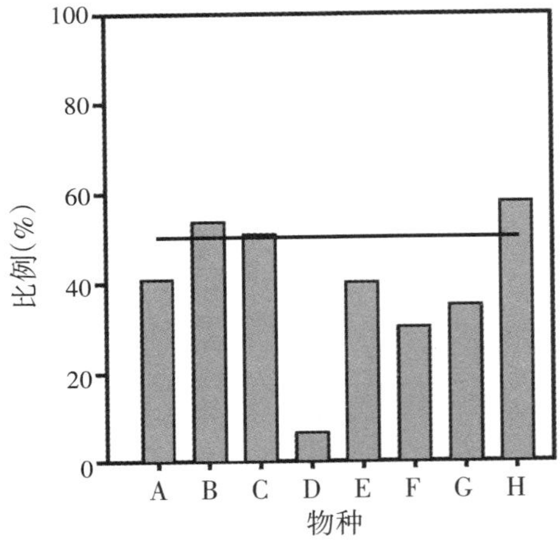

图6-2 适宜生境与自然保护区总面积之比

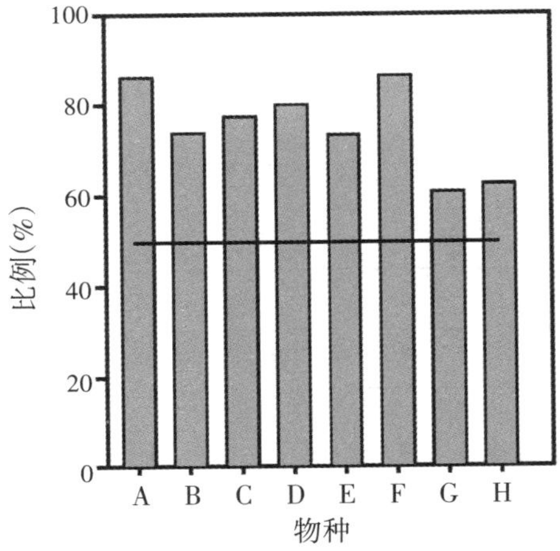

图6-3 核心区适宜生境与适宜总面积之比

注：A为大熊猫；B为金丝猴；C为羚牛；D为血雉；E为斑羚；F为大陆羚羊；G为红角雉；H为野猪。

需要保护的物种数量巨大，但很难为所有受保护的物种建立自然保护区。因此，有必要选择代理种建立自然保护区。人们普遍认为，保护代理种将自动有益于共生物种（Kang et al，2013）。因此，利用代理种作为一种保护管理策略在我国已被广泛采用。源于这样一种假设：许多濒危物种具有相似的分布和栖息地。然而，由代理种建立的保护区能否保护其他濒危物种是一个挑战（Wesner et al，2012）。但目前，使用代理种是建立自然保护区的最佳方式（Daniel，1998；Caro et al，1999）。

白水江国家级自然保护区是以大熊猫为代理种建立的。结果表明，该保护区具有较高的保护效果。一方面，大熊猫适宜栖息地与7种目标物种的空间一致性较高。另一方面，核心区已覆盖了8个物种适宜栖息地的主要区域。然而，目前核心区的范围仍然不包括选定物种的部分适宜区域，特别是红腹角雉和野猪（图6-3）。如果部分适宜区域被排除在核心保护区之外，这些物种可能受到来自人类活动的更高压力。这表明，自然保护区在保护该地区整体生物多样性方面的效力需要提高。因此，需要对现有核心区的边界进行修改，以便能够涉及排除在外的合适生境。例如，一些区域（见彩图47中的黄色圆圈）应包括在修改后的核心区内，因为这些区域包含保护物种的适宜栖息地的大面积区域。建议保护区核心区的范围应结合潜在丰富度确定。以研究区为例，根据潜在丰富度（表6-7），当潜在丰富度为3时，新核心区占保护区总面积的比例为53.5%，新核心区的面积百分比比现有核心区高4.1%。潜在丰富度为1时，新核心区占总面积的比例为77.3%，比现有核心区高27.9%。

当前，关于对代理种建立的自然保护区有效性的研究，得出了不同的结果（Grantham et al，2010）。以大熊猫为代理种建立的秦岭自然保护区网络的同域分布物种得到了很好的保护（Xu et al，2014），这与我们的研究结果是一致的。而如果在只关注大熊猫保护的保护策略下，王朗自然保护区内只有25.4%的羚牛栖息地会得到保护（Kang et al，2013）。不同的研究结果可能与研究区域不同位置、空间尺度、空间分辨率、代理种类型和分析方法有关。此外，大熊猫自然保护区的生物多样性是温带最高的（Mackinnon，2008），保护大熊猫及其栖息地产出的生态价值是维持现有保护区成本的10～27倍（Wei et al，2018）。

研究发现，虽然7个物种的主要栖息地被大熊猫栖息地所包含，但7个物种的栖息地与大熊猫栖息地的相关性很低。这可能是微生境分离的缘故。人们普遍认为，微生境分离是同域哺乳动物生态位划分的最基本形式，因为它有助于多种物种共存（Wei et al，2018）。先前的研究发现，同域物种通常通过三个主要生态位维度，即空间（Campbell et al，2007）、食物（Siemers et al，2006）和活动时间（Jacobs et al，2009；Jiang et al，2013），划分资源利用来避免过度的种间竞争。如果同域物种想要在相似的重叠分布区域和谐共存，它们需要在至少一个空间维度上显示一些生态位差异，以减少过度的种间竞争，例如在饮食分化、饲养地点、微生境选择方面（Wei et al，2018）。这些差异的存在可能导致同域物种的相互适应，并减少竞争，以促进它们的长期共存。

评价自然保护区的有效性主要基于专家意见、相关分析和判别函数分析。在我们的研究中，使用了一种验证有效的栖息地模型方法，提出了潜在丰富度的概念，它为自然保护区、功能区，尤其是核心区的划分提供了一个有意义的界定标准。从而更科学合理地建立自然保护区，保护野生动物物种。此外，只要有适当的物种分布点和明确的空间环境变量，这种方法可以在不同的尺度上进行。

尽管如此，我们的方法的概括性仍然存在不确定性。首先，仅对8个物种的适宜生境进行了评价，占研究区野生动物保护物种总数的14.8%。这8个物种不能代表所有的需保护的物种。因此，未来的研究需要尽可能多地纳入更多的濒危物种。其次，模型预测精度因模型类型（Guisan et al，2000）和环境变量的可用性而异。本研究采用了少量的环境变量，应选取更多的环境变量来提高预测精度。最后，我们的研究在白水江国家级自然保护区进行，而其他地区的代表性不足。进一步的研究应着眼于大熊猫的整个地理范围，对大熊猫作为代理种建立的整个自然保护区网络的有效性进行综合评价，这将为大熊猫国家公园的规划建设提供新的思路。

6.5 保护区大熊猫季节分布及空间转移

6.5.1 保护区大熊猫季节分布

从彩图48可以看出，保护区大熊猫适宜生境面积随季节的变化而变化。其中，适宜生境面积夏季最小，春季和秋冬季大致相同。20.33%的区域具有潜在的春季栖息地（面积为377.96 km²），16.45%的区域具有潜在的夏季栖息地（305.83 km²），以及21.85%的区域具有潜在的秋冬季栖息地（406.22 km²）。混合了春季、夏季和秋冬季的模拟显示，保护区大熊猫适宜生境面积为527.62 km²，占保护区总面积的28.38%。由图可以看出，不管哪个季节，大熊猫的适宜生境主要分布在保护区西部、中段南部以及东段北部。

6.5.2 保护区大熊猫季节空间转移

从表6-9、彩图49可以看出，季节转变后大熊猫的适宜生境的空间分布发生了变化。从春季转变到夏季，大熊猫新增适宜生境面积为51.87 km²，稳定不变的适宜生境面积为253.96 km²，原来适宜生境转变为不适宜生境的面积为124.19 km²；从夏季转变到秋冬季，大熊猫新增适宜生境面积为138.32 km²，稳定不变的适宜生境面积为267.90 km²，原来适宜生境转变为不适宜生境的面积为37.93 km²；从秋冬季转变到春季，大熊猫新增适宜生境面积为105.04 km²，稳定不变的适宜生境面积为273.11 km²，原来适宜生境转变为不适宜生境的面积为133.11 km²。

表6-9 季节转变下大熊猫的生境变化

生境变化	从春季到夏季		从夏季到秋冬季		从秋冬季到春季	
	面积（km²）	百分比（%）	面积（km²）	百分比（%）	面积（km²）	百分比（%）
损失生境	124.19	6.68	37.93	2.04	133.11	7.16
稳定生境	253.96	13.66	267.90	14.41	273.11	14.69
新增生境	51.87	2.79	138.32	7.44	105.04	5.65

注："损失生境"表示季节转变到下一个季节失去的适宜生境区域；"稳定生境"表示季节转变后仍具有适宜的生境区域；"新增生境"表示下个季节到来之后将获得的适宜生境。

第7章
未来气候条件下大熊猫潜在分布模拟

全球气候变暖是不争的事实，而山地生态系统对气候变化最为敏感（秦大河，等，2005），高海拔地区的物种因无地可退，正面临着适生区缩小的风险（Alsos et al，2012；Bellard et al，2012）。未来气候变化将对物种分布和丰富度产生更大的影响，这些影响将对未来生物多样性保护带来极大挑战（Araújo et al，2005）。为了在未来有效保护物种多样性，科学预测气候变化对物种分布影响将是关键（Williams et al，2005；Pyke et al，2005）。尤其在未来气候变化影响下，准确预测濒危物种的分布，对自然保护区有效的规划和管理至关重要。因为气候变化可能增加已经因小种群、生境特化或者有限的地理范围而濒危的物种灭绝的风险（甄静，2018）。大熊猫是我国特有的珍稀濒危动物，全国第四次大熊猫调查（2011—2014）结果显示，截至2013年年底，我国野生大熊猫种群数量为1864只，属于小种群，局限在四川、陕西、甘肃三省孤立的六大山系之中（Zhu et al，2013；胡锦矗等，2011），生境特化为山地针阔混交林，同时大熊猫遗传能力差，食性单一（Shen et al，2015），这些因素使得大熊猫面临生存的艰难，气候变化使得其生存环境更加严峻。因此，精确地分析和评估大熊猫物种在未来气候变化情景下栖息地的变化趋势，并采取主动保护策略来减缓或降低未来气候变化对该物种的不利影响，是十分必要和紧迫的（甄静，2018）。

7.1 研究方法和数据

7.1.1 数据收集与处理

大熊猫活动痕迹（实体、粪便、食迹、足迹、巢穴等痕迹）分布点数据由白水江国家级自然保护区2015—2018年四年的野外巡护监测资料和2019年野外调查收集获取。通过去除无效（保护区外的错误坐标点）和重复的数据，共收集大熊猫痕迹分布记录291条。

选择地形、土地覆盖类型和未来气候情景下的气候数据作为大熊猫潜在分布模型的预测环境变量。从NASA EARTH DATA（https：//earthdata.nasa.gov）共享网获取保护区数字高程模型（digital elevation model，DEM）数据，数据版本为ASTER GDEM V3，分辨率为30 m，选取海拔、坡度、坡向三个地形变量，坡度、坡向数据基于海拔数据利用ArcGIS软件中空间分析工具提取。土地覆盖类型来源于遥感数据解译，遥感数据来自Sentinel-2数据，从美国地质勘探局网站（http：//earthexplorer.usgs.gov/）下载，影像由ENVI软件处理，基于eCognition采用面向对象分类方法和随机森林分类完成土地覆盖类型分类，最后绘制了一张包含9个主要土地覆盖类别（阔叶林、针叶林、针阔混交林、灌木林、草地、高山灌丛草甸、耕地、建筑用地、水体）的地图，总体精度为83.30%，Kappa系数为0.79。由于没有准确的未来土地覆盖变化数据，再者保护区已启动了天然林保护工程，因此我们假设在未来时期土地覆盖不会发生变化。气候数据来源于世界气候WorldClim数据库（http：//www.worldclim.org/），下载当前以及BCC-CSM1-1气候模式下21世纪中期（2050s）和21世纪末（2070s）两个未来时间段生物气候变量，其中包括4种代表性浓度路径情景（representative concentration pathways，RCPs），即一个严格减排情景（RCP2.6）、两个适度排放情景（RCP4.5和RCP6.0）以及一个高排放温室气体情景（RCP8.5），数据空间分辨率为30 arc-seconds。已有研究显示，BCC-CSM1-1气候模式对我国区域气候变化方面的模拟效果较好（Xin et al，2013）。气候变量间的多重共线性问题，会导致模型过度拟合（Peterson et al，2007），影响模型的预测结果。为了避免19个生物气候变量对模型的影响，首先运用刀切法（Jackknife）判断各生物气候变量对分布预测的贡献（Hernandez et al，2006），然后进行multi-collinearity测试皮尔逊相关系数，如果两个变量相关系数绝对值大于0.8，只选择一个具有较高贡献的变量。最后，Bio2、Bio13、Bio17三个气候变量被保留。以ArcGIS为平台，把所选环境变量统一边界范围与坐标系，坐标系采用WGS-1984-UTM-Zone-48N，栅格大小为30 m×30 m，并转化成MaxEnt软件所要求的ASC II格式文件。

7.1.2 研究方法

利用MaxEnt 3.4.1版本软件（http：//www.cs.princeton.edu/~schapire/maxent）对未来气候变化下大熊猫的栖息地分布进行模拟，将大熊猫痕迹分布点数据和环境变量数据导入MaxEnt中，设定随机选取75%的分布点用于模型构建，剩下25%的分布点用于验证模型，重复运行10次，重复迭代方式选择Subsample，其他参数均为模型的默认值；利用Jack-knife检验环境变量对模型预测的重要性，结果以Logistic格式和asc文件类型输出。模型的预测结果利用受试者工作特征曲线（receiver operating characteristic curve，ROC）下面积（area under curve，AUC）评价模型精度，AUC值（取值范围为0~1）越大，表明预测模型准确性越高。评价标准为：AUC值为0.50~0.60则失败；0.60~0.70则较差；0.70~0.80则一般；0.80~0.90则好；0.90~1.0则非常好（Araújo et al，2005）。同时，选择Max-Ent自动生成的Maximum training sensitivity plus specificity阈值为分类临界值，用以界定适宜生境与不适宜生境。最后，将模型输出结果导入ArcGIS中进一步分析。

7.2　模型精度与环境变量分析

利用MaxEnt模型对大熊猫当前与未来潜在生境分布区进行预测，在模型构建时以10次模拟结果的平均值作为最终预测结果，以确保模型预测结果的稳定性。ROC曲线（受试者工作特征曲线）的评价结果显示，当前与未来气候情景训练集与验证集的AUC值范围分别为0.8887～0.8944和0.8676～0.8798，表明模型的预测准确性较好，对大熊猫潜在生境分布的预测精度较高。

各环境变量对模型重要性的分析显示（表7-1）：贡献率与置换重要值排前三位的变量为月平均昼夜温差（Bio2）、最干季降水量（Bio17）和最湿月降水量（Bio13），累计值分别为84.1%、92.5%，对保护区大熊猫的生境分布影响较大，土地覆盖类型与坡度是仅次于气候因子的重要生境变量，坡向与海拔对大熊猫生境分布影响较小。

MaxEnt模型输出的各个环境变量对大熊猫生境分布预测的响应曲线能够反映出现概率与环境变量取值之间的关系（见彩图50）。我们选择训练灵敏度与特异度之和最大时产生的阈值为分类临界值，用以界定适宜生境与不适宜生境，因此，当前将概率值大于0.29的单元定义为大熊猫的适宜生境，以此确定大熊猫分布的环境变量范围。大熊猫的出现概率随着月均昼夜温差的增大，总体表现为增大的趋势，适宜生境的月均昼夜温差范围为9.7 ℃和11.1 ℃以上。大熊猫的出现概率随着最干季降水量的增加先增大后减小，适宜生境的最干季降水量范围为17～24 mm。适宜生境的最湿月降水量为153～158 mm与低于140 mm以下，随最湿月降水量减少，大熊猫出现概率增大。大熊猫主要出现的土地覆盖类型为草地、针阔混交林、灌木林和水域附近。适宜生境分布的海拔范围为1900～3450 m，大约在2800 m出现概率最高，之后适宜性指数明显降低。当坡度为8°左右时出现概率最高，当坡度超过44°时，出现概率急剧降低，坡向主要处在半阳坡和阳坡。

表7-1　环境变量及其贡献率

代码	环境变量	单位	贡献率(%)	置换重要值(%)
Bio2	月平均昼夜温差	℃	37.8	56.7
Bio17	最干季降水量	mm	29	20.7
Bio13	最湿月降水量	mm	17.3	15.1
Land cover type	土地覆盖类型		7.4	1.9
Slope	坡度	°	6.5	3.5
Aspect	坡向	°	1.1	0.7
Elevation	海拔	m	0.9	1.4

7.3　大熊猫当前与未来生境的空间分布

在当前气候条件下，白水江国家级自然保护区大熊猫的适宜生境面积为352.75 km²，占整个保护区面积的18.86%。未来气候变化下，在2050s时期，RCP6.0排放情景与RCP8.5排放情景下大熊猫适宜生境面积减少较多，在2070s时期，RCP4.5排放情景下大熊猫适宜生境面积增加较多（见彩图51）。

具体而言，到2050s时期，RCP2.6排放情景下，大熊猫的适宜生境增加13.16%，面积变化为399.16 km²，占整个保护区面积的21.34%，适宜生境区分布与当前相似；RCP4.5排放情景下，大熊猫的适宜生境面积减少1.85%，面积变化为346.23 km²，占整个保护区面积的18.51%；RCP6.0排放情景下，大熊猫的适宜生境面积减少78.62%，面积变化为75.43 km²，占整个保护区面积的4.03%；RCP8.5排放情景下，大熊猫的适宜生境面积减少47.88%，面积变化为183.86 km²，占整个保护区面积的9.83%。到2070s时期，RCP2.6排放情景下，大熊猫的适宜生境面积减少78.36%，面积变化为76.34 km²，占整个保护区面积的4.08%；RCP4.5排放情景下，大熊猫的适宜生境面积增加52.74%，面积变化为538.80 km²，占整个保护区面积的28.80%；RCP6.0排放情景下，大熊猫的适宜生境面积减少84.72%，面积变化为53.91 km²，占整个保护区面积的2.88%；RCP8.5排放情景下，大熊猫的适宜生境面积减少54.67%，面积变化为159.89 km²，占整个保护区面积的8.55%。

7.4　大熊猫未来生境的空间变化

对比分析不同时期气候情景下大熊猫适宜生境（见彩图52，表7-2）。结果显示：在未来气候变化下，到2050s时期，RCP2.6情景与2070s时期RCP4.5情景下适宜生境区存在较多，2050s时期RCP6.0情景与2070s时期RCP2.6情景存在较少，此前大部分大熊猫适宜生境都消失；除2070s时期RCP4.5情景新增适宜生境比较集中且面积较大，其他时期不同情景适宜生境分布比较零散且面积较小，其中RCP6.0情景新增适宜生境面积不足1.5 km²。

在RCP2.6排放情景下，到2050s时期，保护区当前不适宜生境转变为适宜生境即新增适宜生境面积为121.95 km²，保护区当前适宜生境到未来时期保留即稳定生境面积为277.20 km²，保护区当前适宜生境转变为不适宜生境即损失生境面积为75.54 km²。到2070s时期，保护区新增适宜生境面积为33.46 km²，主要分布在保护区东南部区域和西部适宜生境边缘，稳定生境集中在保护区西部，面积为42.88 km²，损失生境横跨整个保护区南侧，面积为309.87 km²。

在RCP4.5排放情景下，到2050s时期，保护区新增适宜生境面积为199.29 km²，新增适宜生境位于保护区中部与保护区东段北部，稳定生境面积为146.93 km²，零星分布在保护区西部与中部南侧，损失生境面积为205.81 km²，横跨整个保护区。到2070s时期，保护区新增适宜生境大片集中在适宜生境的边缘区域，面积为343.68 km²，稳定生境面积为195.12 km²，损失生境面积为157.63 km²，分布在保护区中部东段南侧。

在RCP6.0排放情景下，到2050s时期，保护区新增适宜生境面积为0.39 km²，稳定生境面积为75.03 km²，损失生境面积为277.71 km²。到2070s时期，保护区新增适宜生境面积为1.45 km²，稳定生境面积为52.45 km²，损失生境面积为300.29 km²。两个时期损失适宜生境均横跨整个保护区中部，稳定生境都集中在保护区西端。

在RCP8.5排放情景下，2050s时期与2070s时期的空间变化格局与RCP6.0排放情景下相似，但新增适宜生境区域面积进一步扩大，均出现在保护区东南区域，2070s时期相对2050s时期的分布集中。到2050s时期，保护区新增适宜生境面积为43.15 km²，稳定生境面积为140.71 km²，损失生境面积为212.04 km²。到2070s时期，保护区当前不适宜生境转变为适宜生境，即新增适宜生境面积为76.21 km²，稳定生境面积为83.68 km²，损失生境面积为269.07 km²。

表7-2 未来气候情境下大熊猫的潜在生境面积的变化

气候情景	时期（从当前）	生境变化（km²）		
		新增生境	损失生境	稳定生境
RCP2.6	到2050年	121.95	75.54	277.20
	到2070年	33.46	309.87	42.88
RCP4.5	到2050年	199.29	205.81	146.93
	到2070年	343.68	157.63	195.12
RCP6.0	到2050年	0.39	277.71	75.03
	到2070年	1.45	300.29	52.45
RCP8.5	到2050年	43.15	212.04	140.71
	到2070年	76.21	269.07	83.68

7.5 未来气候变化对大熊猫潜在分布的影响分析

从分布总趋势来看，大熊猫高适宜区主要分布在中部和西部。研究发现，Bio2、

Bio17、Bio13、土地覆盖类型、坡度是影响大熊猫分布的主要变量，累积贡献达94.4%。气候变化是一个复杂的过程，在原有生境消失的同时也会增加新的生境，当新增加的生境面积大于消失的生境时，潜在生境面积就会增加，反之则减小。本研究发现，大熊猫生境在不同的时期和不同的情景下分布面积变化趋势不一，且适宜面积变化大。Li等（2015）模拟了三种排放情景下中国大熊猫栖息地分布和质量的潜在变化，结果表明，气候变化将导致大熊猫栖息地退化，现有栖息地一半以上可能会消失，栖息地数量和质量都可能大幅下降。气候变化下，大熊猫目前适宜分布范围将缩小，吴建国等（2009）报道，新适宜和总适宜分布范围在1991—2020年时段较大，在1991—2020年到2081—2100年时段呈现缩小趋势，其中A1情景下变化最大，B1情景下变化最小。适宜分布区破碎化在2051—2080年时段程度最高。在A2情景下，Melissa Songer等（2012）选用GCM3和Had CM3两个模型，对大熊猫栖息地适宜度与变化情况进行预测，得出大熊猫分布范围将向高海拔、高纬度转移，两个气候模型下的预测结果都显示将有60%的栖息地消失，熊猫栖息地的最低海拔将上升500 m。Fan等（2014）分别在两种气候情景（A2和B2）下对秦岭山系大熊猫栖息地进行预测，得出相比1990—2007年、2070—2100年气候变化将导致适宜栖息地减少（A2情景下减少62%，B2情景下减少37%）。

大量的研究报道显示，气候变化已经对生物多样性构成严重威胁，并将逐渐演变为生物多样性丧失的主要、直接驱动力（国家环境保护总局，2005）。现有的观测表明，气候变化也是导致物种地理分布范围发生变化的驱动力。Thomas等（1999）发现，在20年间（1980—2000年）随着温度的升高，英国许多鸟类分布的北界平均北移近9 km，而分布的南界没有明显变化。Wilson等（2005）分析了西班牙瓜达拉马山16种蝴蝶的分布资料，对比前后40年间（1967—2004年）的分布变化，得出蝴蝶分布的低海拔线已上升212m。Grebmeiei等（2006）揭示生活在白令海寒冷水域的生物，如驼背蛙、灰鲸等，由于海水升温而出现分布区北移。在国内观测到很多物种也由于气候的变暖发生分布范围的空间转移，如绿孔雀、华南梅花鹿分布范围极大减小。

多种气候模式已经告诉我们，未来的气候将要发生变化，势必对物种产生影响，除对动物的未来分布区模拟外，也有很多研究分析未来气候变化对植物的影响。气候变化后兴安落叶松面积剧幅减少，趋于消失，红松面积随着温度升高呈现先增加后减少的趋势，云杉、冷杉树种的水平迁移不大，主要表现在垂直迁移上，其生境的海拔位置不断上升，长白山落叶松随着温度的增加生境有向北迁移的趋势。在温度升高的条件下，蒙古栎的生境增多，温度再持续升高时对其影响不大，但对白桦有负面影响，导致其面积持续减少（冷文芳等，2006）。气候变化情景下，栓皮栎的适生区分布面积变化较小，但其适宜生境的分布范围却发生了较大的变化（高文强等，2016）。白蜡树、槲皮树和椴树等属的阔叶落叶树种在欧亚大陆东部的分布范围增加，落叶松、云杉等针叶树在气候变化下分布面积急剧减小（Zhang et al，2009）。伊比利亚半岛平均25%的植被单元预计到2080年将失去其整个适宜区域（Pérez-García et al，2013）。气候变化情景下，欧洲山区平均有20%的植物物种可能在2070—2100年丧失其整个适宜区域（Engler et al，2011）。在加利福尼亚州，66%的地方植物分类群在一个世纪内将经历80%的范围缩小（Klausmeyer et al，2009）。居住在内华达山脉（伊比利亚半岛东南部）的物种适宜区域可能在21世纪中叶之前消失（Benito et al，2011）。大熊猫主食竹分布也将随着气候的变化而变化，其分布的变化将是大熊猫分布区变化的根本原因。

第8章

自然保护区大熊猫栖息地
生物多样性安全状况及预警

8.1 保护区大熊猫栖息地物种多样性

甘肃白水江国家级自然保护区以大熊猫、珙桐等多种珍稀濒危野生动植物及其赖以生存的自然生态环境和生物多样性为保护对象。该区域动植物的丰富组成具有极高的保护价值、研究价值和观赏价值，是一处难得的生物基因库。

8.1.1 植物物种多样性

保护区已查明的高等植物有153科671属1658种125亚种或变种，其中苔藓植物15科18属23种；蕨类植物34科67属185种4变种3变型；种子植物136科813属1824种（表8-1）（吴鹏程，2008；黄华梨，2005；秦仁昌，1978）。含100种以上的2科为菊科和蔷薇科，种子植物中含50～100种的5科为禾本科、毛茛科、百合科、豆科和唇形科。

表8-1 白水江国家级自然保护区的高等植物与中国植物种类统计对比

植物类群			国产科数	国产属数	国产种数	白水江科数	白水江属数	白水江种数
苔藓植物			106	21	2200	15	18	23
蕨类植物			58	222	2600	34	67	185
种子植物	裸子植物		11	42	240	5	15	27
	被子植物	双子叶	213	2398	9957	112	510	1352
		单子叶	52	669	3681	13	114	237
合计			440	3352	18678	179	724	1824

8.1.2 动物物种多样性

白水江国家级自然保护区动物种类丰富，过渡性明显，垂直性显著。其中：兽类7目28科59属77种，占全国总种数509种的15.1%（郑昌琳，1986）；鸟类16目43科130属275种，占全国总种数13332种的20.65%（郑光美，2005）；两栖动物2目8科14属28种，占全国总种数336种的8.33%（李健，2005）；爬行类7目11科23属37种，占全国总种数462种的8.01%（蔡波等，2015）；鱼类4目8科47属68种，占全国总种数2831种的2.40%（褚新洛，1987）（表8-2）。

表8-2 白水江国家级自然保护区的动物与中国动物种类统计对比

动物类群	国产科数	国产属数	国产种数	白水江科数/占国产科数比例（%）	白水江属数/占国产属数比例（%）	白水江种数/占国产种数比例（%）
兽类	54	210	509	28/51.85	59/28.10	77/15.13
鸟类	101	429	1332	43/42.57	13/3.03	275/20.65
两栖动物	11	59	336	8/72.73	14/23.73	28/8.33
爬行类	30	132	462	11/36.67	23/17.42	37/8.01
鱼类	282	1077	2831	8/2.84	47/4.36	68/2.40
合计	478	1907	5470	98/20.50	724/8.18	1824/8.87

8.1.3. 珍稀濒危物种多样性

白水江国家级自然保护区有国家珍稀保护动物51种，属国家一级保护动物的有10种，二级保护动物的有42种。其中，兽类16种，鸟类24种，两栖类2种。白水江国家级自然保护区也是甘肃省珍稀濒危植物分布最集中的地区，共有珍稀濒危植物38科60属70余种，其中一级保护植物有珙桐、红豆杉等6种，二级保护植物有水青树、连香树等21种（表8-3）。

表8-3 白水江国家级自然保护区珍贵濒危动植物列表

植物				
中文名	拉丁名	科	属	保护级别
红茴香	*Illicium henryi*	八角科	红茴香属	省级
延龄草	*Trillium tschonoskii*	百合科	延龄草属	省级
岷江柏木	*Cupressus chengiana*	柏科	柏木属	国家二级

续表8-3

中文名	拉丁名	科	属	保护级别
油桐	*Vernicia fordii*	大戟科	油桐属	省级
文县乌桕	*Triadica sebifera*	大戟科	乌桕属	省级
野大豆	*Glycine soja*	豆科	野大豆属	国家二级
红豆树	*Ormosia hosiei*	豆科	红豆树属	国家二级
黄芪	*Astragalus propinquus*	豆科	黄芪属	省级
紫荆	*Cercis chinensis*	豆科	紫荆属	省级
杜仲	*Eucommia ulmoides*	杜仲科	杜仲属	省级
红豆杉	*Taxus wallichiana* var. *chinensis*	红豆杉科	红豆杉属	国家一级
南方红豆杉	*Taxus wallichiana* var. *mairei*	红豆杉科	红豆杉属	国家一级
巴山榧树	*Torreya fargesii*	红豆杉科	榧树属	国家二级
穗花杉	*Ametotaxus argotaenia*	红豆杉科	碎花衫属	省级
核桃	*Juglans regia*	胡桃科	核桃属	省级
华榛	*Corylus chinensis*	桦木科	榛属	省级
山白树	*Sinowilsonia henryi*	金缕梅科	山白树属	省级
天麻	*Gastrodia elata*	兰科	天麻属	省级
独花兰	*Changnienia amoena*	兰科	独兰花属	省级
珙桐	*Davidia involucrata*	蓝果树科	珙桐属	国家一级
光叶珙桐	*Davidia involucrata* var. *vilmoriniana*	蓝果树科	珙桐属	国家一级
喜树	*Camptotheca acuminata* var. *acuminata*	蓝果树科	喜树属	国家二级
连香树	*Cercidiphyllum japonicum*	连香树科	连香树属	国家二级
红椿	*Toona ciliata*	楝科	香椿属	国家二级
领春木	*Euptelea pleiospermum*	领春木科	领春木属	省级
独叶草	*Kingdonia uniflora*	毛茛科	独叶草属	国家一级
星叶草	*Circaeaster agrestis*	毛茛科	星叶草属	省级
黄连	*Coptis chinensis*	毛茛科	黄连属	省级
紫斑牡丹	*Paeonia suffruticosa* var. *papaveracea*	毛茛科	芍药属	省级
四川牡丹	*Paeonia szechuanica*	毛茛科	芍药属	省级
鹅掌楸	*Liriodendron chinense*	木兰科	鹅掌楸属	国家二级
厚朴	*Magnolia officinalis*	木兰科	木兰属	国家二级
凹叶厚朴	*Magnolia officinalis* subsp. *biloba*	木兰科	木兰属	国家二级
西康玉兰	*Magnolia wilsonii*	木兰科	木兰属	国家二级

中文名	拉丁名	科	属	保护级别
水青树	*Tetracentron sinense*	木兰科	水青树属	国家二级
水曲柳	*Fraxinus mandshurica*	木犀科	白蜡树属	国家二级
羽叶丁香	*Syringa pinnatifolia*	木犀科	丁香属	省级
狭叶瓶儿小草	*Ophioglossum thermale*	瓶儿小草科	瓶儿小草属	省级
七叶树	*Aesculus chinensis*	七叶树科	七叶树属	省级
漆树	*Toxicodendron vernicifluum*	漆树科	漆树属	省级
梓叶槭	*Acer catalpifolium*	槭树科	槭属	国家二级
金钱槭	*Dipteronia sinensis*	槭树科	金钱槭属	省级
庙台槭	*Acer miaotaiense*	槭树科	槭属	省级
香果树	*Emmenopterys henryi*	茜草科	香果树属	国家二级
香水月季	*Rosa odorata*	蔷薇科	蔷薇属	省级
猬实	*Kolkwitzia amabilis*	忍冬科	猬实属	省级
三尖杉	*Cephalotaxus fortunei*	三尖杉科	三尖杉属	省级
紫茎	*Stewartia sinensis*	山茶科	紫茎属	省级
油茶	*Camellia oleifera*	山茶科	油茶属	省级
水杉	*Metasequoia glyptostroboides*	杉科	水杉属	省级
杉木	*Cunninghamia lanceolate*	杉科	杉木属	省级
铜钱树	*Paliurus hemsleyanus*	鼠李科	铜钱树属	省级
秦岭冷杉	*Abies chensiensis*	松科	冷杉属	国家二级
大果青杆	*Picea neoveitchii*	松科	云杉属	国家二级
麦吊云杉	*Picea brachytyla*	松科	云杉属	省级
红杉	*Larix potaninii*	松科	落叶松属	省级
铁坚油杉	*Keteleeria davidiana*	松科	油杉属	省级
马尾松	*Pinus massoniana*	松科	松属	省级
刺楸	*Kalopanax septemlobus*	五加科	刺楸属	省级
桃儿七	*Sinopodophyllum hexandrum*	小檗科	桃儿七属	省级
八角莲	*Dysosma versipellis*	小檗科	八角莲属	省级
银杏	*Ginkgo biloba*	银杏科	银杏属	国家一级
大叶榉树	*Zelkova schneideriana*	榆科	榉属	国家二级
青檀	*Pteroceltis tatarinowii*	榆科	青檀属	省级
黄檗	*Phellodendron amurense*	芸香科	黄檗属	国家二级
油樟	*Cinnamomum longepaniculatum*	樟科	樟属	国家二级

续表8-3

中文名	拉丁名	科	属	保护级别
楠木	*Phoebe zhennan*	樟科	楠木属	国家二级
黑壳楠	*Lindera megaphylla*	樟科	山胡椒属	省级
动物				
大熊猫	*Ailuropoda melanoleuca*	熊科	大熊猫属	国家一级
金丝猴	*Rhinopithecus roxellanae*	猴科	仰鼻猴属	国家一级
羚牛	*Budorcas taxicolor*	牛科	羚牛属	国家一级
云豹	*Neufelis nebulosa*	猫科	云豹属	国家一级
豹	*Panthera pardus*	猫科	豹属	国家一级
绿尾虹雉	*Lophophorus ihuysii*	雉科	虹雉属	国家一级
金雕	*Aquita chrysaetos*	鹰科	真雕属	国家一级
雉鹑	*Tetrophasis obscurus*	雉科	雉鹑属	国家一级
玉带海雕	*Haliaeetus leucoryphus*	鹰科	海雕属	国家一级
林麝	*Moschus berezovskii*	麝科	麝属	国家一级
猕猴	*Macaca mulatta*	猴亚科	猕猴属	国家二级
藏酋猴	*Macaca thibetana*	猴科	猕猴属	国家二级
豺	*Cuon alpinus*	犬科	豺属	国家二级
狼	*Canis lupus*	犬科	犬属	国家二级
黑熊	*Setenaroctos thibetanus*	熊科	熊属	国家二级
棕熊	*Orsus arctos*	熊科	熊属	国家二级
小熊猫	*Ailurus fulgens*	小熊猫科	小熊猫属	国家二级
青鼬	*Martes flavigula*	鼬科	貂属	国家二级
水獭	*Lutra lutra*	鼬科	水獭属	国家二级
大灵猫	*Viverra zibetha*	灵猫科	灵猫属	国家二级
猞猁	*Lynx lynx*	猫科	猞猁属	国家二级
金猫	*Profelis temmincki*	猫科	猫属	国家二级
马麝	*Moschus sifanicus*	麝科	麝属	国家二级
鬣羚	*Capricornis sumatraensis*	牛科	鬣羚属	国家二级
斑羚	*Naemorhedus goral*	牛科	斑羚属	国家二级
文县疣螈	*Tilototriton wenxianensis*	蝾螈科	疣螈属	国家二级
大鲵	*Andrias davidianus*	隐鳃鲵科	大鲵属	国家二级

中文名	拉丁名	科	属	保护级别
兀鹫	*Gyps fulvus*	鹰科	兀鹫属	国家二级
松雀鹰	*Accipiter virgatus gularis*	鹰科	鹰属	国家二级
雀鹰	*Accipiter nisus*	鹰科	鹰属	国家二级
普通鵟	*Buteo buteo*	鹰科	鵟属	国家二级
草原雕	*Aquila rapax*	鹰科	雕属	国家二级
棕尾鵟	*Buteo rufinus*	鹰科	鵟属	国家二级
鹗	*Pandion haliaetus*	鹗科	鹗属	国家二级
红隼	*Falca tinnunculus*	隼科	隼属	国家二级
猎隼	*Falco cherrug*	隼科	隼属	国家二级
灰背隼	*Falco columbarius*	隼科	隼属	国家二级
红脚隼	*Falco vespertinus*	隼科	隼属	国家二级
灰胸竹鸡	*Bambusicola thoracica*	雉科	竹鸡属	国家二级
血雉	*Ithaginis cruentus*	雉科	血雉属	国家二级
红腹角雉	*Tragopan temminckii*	雉科	角雉属	国家二级
勺鸡	*Pucrasia macrolopha*	雉科	勺鸡属	国家二级
蓝马鸡	*Crossoptilon auritum*	雉科	马鸡属	国家二级
锦鸡	*Chrysoliphus pictus*	雉科	锦鸡属	国家二级
灰鹤	*Grus grus*	鹤科	鹤属	国家二级
斑头鸺鹠	*Glaucidium cuculoides*	鸱鸮科	鸺鹠属	国家二级
雕鸮	*Bubo bubo*	鸱鸮科	雕鸮属	国家二级
纵纹腹小鸮	*Athene noctua*	鸱鸮科	小鸮属	国家二级
灰林鸮	*Strix aluco*	鸱鸮科	林鸮属	国家二级
鹰鸮	*Ninox scutulata*	鸱鸮科	鹰鸮属	国家二级
短耳鸮	*Asio flammeus*	鸱鸮科	耳鸮属	国家二级
毛脚渔鸮	*Ketupa flavipes*	鸱鸮科	渔鸮属	国家二级
豹猫	*Felis bengalensis*	猫科	豹猫属	省级保护
毛冠鹿	*Elephodus cephalophus*	鹿科	毛冠鹿属	省级保护
鸢	*Aquila*	鹰科	鹰属	省级保护
黄麂	*Muntiacus reeves*	鹿科	麂属	省级保护
岩羊	*Pseudois nayaur*	牛科	岩羊属	省级保护
北方山溪鲵	*Batrachuperus tibetanus*	小鲵科	山溪鲵属	省级保护

根据《自然保护区自然生态质量评价技术规程》（LY/T 1813—2009），高等植物＞500种，或脊椎动物＞200种，物种多度为极丰；自然保护区内的物种数占其所在生物地理区域或行政省内物种总数的比例＞50%，物种相对丰度为极丰。白水江国家级自然保护区有高等植物1948种，有脊椎动物485种，属于物种多度极丰区。就物种相对丰度来看，自然保护区内的物种数占其所在甘肃省物种总数的比例，脊椎动物为65.45%，种子植物为36.43%，物种相对丰度属于丰。

8.2 大熊猫栖息地质量评价

8.2.1 大熊猫栖息地生态保护状况评价方法

根据《生态环境状况评价技术规范》（HJ 192—2015），保护区生态保护指数计算如下：

1. 面积适宜指数（SI）

$$I_{SI}=S_{Area}\times(S_{PA}/S_{TA}) \tag{8-1}$$

式中，S_{Area}为面积适宜指数的归一化系数，参考值为100；S_{PA}为核心区面积；S_{TA}为保护区总面积。

2. 外来物种入侵指数（II）

$$I_{II}=I_{Ainv}\times N \tag{8-2}$$

式中，I_{Ainv}为自然保护区外来物种入侵指数的归一化系数，参考值为2.0833333333；N为自然保护区外来入侵物种数。

3. 生境质量指数（HI）

生境质量涉及各个土地利用类型，受这些类型的综合影响，其计算方法为：

$$I_{HI}=I_{Aforn}\times(a\times A_{林}+b\times A_{草}+c\times A_{水}+d\times A_{耕}+e\times A_{建}+f\times A_{未})/A_{T} \tag{8-3}$$

式中，I_{Aforn}为自然保护区生境质量指数归一化系数，参考值为417.4399622443，a、b、c、d、e、f为权重系数，见表8-4，A为各类土地的面积。

表8-4 自然保护区生境质量指数权重

地类	权重	结构类型	分权重
林地	0.4	有林地	0.6
		灌木林地	0.25
		疏林地和其他林地	0.15

地类	权重	结构类型	分权重
草地	0.18	高覆盖度草地	0.6
		中覆盖度草地	0.3
		低覆盖度草地	0.1
水域湿地	0.23	河流(渠)	0.3
		湖泊(渠)	0.3
		滩涂湿地	0.3
		永久性冰川雪地	0.1
耕地	0.08	水田	0.6
		旱地	0.4
建设用地	0.01	城镇建设用地	0.3
		农村居民点	0.4
		其他建设用地	0.3
未利用地	0.1	沙地	0.2
		盐碱地	0.3
		裸地	0.2
		裸岩石砾	0.2
		其他未利用地	0.1

4. 开发干扰指数（DI）

$$I_{DI}=I_{Adev}\times（W_i\times C\times A_{城镇}+W_i\times O\times A_{其他}+W_i\times A_{农村居民}\times U+W_i\times A_{耕地}\times F）/A_T \tag{8-4}$$

式中，I_{Adev} 为开发干扰指数的归一化系数，参考值为1520.3363830174。功能区权重见表8-5，C、O、U、F 分别为城市建设用地权重、其他建设用地权重、农村居民点权重、耕地权重，各权重系数见表8-5，A 为城市建设用地、其他建设用地、农村居民点、耕地的面积。

5. 自然保护区生态保护状况指数（NEI）

$$I_{NEI}=a\times I_{SI}+b\times（100-Iu）+c\times I_{HI}+d\times（100-I_{DI}） \tag{8-5}$$

式中，a、b、c、d 为各项评价指标的权重，见表8-5。

表8-5　各项评价指标权重

类别	类型	权重	备注
功能区权重	核心区	0.6	未进行功能分区的自然保护区功能区权重按0.1计算
	缓冲区	0.3	
	实验区	0.1	
开发干扰类型权重	城市建设用地	0.4	
	农村居民点	0.10	
	其他建设用地	0.40	
	耕地	0.40	
各项评价指标权重	面积适宜指数	0.10	
	外来物种入侵指数	0.10	
	生境质量指数	0.40	
	开发干扰指数	0.40	

6. 自然保护区生态保护状况分级

根据自然保护区生态保护状况指数，将自然保护区生态保护状况分为5级，即优、良、一般、较差和差，各级描述见表8-6。

表8-6　自然保护区生态保护状况指数分级

分级	指数	描述
优	NEI≥75	主要保护对象的原生生境得到有效保护,无明显开发干扰迹象
良	55≤NEI<75	主要保护对象原生生境保护状况较好,有开发干扰现象,但程度较轻
一般	35≤NEI<55	主要保护对象的原生生境遭到破坏,开发干扰较为明显
较差	20≤NEI<35	主要保护对象的原生生境部分丧失,开发干扰严重
差	NEI<20	主要保护对象的原生生境严重丧失,开发干扰剧烈

8.2.2　大熊猫栖息地自然生态质量评估方法

根据实地数据和遥感解译结果，对白水江国家级自然保护区自然生态质量进行评定，评定依据为《自然保护区自然生态质量评价技术规程》（LY/T 1813—2009）。各种指标的概念及量化方法定义如下：

1. 生物多样性

生物多样性包括物种多样性、生态系统多样性。物种多样性通过野外调查和资料整理获取，生态系统多样性用香农多样性指数（SHDI）表示，计算如下：

$$I_{\text{SHDI}} = -\sum_{i=1}^{m} \left(p_i \ln p_i \right) \qquad (8\text{-}6)$$

式中，p_i 为景观斑块类型 i 所占据的比率。香农多样性指数能反映景观异质性，特别对景观中各斑块类型非均衡分布状况较为敏感。另外在比较和分析同一景观不同时期的多样性与异质性变化时，SHDI 也是一个敏感指标，在一个景观系统中，土地利用越丰富，破碎化程度越高，计算出的 SHDI 值也就越高。

2. 典型性

根据生态系统类型斑块指数界定保护对象在保护区内具有的代表性和典型性。不同生态系统类型斑块面积制约着以此类型斑块作为聚居地（Habitation）的物种的丰度、数量、食物链及其次生种的繁殖等，许多生物对其聚居地最小面积的需求是其生存的条件之一。不同类型面积的大小能够反映其间物种、能量和养分等信息流的差异。一般来说，一个斑块中能量和矿物养分的总量与其面积成正比。为了理解和管理景观，我们往往需要了解斑块的面积、斑块数（P_N）和斑块密度（P_D），P_D 计算如下：

$$P_D = \frac{\sum_{j=1}^{n} a_{ij}}{A} \times 100 \qquad (8\text{-}7)$$

式中，a_{ij} 为斑块 i 类 j 块的面积；A 为所有景观的总面积。

斑块密度是确定景观中优势生态系统的依据之一。其值趋于 0 时，说明景观中此斑块类型变得十分稀少，其值等于 100 时，说明整个景观只由一类斑块组成。斑块密度是景观格局分析的基本指数，它表达的是单位面积上的斑块数，有利于不同大小景观间的比较。

3. 稀有性

稀有性包括保护物种稀有性、物种濒危程度和物种地区特有分布，该指标通过资料整理和野外调查获取。

4. 自然性

自然性包括生境状况和自然度。生境状况根据野外调查获取。自然度是干扰强度的倒数。干扰强度表示人类的干扰作用，干扰强度越小，越利于生物的生存，对受体的生态意义越大。干扰强度计算如下：

$$W_i = \frac{L_i}{S_i} \qquad (8\text{-}8)$$

式中，W_i 表示受干扰强度；L_i 是指 i 类生态系统内廊道（公路、铁路、堤坝、沟渠）的总长度；S_i 是指 i 类生态系统的总面积。i 类生态系统类型的自然度（N_i）计算如下：

$$N_i = \frac{1}{W_i} \qquad (8\text{-}9)$$

5. 面积适宜性

统计白水江国家级自然保护区总面积和各功能区的面积，求各个功能区面积占总面积的百分比，判断保护区的类型。

6. 人为活动强度

用景观破碎度和景观分离度表示人为活动强度。破碎度表征景观被分割的破碎程度，反映景观空间结构的复杂性，在一定程度上反映了人类对景观的干扰程度。它是由于自然或人为干扰所导致的景观由单一、均质和连续的整体趋向于复杂、异质和不连续的斑块镶嵌体的过程，景观破碎化是生物多样性丧失的重要原因之一，它与自然资源保护密切相关，计算公式为：

$$C_i = \frac{N_i}{A_i} \tag{8-10}$$

式中，C_i 为景观的破碎度；N_i 为景观的斑块数；A_i 为景观 i 的总面积。

景观分离度指某一景观类型中不同斑块数个体分布的分离度，计算公式为：

$$V_i = \frac{D_{ij}}{A_{ij}} \tag{8-11}$$

式中，V_i 为景观类型 i 的分离度；D_{ij} 为景观类型 i 的 j 斑块距离指数；A_{ij} 为景观类型 i 的 j 块面积指数。景观破碎度和景观分离度值越大，人为活动强度越大。

自然生态质量评价指标和赋分方法见表8-7。选择10个有关自然保护、野生植物方面的专家进行评分，同时满足评价指标中的每种级别时，遵循服从最高级别的原则。对各个专家的评价进行综合考虑后确定分值。各自然保护区自然生态质量评价总分为100分，评定等级为5级，各等级见表8-8。

表8-7　自然保护区自然生态质量评价指标赋值表

因素		评估	总分
生物多样性			16
物种多度（6）	高等植物>500种,或脊椎动物>200种	极丰	4.5～6
	高等植物300～499种,或脊椎动物130～199种	丰	3.5～4.5
	高等植物200～299种,或脊椎动物80～129种	较丰	2～3.5
	高等植物200种以下,或脊椎动物80种以下	较少	<2
物种相对丰度（5）	自然保护区内的物种数占其所在生物地理区域或行政省内物种总数的比例相对极高,>50%	极丰	3.5～5
	自然保护区内的物种数占其所在生物地理区域或行政省内物种总数的比例相对较高,占25%～49.9%	丰	2.5～3.5
	自然保护区内的物种数占其所在生物地理区域或行政省内物种总数的比例相对一般,占10%～24.9%	一般	1.5～2.5

因素		评估	总分
生态系统类型多样性（5）	自然保护区内生境或生态系统的组成成分与结构极为复杂，且有很多种类型存在	多	3.5～5
	自然保护区内生境或生态系统的组成成分与结构比较复杂，较为多样	较多	2.5～3.5
	自然保护区内生境或生态系统的组成成分与结构比较简单，类型较少	较少	1.5～2.5
	自然保护区内生境或生态系统的组成成分与结构简单，类型单一	少	<1.5
典型性			16
保护对象典型性（16）	保护对象在全球范围或同纬度区内具有突出代表意义	很强	16
	保护对象在全国范围或生物地理区内具有突出代表意义	强	10
	保护对象在全国范围或生物地理区内具有代表意义	一般	7
	保护对象代表性一般		4
稀有性			10
保护物种稀有性（4）	国家Ⅰ级重点保护野生动物10种以上，或Ⅰ级重点保护植物南方10种以上，北方7种以上；国家Ⅱ级重点保护野生植物南方30种以上，北方16种以上，或国家Ⅱ级重点保护野生动物40种以上；或属于CITES附录Ⅰ的动物10种以上，或属于CITES附录Ⅰ植物南方16种以上，北方9种以上；或属于CITES附录Ⅱ的动物40种以上，植物南方60种以上，北方20种以上	很强	3.5～5
	国家Ⅰ级重点保护野生动物5～10种，或Ⅰ级重点保护植物南方5～10种，北方5～7种；国家Ⅱ级重点保护野生植物南方21～30种，北方9～16种，或国家Ⅱ级重点保护野生动物21～40种；或属于CITES附录Ⅰ的动物5～10种，或属于CITES附录Ⅰ植物南方9～16种，北方7～9种；或属于CITES附录Ⅱ的动物21～40种，植物南方40～60种，北方15～20种	强	2.5～3.5
	国家Ⅰ级重点保护野生动物或Ⅰ级重点保护植物南方2～4种，国家Ⅱ级重点保护野生动物8～20种，或国家Ⅱ级重点保护野生植物南方9～20种，北方5～8种；或属于CITES附录Ⅰ的动物2～4种，或属于CITES附录Ⅰ植物南方5～8种，北方3～6种；或属于CITES附录Ⅱ的动物10～20种，植物南方20～39种，北方7～14种	一般	1.5～2.5

续表8-7

因素		评估	总分
保护物种稀有性 （4）	国家Ⅰ级重点保护野生动物或Ⅰ级重点保护植物南方2种以下，国家Ⅱ级重点保护野生动物7种以下，或国家Ⅱ级重点保护野生植物南方9种以下，北方5种以下；或属于CITES附录Ⅰ的动物2种以下，或属于CITES附录Ⅰ植物南方5种以下，北方3种以下；或属于CITES附录Ⅱ的动物10种以下，植物南方20种以下，北方7种以下	不强	<1.5
物种濒危程度 （4）	有全球性濒危物种	很强	5
	有属于CITES附录Ⅰ中的物种	强	4
	有国家Ⅰ级重点保护野生动物或Ⅰ、Ⅱ级重点保护野生植物	一般	3
	有国家Ⅱ级重点保护野生动物或属于CITES附录Ⅱ中的物种	不强	2
物种地区分布 （2）	地理分布极窄，仅中国1个省特有	极窄	2
	地理分布窄，中国2～3个省特有	窄	1.5
	地理分布较窄，或虽广布但局部少有	较窄	0.8
自然性			16
生境状况 （9）	核心区和缓冲区无人居住且区内未受侵扰，保持原始状态，自然生境完好	完好	7～9
	核心区未受人为干扰，缓冲区受侵扰和破坏较少，自然生境基本完好	基本完好	5～7
	核心区受较轻微影响，缓冲区受侵扰或破坏，但生态系统无明显结构变化，自然生境较完好	一般	3～5
	核心区和缓冲区遭受中等强度破坏，系统结构发生变化，自然生境退化	不好	1～3
自然度 （7）	天然林面积占自然保护区森林面积的75%以上	很高	5.5～7
	天然林面积占自然保护区森林面积的60%～75%	高	4～5.5
	天然林面积占自然保护区森林面积的35%～60%	较高	2～4
	天然林面积占自然保护区森林面积的35%以下	一般	<2
面积适宜性			10
核心区和缓冲区面积 （3）	大小适宜，足以维持生态系统的结构和功能，能有效保护全部保护对象（核心区面积占保护区总面积比例：超大型、大型保护区在20%以上，中型保护区在35%以上，小型保护区在40%以上）	适宜	5～7
	大小较适宜，基本能维持生态系统的结构和功能，能有效保护主要保护对象（核心区面积占保护区总面积比例：超大型、大型保护区在15%～20%，中型保护区在24%～30%，小型保护区在28%～35%）	较适宜	2～5

因素			评估	总分
核心区和缓冲区面积（3）	大小不太适宜,不易维持生态系统的结构和功能,不足以有效保护主要保护对象(核心区面积占保护区总面积比例:超大型、大型保护区在15%以下,中型保护区在<24%,小型保护区在<28%)		不太适宜	<2
总面积大小（7）	超大型自然保护区		超大型	2.5～3
	大型自然保护区		大型	2～2.5
	中型自然保护区		中型	1.5～2
	小型自然保护区		小型	1～1.5
脆弱性				16
生态系统稳定性（8）	生态系统处于顶级状态,结构完整合理,较稳定		强	5.5～8
	生态系统较为成熟或结构较不完整或较不合理,较脆弱		一般	3.5～5.5
	生态系统不成熟或结构不完整或不合理,脆弱		不强	<3.5
生态系统恢复程度（8）	有些地域受到干扰和破坏,通过人工管理或天然改变,生态系统原有的品质不能得到恢复		难	5.5～8
	有些地域受到干扰和破坏,通过人工管理或天然改变,生态系统原有的品质能够得到恢复,但不一定发挥比现在价值更大的自然保护区		一般	3.5～5.5
	有些地域受到干扰和破坏,通过人工管理或天然改变,生态系统原有的品质能够得到恢复,并且发挥比现在价值更大的自然保护区		不难	1～3.5
人为活动强度				16
资源开发利用情况（10）	人们对自然保护区内水体、土地、矿藏、生物或景观等资源开发、利用适度,对资源和有效保护不构成威胁		弱	7～10
	人们开发利用自然保护区内水体、土地、矿藏、生物或景观等资源的强度中等,资源的有效保护受到一定威胁		一般	4～7
	人们过分开发利用自然保护区内水体、土地、矿藏、生物或景观等资源,资源的有效保护受到较大威胁		强	1～4
周边地区开发状况（6）	自然保护区与另一自然保护区毗邻或有通道相连或为未开发生境所环绕		弱	4～6
	自然保护区周边地区尚存有未开发的生境		一般	2～4
	自然保护区已被开发区域所环绕		强	<2

表8-8　自然保护区自然生态质量分级

分级	分值	评价
I	86～100	自然生态质量好
II	71～85	自然生态质量较好
III	51～70	自然生态质量一般
IV	36～50	自然生态质量较差
V	≤35	自然生态质量差

8.2.3　大熊猫栖息地生态保护状况评价

白水江国家级自然保护区总面积为1837.99 km²，其中核心区为901.58 km²，缓冲区为261.32 km²，实验区为675.09 km²。根据文献（徐海根等，2004；赵慧军，2012；甘肃白水江国家级自然保护区管理局，1997），统计出外来物种乔木8种（刺柏、华北落叶松、小青杨、青杨、垂柳、桑、刺槐、苹果），灌木2种（榆叶梅、花椒），草本16种（灰绿藜、紫苜蓿、野西瓜、冬葵、密花香薷、野薄荷、多花百日菊、苦苣菜、黄花蒿、苋、尾穗苋、车前草、多花黑麦草、狗尾草、王不留行、芫荽）。无外来入侵动物物种。生境质量指数（HI）和干扰指数（DI）涉及各个土地利用类型，根据2015年基于遥感解译的土地利用类型结果（表8-9），计算HI和DI。根据公式（8-1）至公式（8-5），计算的各类指数见表8-10，并进行自然保护区生态保护状况分级。从分级看出（表8-10），保护区大熊猫生境保护状况为优（NEI=112.02）。因为分级标准中，NEI≥75，为优，即主要保护对象的原生生境得到有效保护，无明显开发干扰迹象。

表8-9　基于遥感解译的土地利用类型（2015）

土地覆盖类型	面积（km²）
林地	1647.75
高山灌丛草甸	41.91
建筑用地	8.10
草地	47.58
耕地	108.61
水体	7.11

表8-10　自然保护区生态保护状况指数和NEI

指标	面积适宜指数	外来物种入侵指数	生境质量指数	开发干扰指数
量值	49.05	54.17	156.38	0.06
权重	0.10	0.10	0.40	0.40
单项指数	4.905	5.417	62.552	0.024
NEI	112.02			

8.2.4　大熊猫栖息地自然生态质量评估

8.2.4.1　人类活动强度分析

指征人类活动强度的指标见表8-11。通过时间序列，分析人类活动对大熊猫栖息地生态环境的影响。最大斑块所占景观面积的比例（LPI）呈增加趋势，说明优势景观类型的主导性逐渐增加，人类活动对景观的干扰程度和频率不断减弱。边缘密度（ED）呈下降趋势，说明单位面积内的边缘长度不断减小，景观格局的破碎化趋势在降低。从形态复杂度指数看，面积加权平均形状指数（AWMSI）和面积加权平均斑块分形指数（AWMPFD）变化趋势均不明显，说明景观复杂度的变化并不显著。从多样性指数看，香农多样性指数（SHDI）和香农均匀度指数（SHEI）都呈下降趋势，说明景观的多样性在降低。

表8-11　1986—2015年白水江国家级自然保护区景观级别的景观指数

景观指数	LPI（%）	ED（m/hm²）	AWMSI	AWMPFD	SHDI	SHEI
1986年	67.53	20.11	15.17	1.26	0.64	0.36
1995年	69.36	20.10	15.91	1.26	0.58	0.33
2008年	69.32	19.20	15.15	1.25	0.55	0.30
2015年	72.44	19.54	16.60	1.26	0.50	0.28

注：LPI为景观面积的比例；ED为边缘密度；AWMSI为平均形状指数；AWMPFD为面积加权平均斑块分形指数；SHDI为香农多样性指数；SHEI为香农均匀度指数。

从不同的土地利用类型看（见彩图33），1986—2015年，林地的LPI最大且呈增加趋势，耕地的LPI呈减少趋势，高山灌丛草甸的LPI呈增加趋势，耕地、建筑用地和水体的LPI值较小且变化不大。从边缘密度（ED）来看，其值从大到小依次为林地、耕地、草地、高山灌丛草甸、水体和建筑用地。从斑块数量（NP）来看，林地、草地和耕地的斑块数量占主要部分；林地的斑块数量先增加后减少，草地的斑块数量先减少后增加，耕地的斑块数量持续增加。从平均斑块面积（MPS）来看，林地的平均斑块面积最大，且呈先减少后增加的趋势，说明林地在1986—1995年期间，景观变得破碎，但在1995—2015年期间，林地的破碎化程度降低；高山灌丛草甸的平均斑块面积变化不大，略有减少；在1986—2015年期间，耕地的平均斑块面积急剧下降，景观破碎化程度增加；草地、水体和建筑用地的平均斑块面积最小，景观最为破碎，且没有明显变化。

从面积加权平均形状指数（AWMSI）和面积加权平均斑块分形指数（AWMPFD）来看，林地的AWMSI和AWMPFD最大，说明林地的形态最为复杂。从平均邻近度（PROX_MN）来看，林地的PROX_MN最大，且呈先减小后增加的趋势；耕地的PROX_MN呈减小趋势。从欧式平均最邻近距离（ENN_MN）来看，其值从大到小依次为建筑用地、高山灌丛草甸、水体、草地、耕地和林地，且总体上均呈下降趋势，表明同类型斑块间的距离在缩小。从结合度指数（COHESION）来看，其值从大到小依次为林地、高山灌丛草甸、耕地（呈下降趋势）、水体、草地和建筑用地。

从斑块数量（NP）来看，林地、草地和耕地的斑块数量占主要部分；林地的斑块数量先增加后减少，草地的斑块数量先减少后增加，耕地的斑块数量持续增加。从平均斑块面积（MPS）来看，林地的平均斑块面积最大，且呈先减少后增加的趋势，说明林地在1986—1995年期间，景观变得破碎，但在1995—2015年期间，林地的破碎化程度降低；高山灌丛草甸的平均斑块面积变化不大，略有减少；在1986—2015年期间，耕地的平均斑块面积急剧下降，景观破碎化程度增加；草地、水体和建筑用地的平均斑块面积最小，景观最为破碎，且没有明显变化。

从面积加权平均形状指数（AWMSI）和面积加权平均斑块分形指数（AWMPFD）来看，林地的AWMSI和AWMPFD最大，说明林地的形态最为复杂。从平均邻近度（PROX_MN）来看，林地的PROX_MN最大，且呈先减小后增加的趋势；耕地的PROX_MN呈减小趋势。从欧式平均最邻近距离（ENN_MN）来看，其值从大到小依次为建筑用地、高山灌丛草甸、水体、草地、耕地和林地，且总体上均呈下降趋势，表明同类型斑块间的距离在缩小。从结合度指数（COHESION）来看，其值从大到小依次为林地、高山灌丛草甸、耕地（呈下降趋势）、水体、草地和建筑用地。

总之，1986—2015年，白水江国家级自然保护区的林地景观破碎化程度降低，耕地景观破碎化程度增加，高山灌丛草甸、草地、建筑用地和水体的景观格局变化不大。

8.2.4.2 保护区物种稀有性分析

白水江国家级自然保护区物种稀有性的特征见表8-3。目前已经确定珍稀植物有38科60属67种及变种。其中国家Ⅰ级保护植物5科5属6种；国家Ⅱ级保护植物13科19属19种；国家Ⅱ级保护植物13科19属19种及变种；重点保护野生动物10种，国家Ⅲ级保护植物18科22属25种；甘肃省重点保护植物13科17属17种。珍稀动物种类中，大鲵和文县疣螈属于国家Ⅱ级保护的两栖爬行类，被列为国家重点保护的Ⅰ级鸟类4种，Ⅱ级保护鸟类24种，兽类中有国家重点保护的Ⅰ级动物5种，Ⅱ级保护动物16种。保护的兽类占甘肃省总数的67.6%（甘肃白水江国家级自然保护区管理局，1997）。

8.2.4.3 保护区面积适宜性分析

核心区面积占保护区总面积的比例为49.05%。根据保护区面积的分级（超大型、大型保护区在20%以上，中型保护区在35%以上，小型保护区在40%以上）。白水江国家级自然保护区为小型保护区，能够维持生态系统的结构和功能，有效保护全部保护对象。

8.2.4.4 大熊猫栖息地自然生态质量评估

根据10个有关自然保护、野生植物方面的专家的打分，自然保护区自然生态质量要素得分见表8-12。总分为84，根据表8-10，大熊猫栖息地自然生态质量属于Ⅱ级（71~85分），自然生态质量较好。

表8-12 白水江国家级自然保护区大熊猫栖息地自然生态质量评估结果

因素		评估	总分
生物多样性			16
物种多度	高等植物>500种，或脊椎动物>200种	极丰	6
物种相对丰度	自然保护区内的物种数占其所在生物地理区域或行政省内物种总数的比例相对极高，>50%	极丰	5
生态系统类型多样性	自然保护区内生境或生态系统的组成成分与结构极为复杂，且有很多种类型存在	多	5
典型性			16
保护对象典型性	保护对象在全球范围或同纬度区内具有突出代表意义	很强	16
稀有性			9.5
保护物种稀有性	国家Ⅰ级重点保护野生动物10种以上，或Ⅰ级重点保护植物南方10种以上，北方7种以上；国家Ⅱ级重点保护野生植物南方30种以上，北方16种以上，或国家Ⅱ级重点保护野生动物40种以上；或属于CITES附录Ⅰ的动物10种以上，或属于CITES附录Ⅰ植物南方16种以上，北方9种以上；或属于CITES附录Ⅱ的动物40种以上，植物南方60种以上，北方20种以上	很强	4
物种濒危程度	有全球性濒危物种	很强	4
物种地区分布	地理分布窄，中国2~3个省特有	窄	1.5
自然性			14
生境状况	核心区未受人为干扰，缓冲区受侵扰和破坏较少，自然生境基本完好	基本完好	7

续表8-12

因素		评估	总分
自然度	天然林面积占自然保护区森林面积的75%以上	很高	7
面积适宜性			7.5
核心区和缓冲区面积	大小适宜,足以维持生态系统的结构和功能,能有效保护全部保护对象(核心区面积占保护区总面积比例:超大型、大型保护区在20%以上,中型保护区在35%以上,小型保护区在40%以上)	适宜	6
总面积大小	小型自然保护区	小型	1.5
脆弱性			13
生态系统稳定性	生态系统处于顶级状态,结构完整合理,较稳定	强	7
生态系统恢复程度	有些地域受到干扰和破坏,通过人工管理或天然改变,生态系统原有的品质能够得到恢复,但不一定发挥比现在价值更大的自然保护区	一般	6
人为活动强度			8
资源开发利用情况	人们开发利用自然保护区内水体、土地、矿藏、生物或景观等资源的强度中等,资源的有效保护受到一定威胁	一般	6
周边地区开发状况	自然保护区已被开发区域所环绕	强	2

8.3 基于综合多样性指数的生物多样性安全预警机制

随着物种灭绝与生物多样性锐减等生态问题凸显,人们产生了"生态危机"感。近年来,对生态安全的研究逐步深入,在自然保护区生态安全设计研究方面,我国学者做了一些探索性的实验研究,研究了自然保护区中基于物种多样性保护及生态系统多样性保护的景观生态安全格局和景观规划的理论、技术和方法,并给出了案例研究实例(俞孔坚,1999;俞孔坚,1998;Yu,1996;Yu,1995;Yu,1997;徐海根,2000)。关于生物多样性评价的研究也逐渐增多,生物多样性评价指标体系的研究也受到越来越多的关注。最早由 Reid 等(1993)提出了由21个指标组成的指标体系,奠定了生物多样性评价的基础。生物多样性公约(CBD)第七次缔约大会,确定了由18个指标组成的生物多样性指标体系(2004)。很多国家和地区也相应地开发了适合本国家和区域的生物多样性评价指标体系,如欧洲环境署(2007)建立了由26个指标组成的生物多样性指标体系,英国(2007)确定了由6个方面18个指标构成的生物多样性评价指标体系，比利时在欧洲环境署的指标体系的基础上建立了由21个指标构成的生物多样性评价体系（Myriam et al，2008），德国和南非也各自建立了适合本国的生物多样性评价指标体系。我国在20世纪90年代开始探究生物多样性评价指标体系，从多样性、稀有性、濒危性、稳定性、自然性、干扰性等方面，建立了一套符合我国国情的生物多样性评价指标体系、评价方法和评价标准（史作民等，1996；曾志新等，1999；张峥等，1999；万本太等，2007）。

8.3.1　DPSIR模型

8.3.1.1　模型简介

DPSIR模型包括驱动力（Drive force）—压力（Press）—状态（State）—影响（Impress）—响应（Response），英文缩写为DPSIR模型，是由欧洲环境署提出的揭示社会经济发展与生态环境系统之间相互作用关系的概念模型。该模型从驱动力、压力、状态、影响和响应五个方面出发，将经济水平、社会发展、环境变化和政策措施等因素结合起来，建立的一种闭环式的因果模型。它可以综合反映生态系统的本质特征，为生态安全评估提供了可行性框架。

DPSIR模型最早由状态—响应（SR）模型发展形成，1979年加拿大统计局的两名科学家提出了状态—响应模型。随着时代的进步，在SR模型的基础上，许多机构和学者又对该模型进行了改进，以便应对更加复杂的环境问题。1993年经济合作与发展组织（OECD）将SR模型修正为压力—状态—响应（PSR）模型。1995年，联合国可持续发展委员会（UNCSD）与其他机构联合，将PSR模型扩展为DSP模型。随后，欧洲环境署将驱动力和影响两方面指标纳入模型中，形成DPSIR模型。进入21世纪后，学者们又将传统的DPSIR模型与其他模型相结合，对模型进行再一次改进。例如：DPSIR—DEA模型、DPSIR—ANP模型、DPSIR—EES模型和DPSIRM模型等。

8.3.1.2　模型构成

DPSIR模型的驱动力、压力、状态、影响和响应五个部分之间是一种相互作用的因果关系（图8-1）。驱动力（D）反映引起生态环境发生改变的潜在原因，它包含社会经济驱动力和自然驱动力两个方面。社会经济驱动力指经济发展、人口增长、生产和生活方式的变化、消费娱乐等活动的改变；自然驱动力指气温或降水等自然条件发生一定的转变。这些转变从根本上对生态环境产生了压力。压力（P）是促使环境发生改变的直接原因，是人类的各项活动产生的一系列结果，它反映了人类对各种资源的消耗，从而对生态安全构成威胁的一些因素，一般包括土地利用变化、环境污染、资源消耗等因素。状态（S）反映了在驱动力和压力的协同作用下，社会经济系统和生态系统所呈现出的现象，它可以是物理、化学和生物等方面的数量或质量，一般包括农户的生计策略、社会经济条件、生态系统服务等。影响（I）反映了某种状态给社会和生态安全造成的综合影响，它包括积极影响和消极影响两方面，一般指的是人类福祉、生态系统健康程度、生态系统服务产品的变化、资源的可用性或可获取性、社会资本的变化和生物多样性等。响应（R）表示个人、社会以及政府针对产生的一系列影响采取的应对措施。这种应对措施分为长期和短期两种，以期减轻压力和提高生态环境质量，试图改善负面影响，促进和提升正面影响。相应措施一般包括生态补偿、教育水平提升和政策改进等。DPSIR模型的因果循环关系始于驱动力，驱动力从根本上触发压力的产生，改变社会和生态环境状态并对其产生一系列影响，响应最终对驱动力、压力、状态和影响进行反馈，并再次开始新的因果循环。

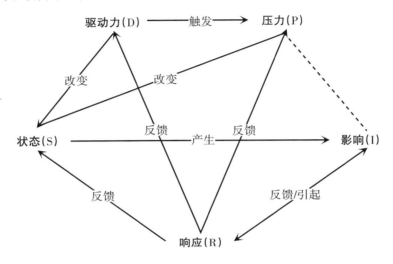

图8-1　DPSIR模型相互作用关系示意图

8.3.1.3　模型应用

目前，DPSIR模型在各个领域得到了广泛的应用，是解决生态环境问题的重要研究模型。特别是，在生态安全评估、生态健康评价、环境可持续发展等方面的研究应用案例较多。利用DPSIR模型或者在模型改进的基础上，学者们对海洋生态系统、森林生态系统、土地生态系统和草地生态系统等做了相关研究，例如海滨工业园区可持续发展、森林生态安全评估、旅游生态安全评价、草地生态系统健康评价和湿地景观生态系统服务脆弱性评价等。

8.3.1.4　模型特点

DPSIR模型可以较好地衔接时间尺度和空间尺度，能够全面地反映社会、经济、生态和政策的内容，具有强大的兼容性，可以将宏观、微观因素进行综合考虑，同时它可以简单明了地反映系统内部的相互作用关系。有学者认为，DPSIR模型结构与人类处理复杂事物的思维方式是一致的，有助于将复杂的问题进行归类并简化。但是，DPSIR也存在一些缺陷，例如忽视了公平原则，需要的数据过于详细等。综合来看，DPSIR虽然具有一些不可避免的缺陷，但它可以有效地整合各类因素，具有兼容性、完整性、层析性和逻辑性等特点，能够为政策制定提供一定的依据。因此，该模型仍旧是分析生态环境问题的有力模型，尤其在生态安全评估方面。

8.3.2 生态安全评价指标体系

8.3.2.1 生态安全评价概述

生态安全与国土安全、军事安全、文化安全等是构成国家安全体系的重要部分，它反映了生态系统在某一时期的运行状况。生态安全概念由生态风险、生态威胁和生态脆弱性等概念演化而来。国际应用系统分析研究所对生态安全进行了定义。广义上，生态安全指社会、经济和自然相互融合的复合人工生态系统的安全；狭义上，它代指生态系统的完整性和生态系统的健康状况。生态安全是结构安全和功能安全两方面的综合表征，使生态系统不受环境污染及破坏，结构安全与功能安全相辅相成。同时，生态系统在时间和空间上能够维持一定的规律，并具有相对的恢复能力，这样的生态系统才是相对安全的状态。

20世纪90年代，自然灾害的频繁发生严重影响到了生态环境以及人类健康，建立生态安全评价体系，对生态安全进行评估，成了国际研究的热点。生态安全评价是以可持续发展理论、生态承载理论、生态经济理论等相关理论为基础结合的数学分析方法，是对生态系统进行定性和定量研究的综合评价过程。对生态安全进行评估，是实现生态文明建设的重要途径，是识别影响生态环境威胁因素的主要手段，是维护国家生态安全屏障的必要条件，是为管理者和决策者提供科学决策的依据。生态安全评价的目的在于定义生态安全的健康状态，确定生态安全的阈值范围，实施高效的生态系统安全管理，维持人类社会和自然的和谐共生，促进社会经济系统和生态系统可持续发展。目前，我国的生态安全形势还很严峻，并且面临着诸多挑战，通过生态安全评价对处在人类干扰活动中的生态环境进行保护、恢复和建立相应的监测预警机制，是当前维持人类生活需求并促进生态系统可持续发展非常重要的一步。近几年，国内外学者从不同的视角和不同的研究层次出发，围绕生态安全进行了深入的分析，其中包括流域生态安全评价、景观生态安全评价、城市生态安全评价、森林生态安全评价和自然保护区生态安全评价等几类。对自然保护区生态安全的评价主要集中在东部沿海城市和东北地区。

生态安全评价方法正在逐步完善和统一，专家评价法、生态足迹法、能值分析法、层次分析法、人工神经网络分析法、模糊评价法、数据包络分析法等是生态安全评价中较为常用的几种方法。近几年，伴随着生态环境问题的复杂化，学者们开始尝试使用多种方法结合的系统综合评价法和模型评价法，以期更加精准地对地区生态安全状态做出评估。

8.3.2.2 生态安全评价指标体系构建原则

基于不同的区域、不同的研究层次和不同的分析方法，生态系统的社会、经济和自然环境状态不同，数据的来源、结构不同，分析的手段不同，并且生态系统的作用、地位也不同，因此为了使评价体系科学公平，评价结果真实有效，评价过程简洁明了，构建生态安全评价体系必须遵守一定的原则。

完整性：生态安全评价体系必须反映社会、经济和生态环境相互作用下的完整情况，缺少任何一个部分，生态安全评价都是不可信的。

适宜性：区域不同，生态系统的特征也有所不同，因此必须因地制宜，建立适合区域经济发展状况、自然水平、政策条件的评价体系。

动态性：生态系统在每个时间段的功能、结构、特点都是不同的，因此不能以静止不动的眼光看待生态系统的发展，构建生态安全评价体系必须考虑动态性。

系统性：生态系统是一个较为复杂的融合系统，在生态安全评价时必须要树立系统性观念，要综合宏观条件和微观条件，进行系统的思考。

可操作性：构建生态安全评级体系，要使用科学系统的方式，使用复杂和难以操作的评价体系会导致评价难以实现，同时还会造成数据收集困难、费时费力等问题。具有可操作性的生态安全评价体系，是在保证评价的准确性的基础上，选择适量的评价指标反映绝大多数信息，简化评价结果。

8.3.2.3 构建基于DPSIR模型的生态安全评价体系

生态安全评价体系是由相互联系、相互作用的各项指标构成的具有一定结构规律和一定层次顺序的有机融合整体。构建合理的评价指标体系，是科学评价生态安全的基础。因此，必须从多角度、多层次和多因素等方面考虑，构建一套能够全面准确地反映生态安全状态的评价体系。基于DPSIR模型，立足白水江国家级自然保护区的自然条件与社会经济发展特色，选择与该地区生态安全紧密相关的经济、社会、文化、政策和生态环境指标，构建生态安全评价指标体系。依据生态安全评价体系构建的原则，确定了评价体系的三个层次。首先确定目标层，即白水江国家级自然保护区生态安全评价；其次是准则层，依据DPSIR模型，将获取到的数据依次归类并分为驱动力（D）、压力（P）、状态（S）、影响（I）和响应（R）五个部分；最后则是指标层，即由详细的单个评价指标体系，构成完整的生态安全评价体系。

8.3.2.4 评价指标的筛选

为得到生态安全评价的最优结果，必须筛选出客观可靠的评价指标。指标的选择既要避免种类过多、数目太大的问题，也要尽量克服指标信息以偏概全的问题。因此筛选生态安全评价指标体系必须在数据可获取的基础上，综合考虑主观及客观因素的双重影响，参考以往文献，征询相关专家建议，分析每个单个指标之间的关系，最后筛选出具有代表性的评价指标。因此，综合考虑研究区的数据，可获取突出的主要问题，在生态安全评价的指标中，筛选出反映与生态安全紧密相关的指标。基于DPSIR模型，从生态安全驱动力、压力、状态、影响和响应5个层面构建白水江国家级自然保护区生态安全评价体系（表8-12），指标体系从社会经济、自然环境、文化政策三个角度出发，筛选出26个评价指标，这些指标覆盖范围广，具有普遍性和代表性，可以较好地体现社会经济发展和人类活动对生态安全的多种影响。下面详细介绍基于DPSIR模型的生态安全评价体系的指标。

表8-12　白水江国家级自然保护区生态安全评价体系

目标层	准则层	指标层	权重	获取方式	单位
生态安全评价	驱动力指标(D)(0.14997)	教育水平(D_1)	0.04303	统计年鉴	%
		劳动力人数(D_2)	0.02986	统计年鉴	人
		经济总收入(D_3)	0.03407	统计年鉴	元
		城镇化水平(D_4)	0.04302	非农业人口/总人口	%
	压力指标(P)(0.31260)	人类活动干扰指数(P_1)	0.04303	(人类建设用地面积+农业用地面积)/土地总面积×100%	%
		总人口(P_2)	0.01921	统计年鉴	人
		农村生产生活用电(P_3)	0.04250	统计年鉴	千瓦
		农用化肥使用量(P_4)	0.04106	统计年鉴	吨
		塑料薄膜使用量(P_5)	0.04302	统计年鉴	吨
		牲畜数量(P_6)	0.03773	统计年鉴	万只
		家禽数量(P_7)	0.04302	统计年鉴	万只
		水电站个数(P_8)	0.04302	统计年鉴	个
	状态指标(S)(0.21502)	人均耕地面积(S_1)	0.04302	统计年鉴	亩/人
		人均林地面积(S_2)	0.04293	ArcGIS10.2提取	亩/人
		人均草地面积(S_3)	0.04302	ArcGIS10.2提取	亩/人
		人均水域面积(S_4)	0.04302	ArcGIS10.2提取	亩/人
		森林覆盖率(S_5)	0.04302	统计年鉴	%
	影响指标(I)(0.18149)	农民人均纯收入(I_1)	0.03696	统计年鉴	元
		人均农林牧副渔产值(I_2)	0.03734	统计年鉴	万元
		农作物产量(I_3)	0.02697	统计年鉴	吨
		林副产品产量(I_4)	0.04245	统计年鉴	吨
		成灾面积(I_5)	0.03777	统计年鉴	亩
	响应指标(R)(0.14092)	梯田面积(R_1)	0.02478	统计年鉴	亩
		年末有效灌溉率(R_2)	0.03029	统计年鉴	亩
		EVI指数(R_3)	0.04302	遥感影像数据计算	—
		蔓延度(R_4)	0.04283	Fragststats3.3计算	%

驱动力指标（D）：选取教育水平、劳动力人数、地区经济总收入和城镇化水平4个指标作为驱动力指标，反映人口和社会经济发展的变化导致生态安全发生改变的潜在动力。教育水平表征人口素质，对于保护区的生态安全起到重要的驱动力作用，统计研究区内高中以上学历人员比例用来表示该区域的教育水平。劳动力资源数量的变化是生态安全中重要的因素。地区经济总收入和城市化水平是反映地区发展的重要指标，对生态安全具有间接的影响作用。

压力指标（P）：选取人类活动干扰指数、总人口、农村生产生活用电、农用化肥使用量、塑料薄膜使用量、牲畜数量、家禽数量、水电站个数8个指标作为压力指标。这些指标表示生态安全发生改变的直接因素。生态安全受到人类活动的不断干扰，面临严重的威胁，因此选取人类活动干扰程度指数表征生态安全的压力。人口增长将对生态安全造成一定的压力。用农村生产生活用电量反映农户的生产生活对生态安全造成的压力。使用农用化肥施用量和薄膜使用量反映对土壤及水体的压力。牲畜数量和家禽数量代表养殖畜禽对水体的压力。水电站个数代表对整体生态环境的压力。

状态指标（S）：状态指标反映的是生态环境所处的状态，即由驱动力指标和压力指标综合导致的一种现状。在白水江国家级自然保护区内，选取人均林地面积、人均草地面积、人均水域面积、人均耕地面积和森林覆盖率5个指标来度量生态安全的状态。选取这5类指标能够反映保护区在驱动力和压力的影响下自然呈现出的状态。

影响指标（I）：生态安全影响指标是衡量生态安全状态改变而引起的某种结果。使用农民人均纯收入、人均农林牧副渔产值、农作物产量、林副产品产量、成灾面积5个指标作为表征生态安全的影响指标。农民纯收入、人均农林牧副渔产值、农作物产量、林副产品产量能够直接体现当前状态下社会的经济发展状况，成灾面积则反映的是对生态环境的影响。

响应指标（R）：生态安全系统的响应指标是描述生态安全受到影响后，采取的措施以及自然环境自身的一种反应。选取梯田面积、年末有效灌溉面积、植被增强指数（EVI指数）、蔓延度指数4个指标。梯田面积和年末有效灌溉面积是政府政策效果的主要体现。EVI指数和蔓延度指数则从景观角度反映了自然环境的响应程度。各个指标的权重见表8-12。

8.3.2.5　评价方法

1.指标标准化处理

在多因素、多层面和多指标的复合生态安全评价体系中，评价指标往往存在类型、大小、量纲和单位不同的问题。不同的性质和不同单位的指标不能进行数据的处理，为了消除这些问题，必须对筛选好的指标进行标准化处理，使其转换为无量纲的数据，再进行数据的计算。指标标准化处理的方法有极值法、小数定标法、Z-score标准化和比重法等方法。本文采取小数定标法对原始数据进行标准化处理，即通过移动数据的小数点位置来进行标准化，小数点移动多少位取决于变量取值中的最大绝对值，计算方法如下：

$$x_i' = \frac{x_i}{(10 \times g)} \tag{8-12}$$

式中，x_i'为第i项指标的标准化数值，g为满足条件的最小整数。

2. 计算指标权重

使用熵值法计算指标的权重，熵值法与专家打分法和层次分析法等方法相比，具有一定的客观性，能够在一定程度上避免人为影响，同时有利于减小权重计算中的误差。

$$p_i = \frac{x_i'}{\sum_{i=1}^{n} x_i'} \tag{8-13}$$

式中，p_i是第i项指标标准化后的比重形式，n是指标的数量。

$$M_i = -h \sum_{i=1}^{n} p_i \ln p_i \tag{8-14}$$

$$h = \frac{1}{\ln k} \tag{8-15}$$

式中，M_i是第i项指标的信息熵值，h为常数，k为样本数量。

$$s_i = \frac{1 - M_i}{\sum_{i=1}^{n} 1 - M_i} = \frac{1 - M_i}{n - \sum_{i=1}^{n} M_i} \tag{8-16}$$

式中，s_i是第i项指标的熵权值。

$$A_{qi} = \sum_{i=1}^{n} x_i' s_i \tag{8-17}$$

式中，A_{qi}代表生态安全评价中各项指标所累积的综合数值，q代表准则层的驱动力（D）、压力（P）、状态（S）、影响（I）、响应（R）的指标。A_{Di}即为第i项驱动力指标，A_{Pi}为第i项压力指标，A_{Si}为第i项状态指标，A_{Ii}为第i项影响指标，A_{Ri}为第i项响应指标。

3. 生态安全指数计算

通过公式（8-18）计算出的不同准则层指标的综合数值，可以得到生态安全指数：

$$E = \sqrt{(1 - A_{Pi} - A_{Ri})(A_{Di} + A_{Si} + A_{Ii})} \tag{8-18}$$

生态安全指数E越大，表示生态安全等级越高，反之亦然。

8.3.3 2005—2017年生态安全状态评估

8.3.3.1 白水江国家级自然保护区2005—2017年生态安全评价指数变化特征

白水江国家级自然保护区2005—2017年生态安全评价指数分布在0.059729～0.156279之间，其中生态安全评价指数最小值出现在2005年的玉垒乡，生态安全评价指数最大值出现在2013年碧口镇（见彩图53）。在13年的变化中，生态安全评级值逐年升高，生态安全程度逐年提升。

8.3.3.2　白水江国家级自然保护区生态安全评价等级变化特征及空间分布特征

通过 K-means 聚类方法，对保护区内各乡镇的生态安全评价结果进行聚类分析，从而将生态安全状态分为5个等级（表8-13）。

表8-13　白水江国家级自然保护区生态安全状态分级

生态安全等级	含义	生态安全评价值
1级	极不安全	<0.075
2级	不安全	0.075～0.092
3级	一般安全	0.092～0.108
4级	安全	0.108～0.136
5级	较安全	>0.136

为了更好地分析2005—2017年白水江国家级自然保护区内各乡镇生态安全状态等级变化特征及空间变化特征，因此依据聚类分析的结果，通过 ArcGIS 软件，将分级结果进行可视化分析，得到2005—2017年生态安全状况等级分布图（见彩图54）。对生态安全状态处于极不安全和不安全的地区而言，寻找出生态安全评价低值区，针对低值区制定高效、差别化的生态安全策略尤为重要。

结果表明，随着时间变化白水江国家级自然保护区生态安全状态总体上呈现明显的上升趋势。2005年保护区内，处在极不安全的乡镇为2个，处于不安全状态的乡镇为7个，处在一般安全状态的乡镇为4个，而处在安全和较安全的乡镇数量为0。2017年保护区内，处在极不安全和不安全状态的乡镇个数为0，处在一般安全状态的乡镇为6个，处在安全状态的乡镇为6个，处在较安全状态的乡镇为1个。2016年之后，保护区内所有乡镇的生态安全状态均保持在3级以上。2005—2017年，平均每个乡镇的生态安全状态提升一个等级，生态安全评价值平均升高0.0287。其中，范坝乡、石鸡坝乡和碧口镇三个乡镇的变化最小，生态安全评价值的变化在0.02以内，而洛塘镇和尚德镇两个地区生态安全状态变化较大，生态安全评级变化值在0.04以上。

2005—2017年白水江国家级自然保护区内各乡镇的生态安全状态变化呈现出一定的上升趋势，生态安全等级有所提高，但是在13年的变化过程中，不同的年份生态安全状态存在一定的波动。2005—2011年，该阶段内各乡镇生态安全状态存在上下波动的现象。但总体呈现出上升的趋势。2013年各乡镇的生态安全状态有大幅度的提升，提升主要体现在状态指标（I）的森林覆盖率、响应指标（R）的梯田面积及有效灌溉面积三个方面，2000年之后，人与生态环境的矛盾越来越突出，甘肃白水江国家级自然保护区自建立以来，通过退耕还林和天然林保护工程等一系列措施的实施，保护区内各乡镇的生态安全状态得到明显的提升。2014年，生态安全状态有一定的下降，2015年之后呈现出缓慢增长的趋势。

分析彩图54可知，在白水江国家级自然保护区内，整体上位于西部和东部的乡镇生态安全状态优于中部的各乡镇。位于西部的铁楼藏族乡，在自然条件方面，生态环境良好，森林覆盖度高，野生动植物资源丰富，乡内的邱家坝是著名的大熊猫人工养殖基地；在社会经济方面，铁楼藏族乡是国家AAA级旅游景区，在保护自然环境的基础上，大力发展生态民俗旅游，使得该地区经济发展水平有所提高；在政策实施方面，天然林保护工程的实施，使得农户使用比较环保的天然气和沼气等能源，减少了对森林的砍伐，直接促使生态环境状态得到改善，同时森林巡护员等岗位的设置，取得了农户生活有保障和生态环境有监管的双重效益。位于东部的范坝镇、碧口镇、中庙镇三个乡镇是保护区内生态安全状态较好的三个乡镇，其中范坝镇属于让水河保护站，碧口镇和中庙镇属于碧口保护站，这三个乡镇依次相连，各类条件较为相似。在自然条件方面，范坝镇雨水充沛，让水河贯穿全镇，水力资源丰富，气候适宜温和，是文县主要的粮食产区；碧口镇和中庙镇气候条件与范坝镇较为接近，极其适宜茶叶的生长，乡镇内森林覆盖率高，农作物种类丰富。社会经济条件方面，范坝镇、碧口镇和中庙镇是保护区内交通状况最好的三个乡镇，水陆交通发达，且与四川省的广元市毗邻，居民的经济交流频繁；碧口水库的建设增加了当地的水域面积，解决了部分劳动力问题，促进了范坝镇和碧口镇社会经济的发展。碧口镇、范坝镇和中庙镇是茶叶适种区，作为支柱产业的茶叶带动了当地的经济发展，使农户增收致富。范坝镇的水库风景区以及碧口古镇带动了当地生态旅游的迅速发展。政策实施方面，三个乡镇，因地制宜，合理调整产业结构，实施"退耕还茶""北茶南果"等政策，实现了社会效益、经济效益和生态效益的统一。由于碧口镇耕地面积较小，除了发展茶叶种植业外，经商和手工业发展较为迅速，且城镇人口较多，因此城镇化水平和人类活动干扰高于其他乡镇，因此整体上生态安全状态与范坝镇和中庙镇相比略低。刘家坪乡和丹堡镇位于保护区的中部，生态安全等级较低，生态环境较差，特别是这两个地区山大沟深，山路崎岖，交通与其他乡镇相比较差，虽然刘家坪乡的人均耕地面积大，但是土地质量不高，加之生态保护区建立之后，野猪对农作物产生了很大的危害，因此整体上保护区中部的生态安全等级较低。

将13年的生态安全指数进行平均，可以得到保护区内生态安全状态的平均值空间分布图（见彩图54）。白水江国家级自然保护区内生态安全空间特征为"U"型，等级呈现"两头小中间大"的特征，即处于两边的乡镇生态安全状态优于中部乡镇，且大部分乡镇的安全等级分布为3～4级，即一般安全和安全状态，处在不安全状态和较安全状态的乡镇较少。

8.3.4　预测2030、2040和2050的生态安全度

未来保护区内的生态安全将会进入一个更加复杂、综合和敏感的新阶段。一方面，生态安全需要协调生态环境和经济发展的矛盾；另一方面，生态安全也要求提高农村居民的生活质量，减少贫困人口。为了预测未来保护区的生态安全程度，检验现行的生态政策和方针是否可行，基于2005—2017年的生态安全评价值，使用灰色系统GM（1，1）预测模

型和METLAB软件对2018—2050年保护区的生态安全度进行了预测。

8.3.4.1　预测方法

灰色系统理论是依据无规律的历史数据累加得到具有指数增长的规律数列，并建立微分方程系数，得到既包含已知的数据又含有未知信息的系统，最后达到预测目的。该模型不需要大量的数据，具有运算过程简单，且预测效果较好等优势。灰色系统GM（1，1）预测模型的建模步骤为：

第一步，假设需要预测的指标原始数列：

$$X^{(0)} = \left\{ x^0(1),\, x^0(2),\, \cdots,\, x^0(n) \right\} \tag{8-19}$$

第二步，对原始数列进行一次累加：

$$X^{(1)} = \left\{ x^1(1),\, x^1(2),\, \cdots,\, x^1(n) \right\} \tag{8-20}$$

式中，$X^1(k) = \sum_{i=1}^{k} x^0(i)\ (k = 1,\, 2,\, \cdots,\, n,\ i = 1,\, 2,\, \cdots,\, n)$

第三步，累减生成：

$$X^0(k) = X^1(k) - X^1(k-1) \tag{8-21}$$

第四步，建立GM（1，1）模型：

$$\frac{\mathrm{d}X^1}{\mathrm{d}t} + \alpha X^1 = \mu \tag{8-22}$$

式中，α、μ分别为发展系数和灰色作用量，是待估的参数值。

第五步，求α、μ值，其计算如下：

$$\alpha = \left[\alpha、\mu \right]^T = \left(B^T B \right)^{-1} B^T Y, \tag{8-23}$$

求出α、μ，并得到$X^{(1)}$的表达式。

第六步，进行预测：

$$Y = \left\{ X_1^{(0)}(2),\, X_1^{(0)}(3),\, \cdots,\, X_1^{(0)}(n) \right\} T \tag{8-24}$$

$$B = \begin{bmatrix} -\dfrac{1}{2}\left[X_1^{(1)}(2) + X_1^{(1)}(1) \right] & 1 \\[2mm] -\dfrac{1}{2}\left[X_1^{(1)}(3) + X_1^{(1)}(2) \right] & 1 \\[1mm] \vdots & \vdots \\[1mm] -\dfrac{1}{2}\left[X_1^{(1)}(n) + X_1^{(1)}(n-1) \right] & 1 \end{bmatrix} \tag{8-25}$$

第七步，求解微分方程：

$$\hat{X}^{(1)}(k+1) = \left[X^0(1) - \frac{\mu}{\alpha} \right] \times e^{-\alpha k} + \frac{\mu}{\alpha}\ (k = 1,\, 2,\, \cdots,\, n) \tag{8-26}$$

$$\hat{X}(k+1) = \hat{X}^{(1)}(k+1) - \hat{X}^{(1)}(k)\ (k = 1,\, 2,\, \cdots,\, n) \tag{8-27}$$

为保证预测结果具有可靠性和有效性，必须对灰色系统预测模型进行精度检验，精度检验的两项指标分别为小误差概率（P）和后验差（C）。验差标准为，$P \geq 0.95$，$C \leq 0.35$，表示结果非常理想；当$P > 0.8$，$C < 0.5$，表示较为理想；当$P > 0.7$，$C < 0.65$，表示结果勉强合格；当$P \leq 0.7$，$C \geq 0.65$，则表示结果不合格。

8.3.4.2　预测结果

通过METLAB软件的计算，首先依据2005—2017年的生态安全评价值，预测出2018—2030年的预测数据；其次将2021—2030年的预测数据作为基础数据，预测出2031—2040年的生态安全度；最后，将2031—2040年的预测数据作为二期数据，预测出2041—2050年的生态安全度。验差检验后，发现除个别地区验差结果不理想外，大多数地区的预测值的$C < 0.5$，$P > 0.8$，说明预测结果较为理想可靠。

分析白水江国家级自然保护区平均生态安全预测结果可知，2018—2050年白水江国家级自然保护区生态安全评价值不断上升（图8-2）。2030年地区平均生态安全评价值达到0.1530，2040年生态安全预测值为0.1981，2050年的生态安全预测值为0.2565，分别比2005年增长了0.07、0.12、0.17，分别是2017年的1.4倍、1.8倍和2.3倍。这说明如果保护区内各乡镇继续按照目前的发展模式，坚持护林工程与扶贫政策，未来生态安全度将会不断地提高，且生态安全等级有很大的提升。

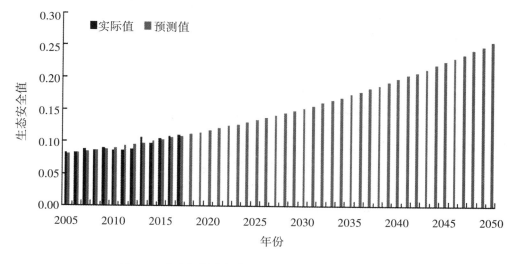

图8-2　白水江国家级自然保护区平均生态安全度预测

分区域来看，依据2005—2017年的生态安全度，可以将保护区划分为三个区域进行预测分析（图8-3）。西部地区包括石鸡坝镇、铁楼藏族乡、城关镇和尚德镇等乡镇，中部地区包括刘家坪乡和丹堡镇，东部地区包括范坝镇、碧口镇、中庙乡、玉垒乡、枫相乡、三仓乡和洛塘镇等乡镇。2030年西部、中部和东部的预测值分别为0.1794、0.1607、0.1395，2040年西部、中部和东部的预测值分别为0.2413、0.2306、0.1758，2050年西部、中部和东部的预测值分别为0.3290、0.3316、0.2222。可以看出，生态安全的发展潜力为中部＞西部＞东部，说明中部乡镇虽然现阶段的生态安全度低于其他乡镇，但是该地区的发展潜力较大，通过一系列的政策手段，生态安全程度会得到极大的提升。整体上，西部和中部的预测值均高于平均预测值，仅有东部地区的预测值低于平均预测值，且相对差距较大。东部乡镇较多，尤其是分布在红土河保护站内的大多数乡镇面积较小，可能对预测结果造成了一定的影响。现阶段东部各乡镇的生态安全度较好，但是与其他两个地区相比，该区域的经济发展和人口干扰较大，因此预测值较低。

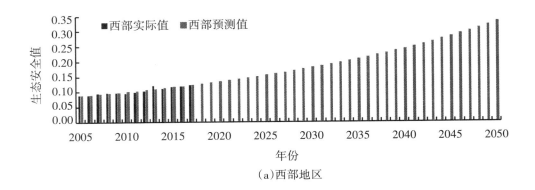

（a）西部地区

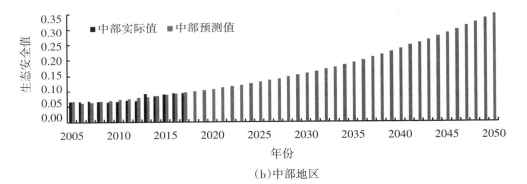

（b）中部地区

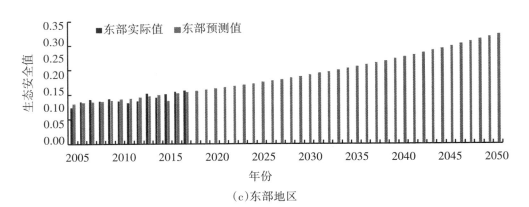

（c）东部地区

图8-3　白水江国家级自然保护区地区生态安全度预测

　　国家"十三五"规划明确要求，到2020年，我国生态文明建设必须要达到一些硬性目标，例如人均粮食产量479 kg/人，化肥农药零增长，灌溉用水量保持在3720亿m³，节水灌溉面积达到7亿亩，农户纯收入比2010年翻一番等。对比这些目标，甘肃白水江国家级自然保护区内的各乡镇在森林覆盖率等生态环境保护方面达标，但是在经济发展和农户减贫等方面与全国其他地区相比还有很大的差距。预测结果表明，在未来的生态建设中，保护区内的各乡镇需要继续维持已有的护林造林政策，对保护区尤其是中部和东部地区实施严格的生态管理措施，并且针对不同区域实施不同的生态管控措施。西部地区应将重心放在农户的脱贫减贫方面，带领农户脱贫致富，同时在不破坏当地自然条件的基础上，改善当地的交通状况。中部地区应该实施"两手抓"策略，即生态保护与经济发展两方面齐头并进。东部地区则应该着力降低人类活动对自然环境的干扰，减少污染和排放，降低人类活动对森林、水体和土壤的压力，注重生态环境修复。

第9章
自然保护区管理现状与有效性评价

9.1 自然保护区管理有效性评价研究

自然保护区是保护生态系统、自然资源和生物多样性的重要载体和主要手段。我国自1956年在广东鼎湖山建立第一个自然保护区以来，截至2015年已建立各种类型、不同级别的自然保护区2729个，其中国家级自然保护区428个（国家统计局，2016）。优越的生态环境是经济可持续发展的重要支撑，经济可持续发展迫切要求加强生态环境保护力度。为此，《中共中央关于全面深化改革若干重大问题的决定》明确提出"划定生态保护红线，建立国家公园体制"的重大决策，在国家层面提出"建立国家公园体制"，旨在对我国多样化的保护地体系进行重组管理，实现高效合理的国土空间规划、自然资本的保护和全民公益。国务院批准白水江国家级自然保护区在全国率先建立以生态保护为目的的国家公园先行试点区，目的是建立更加注重系统性、整体性、协同性的自然保护地体系（苏杨等，2015；唐芳林，2014）。国家公园是自然生态保护系统的核心，是自然与文化景观保全与保护、可持续发展的代表（李祇辉，2014）。因此，赵智聪等（2016）提出国家公园在生态系统价值、审美价值方面具有国家代表性，同时也可能在物种多样性价值、地质遗迹价值、历史文化价值方面具有很高的地位。即在自然保护地体系中，国家公园是那些价值最高、资源最丰富，从而能为访客提供最佳体验的保护地，是多种类型资源的综合体，多种价值的集合体。在这种背景下，白水江国家级自然保护区的保护工作面临更高的要求。保护工作是通过管理来实现的，相应地，保护区的建设和管理面临更大的挑战。自然保护区管理是科学经营自然保护区、维护自然保护区安全稳定的重要手段，是促进保护区可持续发展的重要途径。唐巧倩等（2016）指出，保护区管理工作的有效与否能够直接影响自然保护区的健康发展。如何对自然保护区管理的有效性进行评价，一直是大家探讨的一个重要问题。

国际上，世界自然保护联盟（IUCN）下的世界保护地委员会（WCPA）成立了一个保护地管理有效性专门工作组，开发了一个评估框架（图9-1），其目的是为管理有效性评估体系提供一个一般模式，并希望将评估指标标准化（Hockings et al，2002），框架中各部分的解释见表9-1。

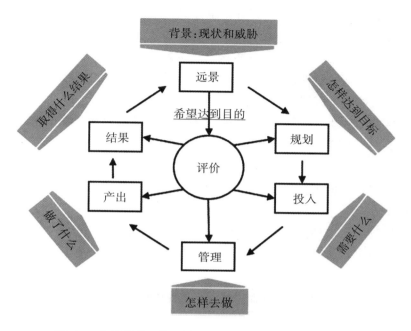

图9-1　自然保护区管理循环与评价（郭玉荣等，有修改）

表9-1　自然保护区管理评价要素解释

评估项目	含义
背景	提供单个保护区和保护区系统的背景有助于确定评价的详细程度，为解释随后的评价和监测提供了发生的环境。因此，背景是首先要考虑的因素，以便通过背景确定评价的水平和方向
规划	该部分包括保护区法律和政策，对保护区法律和政策的适合度进行分析是必要的，对正常情况适合度进行评价
投入	投入评价需要涉及的内容主要有资源适合度、资源的使用及合作伙伴
过程	确定管理系统和过程的落实常涉及的指标有规划、自然资源管理、文化资源管理、维护、设施发展、巡查和法律执行、通信、教育和宣传、培训、监测和评价、报道、游客管理、人类利用资源的管理、参与、矛盾解决、人事管理、预算和财务管理等
产出	产出可以通过以下方面来测度：游客数量、使用服务的人数、研究者人数、巡护次数、研究项目的调查面积、描制和标记的边界长度、印制和散发的宣传手册的数量、完成开发项目的数量和价值
结果	结果指标是重要的，因为它测度了管理活动的真正影响，评价管理目标的真正程度。评价由以下内容构成：管理计划和其他相关计划、特定威胁的确认、IUCN 保护区管理类型的目标

在国内，许多学者以自然保护区为对象，用不同方法和不同指标进行自然保护区管理有效性评价（栾晓峰等，2002；莫燕妮等，2007；权佳等，2010；郭玉荣等，2012；舒勇等，2013），早期蒋明康等（1994）将管理条件、管理措施、科学研究等作为自然保护区有效管理评价指标，谢志红等（2003）运用机构能力、长期管理工作、资金筹措和当地社区参与4个评价指标，对湖南省自然保护区管理有效性进行了评价。不同的自然保护区有不同的保护目的和不同的建设条件，评估指标与标准有所侧重，目前尚未形成一个完善的适合于所有类型自然保护区管理有效性评估的体系。薛达元等（1994）、郑允文等（1994）根据国家级自然保护区建设质量与管理水平，制定了一套保护区有效管理的评价指标和评判标准，包括保护区管理条件、管理措施、科研基础和管理成效4个方面，制定了13项有效管理评价指标体系。郭玉荣等（2012）采用了国际自然保护联盟评估框架，从管理有效性评价的背景、规划、投入、过程、产出和结果5个方面对七星河国家级自然保护区管理的有效性进行了评价（表9-2），评价内容全面，值得借鉴。

白水江国家级自然保护区建设历史久远，有必要对其进行有效管理评估。通过评估，寻找和分析管理中存在的问题，针对存在的问题，采取有效的措施，加强、改进和完善保护区的管理水平。

表9-2　自然保护区管理有效性评价评分表

评估项目	评分内容	评分标准	得分
1.背景	①对保护区价值、现状的分析	a. 对保护区的价值、现状经过系统的分析,并对管理计划的制订有帮助作用	3
		b. 对保护区的价值进行了系统的分析,但对现状的发展未进行分析评价	2
		c. 对保护区的价值和现状进行过粗略的分析	1
		d. 未对保护区的价值、现状进行分析	0
	②对保护区面临威胁的分析	a. 已对威胁进行了全面的确定和归类,并通过管理工作得到了解决	3
		b. 已对威胁进行了确定和归类,但尚未对此制定出解决措施	2
		c. 对威胁的系统分析正在进行,收集相关资料	1
		d. 未对威胁进行确定和归类	0
	③法律地位和确认	a. 得到了正式批准,并有保护区林地使用权证,已在实地勘定全部界定	3
		b. 得到了正式批准,并有保护区林地使用权证,已在实地勘定部分界定	2
		c. 保护区得到了正式批准,其边界已在地图上标注清楚	1
		d. 保护区得到了正式批准,但是其边界未在地图上标注清楚	0
	④资源目录	a. 自然或文化资源的信息足以支持大多数规划或决策	3
		b. 自然或文化资源的信息对规划和决策的主要领域是充分的或正在获得这种信息	2

续表9-2

评估项目	评分内容	评分标准	得分
1.背景	④资源目录	c. 自然或文化资源的信息对于支持决策和规划是不充分的,获取这种信息的工作有限	1
		d. 没有或很少有关于保护区自然或文化资源的信息	0
	⑤国家政策	a. 自然保护区所开展的活动和项目得到了国家政策的积极支持	3
		b. 自然保护区所开展的部分活动得到了国家政策的支持	2
		c. 自然保护区所开展的工作偶尔得到国家政策的支持	1
		d. 自然保护区所开展的活动和项目未得到国家政策的支持	0
	附加项目	e.保护区的相关信息为科研、国际交流等提供重要的依据	1
2.规划	①立法	a. 法律法规对实现管理目标特别有效	3
		b. 法律法规存在问题,但没有妨碍实现管理目标	2
		c. 法律法规存在重要问题,但不是实现管理目标的主要障碍	1
		d. 法律法规存在问题,并且是实现管理目标的主要障碍	0
	②保护区管理规划	a. 制订了管理规划,并且得到了很好的实施	3
		b. 制订了管理规划,并且正在实施过程中	2
		c. 正在制订管理规划	1
		d. 没有制订管理规划	0
	③资源管理	a. 完全或实质上涉及了自然和文化资源主动管理(如火灾、野生动物控制)的需求	3
		b. 部分涉及自然和文化资源主动管理的需求	2
		c. 知道但没有涉及自然和文化资源主动管理的需求	1
		d. 没有评价自然和文化资源主动管理	0
	④法律的执行	a. 法律执行能力极好	3
		b. 法律执行能力可以接受,但缺陷明显	2
		c. 法律执行能力上存在缺陷(如员工缺乏技能,存在法律诉讼问题)	1
		d. 没有有效的能力执行	0
	⑤保护区与资源完整性和状况的设计	a. 保护区系统地设计了核心区、实验区和缓冲区,很好地保护了当地的特有物种	3
		b. 保护区合理地设计了核心区、实验区和缓冲区,对保护特有物种有较好的作用	2
		c. 保护区三区分化很模糊,对特定物种和生境的保护作用不大	1
		d. 保护区未进行三区的划分	0
	附加项目	e. 规划过程为邻近的社区和利益相关者提供了充分的机会以影响计划	1
		f. 在保护区或保护区缓冲带的退化地区安排有恢复生态项目	1

续表9-2

评估项目	评分内容	评分标准	得分
3.投入	①基础设施建设	a. 基础设施完全可以满足管理需要,并且没有不必要的设施	3
		b. 基础设施大部分满足管理的需要	2
		c. 基础设施基本能满足管理的需要	1
		d. 没有可满足其基本管理需求的基础设施	0
	②组织管理计划	a. 建立了必要的科室,配备了足够的人员,可满足保护区管理的需求	3
		b. 建立了必要的科室,配备了一些工作人员,基本满足保护区管理的需求	2
		c. 建立了基本的科室,有一些工作人员,不能满足保护区管理的需求	1
		d. 未建立基本的运作机构	0
	③管理人员的能力	a. 配备了称职的管理人员,制订了进一步的培训计划并按期实施	3
		b. 配备了少量的管理人员,有相应的培训内容,但培训尚未实施	2
		c. 配备了少量的管理人员,培训正在确定中	1
		d. 未配备称职的管理人员,未认识到培训的重要性	0
	④资金	a. 保护区有充足的资金来源用于行政和事业的管理建设	3
		b. 保护区有足够的资金来源用于事业和基本管理建设	2
		c. 保护区没有足够的资金用于管理建设	1
		d. 保护区资金来源很欠缺	0
	⑤保护区的创收能力	a. 保护区通过开展生态旅游取得了很大的旅游收入	3
		b. 保护区通过开展生态旅游取得了一些旅游收入	2
		c. 保护区通过开展旅游取得的收入有限	1
		d. 保护区开展生态旅游的收入甚少	0
	⑥合作伙伴	a. 与其他保护区、科研机构等建立了良好的关系,形成网络,达到很好的资源共享	3
		b. 与一些保护区、科研机构建立了关系,实现部分资源共享	2
		c. 与科研机构有交流关系,但是交流不频繁	1
		d. 没有相关的交流	0
	附加项目	e. 有积极的培训项目,针对员工技能上的不足,以激励员工发挥自己的潜力	1
		f. 保护区曾独立主持过科研项目,并且现在正在进行中	1
4.过程	①设备维护	a. 所有设备或设施得到正常维护	3
		b. 许多设备或设施得到正常维护	2
		c. 只在设备或设施需要修理时进行维护	1
		d. 对设备或设施没有或很少进行维护	0

续表9-2

评估项目	评分内容	评分标准	得分
4.过程	②社区宣教计划	a.　全面实施了宣教计划	3
		b.　正在实施宣教计划	2
		c.　宣教计划正在制订中	1
		d.　尚未制订宣教计划	0
	③生物多样性调查方面	a.　已完成了基本优先保护的重点生物多样性调查,调查的结果可用于管理决策的制定	3
		b.　管理目标和生物多样性调查的优先重点正在确定和分类当中	2
		c.　对管理目标和生物多样性调查的优先重点有一般的了解	1
		d.　对管理目标和生物多样性调查的优先重点尚未了解	0
	④保护区的财务计划	a.　已制订长期的财务计划,且具有多渠道的资金来源,已支付保护区基本的管理费用	3
		b.　已制订资金计划,有经常的来源和机制支付保护区的基本管理费用	2
		c.　资金计划正在编制中	1
		d.　没有制订财务计划,无多种资金来源渠道	0
	⑤生物多样性监测评价方面	a.　有固定的监测中心,通过监测分析得到相关信息,这些信息可定期应用于保护区	3
		b.　通过站点监测对区内重点保护的物种进行了监测评价	2
		c.　偶尔进行区内生物多样性的监测	1
		d.　尚未进行任何生物监测活动	0
	⑥沟通	a.　管理者经常与保护区有利益关系的人沟通,以建立支持	3
		b.　与保护区有利益关系的人有事先经过计划的沟通,以建立支持,执行有限	2
		c.　管理者与保护区有利益关系的人有沟通,但是非正式的,没有经过事先规划	1
		d.　管理者和保护区有利益关系的人没有沟通或沟通很少	0
	⑦游客设施和服务	a.　旅游设施和服务对目前的游览水平是极好的	3
		b.　旅游设施和服务对目前的游览水平是足够的	2
		c.　旅游设施和服务缺乏	1
		d.　旅游设施和服务非常缺乏	0
	附加项目	e.　保护区3年内没有发生偷猎、盗伐、火灾或外来物种的案件	1
		f.　区内开展了生态旅游,并且以自然知识的普及和保护意识的灌输为核心	1
		g.　保护区内经常开展国际交流项目	1

续表9-2

评估项目	评分内容	评分标准	得分
5. 产出与结果	①保护区对生物多样性的作用	a. 保护区内的物种及其生境得到了很好的保护,区内的关键种和特有种的数目有所提高	3
		b. 保护区内的物种和生境得到了较好的保护,区内的物种数目维持原有的数目	2
		c. 保护区内的物种多样性有所减少	1
		d. 保护区内的物种多样性减少明显,特别是关键种和特有种的数目	0
	②对当地经济的作用	a. 保护区的存在对当地社区有经济上的重要好处,并且大部分活动来自保护区内的活动(如在保护区工作,当地人经营的旅游项目)	3
		b. 保护区的存在对当地社区有经济上的好处,但对地区经济具有中等或较大的重要性,但许多好处来自保护区边界外的好处	2
		c. 保护区的存在对当地社区有一定的好处,但对地区经济意义不大	1
		d. 保护区的存在对当地社区没有或很少有经济上的影响	0
	③居民对保护区的态度	a. 对保护区开展的工作给予很好的配合,了解保护区的发展和前景,提供了建设性的意见	3
		b. 对保护区工作的开展给予配合	2
		c. 对保护区工作的开展偶尔给予配合	1
		d. 对保护区工作的开展有抵触情绪	0
	④社区居民和传统土地所有者	a. 社区居民或传统土地所有者在所有领域对管理决策有直接作用	3
		b. 社区居民或传统土地所有者在某些领域对管理决策有直接作用	2
		c. 社区居民或传统土地所有者对管理决策有作用,但没有直接作用	1
		d. 社区居民或传统土地所有者对管理决策没有作用或很少有作用	0
	⑤在促进就业方面	a. 保护区管理活动开展(尤其是旅游相关的活动)为社区的就业提供了很多岗位	3
		b. 保护区管理活动开展(尤其是旅游相关的活动)为社区的就业提供了部分岗位	2
		c. 保护区管理活动开展(尤其是旅游相关的活动)为社区的就业提供了很少岗位	1
		d. 保护区管理活动开展(尤其是旅游相关的活动)为社区的就业没有提供相应岗位	0
	⑥可持续发展	a. 保护区内的生产活动完全以可持续方式开展	3
		b. 保护区内的生产活动大体以可持续方式开展	2
		c. 保护区内的生产活动部分降低了自然价值	1
		d. 保护区内的生产活动完全降低了自然价值	0

续表9-2

评估项目	评分内容	评分标准	得分
5.产出与结果	⑦游客机会	a. 游客机会的管理以研究游客需求为基础,执行了优化游客机会的计划	3
		b. 考虑了提供机会让游客进入保护区或获得多种多样的体验	2
		c. 提供机会让游客进入保护区或获得多种多样的体验,但没有真正实行	1
		d. 没有考虑提供机会让游客进入保护区获得更多的体验	0
	附加项目	e. 保护区在宣教方面取得了优异的成绩,部分措施在各级保护区中有示范作用	1
		f. 保护区对当地社区经济的发展起到了不可替代的作用	1

9.2　白水江国家级自然保护区管理现状

9.1.1　管理体系设置

保护区管理机构是保护区履行其职能的最基本保证。白水江国家级自然保护区具有独立的管理机构,即白水江国家级自然保护区管理局,是独立法人单位,配备一定数量的管理人员,全局现有在编在岗人员113人,其中管理岗位62人,占总人数的54.9%;专业技术人员37人,占总人数的32.7%;工勤人员14人,占总人数的12.4%。保护区管理局对自然保护区实施统一管理,独立性强。为了更有效保护保护区的珍贵物种,保护区管理局的主要职责为:贯彻执行国家有关自然保护的法律、法规和方针、政策,开展宣传教育;编制保护区总体规划和发展计划,制定各项管理制度,并负责实施;负责野生动植物等资源调查和环境监测,建立资源档案;负责保护以大熊猫、珙桐等为主的多种珍稀濒危野生动植物及其自然环境;组织开展野生动植物保护、繁殖及其生态环境等方面的科学研究;依法查处破坏保护区的违法行为。保护区管理局机关设12个职能科室,基层设6个保护站和1个大熊猫驯养繁殖中心(见图9-2)。由图可知,白水江管理局建立了自下而上的组织管理机构,并根据国家的法律法规制定各部门的工作制度为管理人员提供标准化的作业依据,以约束员工行为,确保管理职责的贯彻落实,为自然保护区的自然资源和生物资源的保护工作奠定坚实的基础。

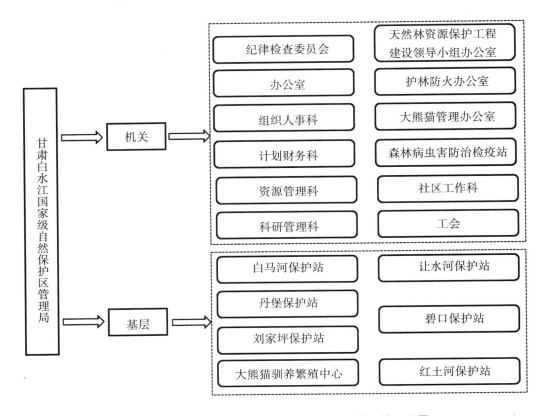

图9-2 甘肃白水江国家级自然保护区管理局管理体系设置

9.1.2 资源林政管理

资源林政管理是白水江国家级自然保护区管理局的工作重点，所做的主要工作包括以下几个方面：一是深入辖区大力开展巡山查林工作，有效制止破坏森林资源的不法行为，维护林区秩序的稳定；二是提高林政案件的查处督办力度，开展打击破坏森林资源行为的专项行动；三是对非法采矿、贩运薪柴、非法收购薪柴、违法占用林地等问题进行专项整治；四是在保护野生动物宣传月和爱鸟周期间对各饭店酒楼进行全面清查，查处非法收购、食用野生动物的违法行为。

在基层各保护站，工作人员分为两个部分（管护人员和护林人员）。管护人员属于管理局在编职工，在管护工作中需要签订合同，各站国有林管护面积等于全站签订的合同面积之和，每个管护员管护的面积及管护小班不能重合。护林人员属于非在编职工，在国有林管护中起到协助作用，所有护林员合同面积等于全站国有林面积。近年来，保护区管理局加大对天然林的保护力度，并且对集体林实行管护责任到人、管护面积到户、资金分配到村、资金监管到站的工作模式，采取专业管护与全民日常管护相结合的办法。

9.1.3 巡护监管系统

为及时掌握区内野外大熊猫春夏秋冬季活动情况，有效地做好大熊猫保护和研究工作，每年都定期进行大熊猫巡护监测。各基层单位结合巡护、监测、社访等方式开展大熊猫野外调查工作，确定调查路线，以监测样线为固定样线，并根据实际情况增设保护区内的随机样线，在大熊猫活动频繁区域或有大熊猫活动痕迹区域自行布设完成，保证调查的代表性和科学性。目前全保护区有100条固定样线实行定期监测，有20条随机样线随时巡护（见彩图35），把保护、监测、科研有机地结合起来。通过巡护带动监测工作，通过监测促进巡护工作。随着工作条件的改进，利用红外线相机开展野生动物监测工作，获取有科学价值的照片及监测数据，详细掌握白水江保护区野生动物的分布状况。

除定点定时监测，巡护是自然保护区资源管理中最基本、最重要的日常工作，是自然资源能否得到有效保护的关键性因素。巡护主要是针对人为干扰和活动频繁的区域开展的，通过定期或者不定期巡护，可以及时地发现和制止各类破坏森林资源的非法活动，如盗猎、盗伐、探开矿等，确保自然保护区内自然资源的完整性和生物资源的和谐性。制定了保护区日常巡护实施方案，明确野外巡护的目标、内容和方法，及时收集资源林政信息，减少工作的随意性和盲目性，野外巡护工作在科学、合理、规范地进行着，使有限的资金和人力资源充分发挥其作用。在巡护工作中，管理局要求确保至少两人以上开展野外工作，确保巡护监测安全，合理设置巡护范围、类型和强度。

（1）巡护范围：主要是实验区和缓冲区内进山道口、道路、关卡、居民点及周边居民区等一切有人为活动的区域。

（2）巡护类型：分为固定路线和随机区域两种形式。根据白水江国家级自然保护区的实际情况，全区共设固定巡护样线和区域46条（块）。对于发生自然或人为突发事件的区域，随机开展巡护工作。同时对于固定巡护线没有覆盖的区域，根据实际情况或者得到的举报随机开展巡护工作。

（3）巡护强度：对于固定巡护线路，每月巡护一次。依据突发事件适时开展随机巡护，没有突发事件，原则上各站每月选择两处固定线路没有覆盖的区域开展巡护工作。

9.1.4 社区共管规划与措施

保护区社区有文县、武都区的9个乡（镇），实验区内有63个行政村，327个自然村，31984人，核心区、缓冲区无居民（http://www.baishuijiang.com.cn/）。保护区内90%以上为农业人口，人口数量增长较快，年龄结构轻，人口素质低。从地域分布看，人口大多居住在河谷或低山缓坡带，除极少数乡镇外，大部分地区人口密度为20～70人/km²，平均约52人/km²；耕地少，人均耕地1.52亩/人，耕地人口密度高，平均986人/km²。而且土壤贫瘠，大部分是坡耕地，水土流失严重。保护区社区居民以农业为主，二、三产业落后，总产值低。土特产品数量少，商品率低，没有形成产业规模。保护区内教育基础设施差，师资力量薄弱，教学质量不高，乡村学校少，存在上学远、生活不便等不能入学或中途辍学的现象。在保护区内的9个乡镇中，每万人拥有大专以上学历的仅0.36人，文盲、半文盲占总人口的40%以上。医疗条件差，医务人员少，每万人仅有10名医生，社区居民缺医少药的问题普遍存在。卫生状况差，乡村防疫机构不健全。

社区共管是社会参与保护而发展的一系列管理范畴的活动，是搞好保护区与社区关系的行为。保护区管理不是简单的生态保护，保护区是生态、社会、经济、政治的统一体，保护区管理必须考虑社区因素（莫燕妮等，2007）。因此，社区共管模式是一种能够兼顾当地居民发展和生态保护的管理模式。这种模式比较适合于开放性的资源管理，能够督促社区居民承担责任，履行义务，落实监督管理工作，并在社区经济发展方面取得显著效果。白水江管理局在社区共管方面利用开展各种外资项目的机会，对社区技术人员进行技术培训，树立一些典型，以带动村社经济的发展，改善社区居民的生计，提高居民生活质量。如香港乐施会社区共管示范项目，对家禽家畜养殖、核桃栽植、花椒丰产栽植进行培训；林业持续发展项目，逐年开展相应的农业技术推广培训；WWF社区项目，进行节能培训。山水自然保护中心组织的低碳社区项目在碧口李子坝实施，旨在创建绿色社区。在白马河保护站辖区铁楼乡李子坝村、寨科桥村、草河坝村和碧口保护站辖区李子坝村开展清洁能源示范。根据国家林业局（2008）对自然保护区社区管理成效评价标准（表9-3），对白水江国家级自然保护区社区管理成效进行评价。

表9-3 自然保护区社区管理成效评价标准

指标	等级	评价标准	分值
社会关系	优	当地居民自然保护意识强,积极协助自然保护区搞好自然保护工作,自然保护区三年以来未发生过由社区或周边社区群众引起的破坏资源和环境事件;自然保护区的管理活动,对当地社区的发展有明显的促进作用,促进了所在区域的发展	3
	良	当地居民保护意识较高,一般能比较自觉遵守自然保护区的管理规定,自然保护区三年以来仅发生过一起以上两起以下由社区或周边社区群众引起的破坏资源和环境事件,并及时得到妥善处理;自然保护区的建立对当地社区的经济发展有促进作用,但是对区域经济的发展影响不大	2
	中	自然保护区与当地居民关系不甚融洽,自然保护区三年以来发生过两起以上三起以下由社区或周边社区群众引起的破坏资源和环境事件,基本上得到及时处理;自然保护区的建立对当地社区的经济发展没有不利影响,也没有带来利益	1
	差	自然保护区的管理活动对当地社区发展有明显的负面影响,当地居民对自然保护区不理解,与自然保护区发生冲突较多	0

指标	等级	评价标准	分值
协调措施	优	自然保护区管理机构从宣传教育到社区扶持等方面制定了一整套协调社区关系的具体措施,并基本落实到位	3
	良	自然保护区管理机构针对突出矛盾制定了部分协调社区关系的具体措施,并基本落实到位	2
	中	自然保护区管理机构制定了协调社区关系的措施,但比较粗略,可行性较差	1
	差	自然保护区管理机构没有制定协调社区关系的具体措施	0
社区参与	优	社区居民经常参与自然保护区管理决策的制定,并能影响自然保护区的决策	3
	良	社区居民能够参与自然保护区管理决策的制定	2
	中	自然保护区部分征求了社区居民的意见,但社区居民没有直接参与决策	1
	差	自然保护区在制定管理决策过程中没有征求社区居民的意见	0
社区共管	优	有共管委员会和相应的管理机构,定期开展共管活动,并取得成效	3
	良	有共管委员会和相应的管理机构,签订了共管协议,不定期开展共管活动或召开协调会议	2
	中	有共管委员会和相应的管理机构,但活动很少	1
	差	没有开展社区共管活动	0

9.3 白水江国家级自然保护区有效性管理评估

从国际自然保护联盟评估框架出发,以《国家级自然保护区管理工作评估赋分表》为依据,根据现有的白水江国家级自然保护区资料,制作调查表并实地问卷访谈,调查问卷从5个方面对自然保护区管理有效性进行评价,即背景、自然规划、投入、过程和产出结果,确定了对白水江国家级自然保护区进行评分的30项具体内容,每项分别赋予0、1、2、3的不同分值(见表9-2),高评分等级反映工作质量好,同时对5个方面设计了10项附加项,每项1分。根据问卷的设计,每项平均分值≥2表示基本达到管理要求,<2则表示还没有达到管理要求,根据总分进行总体评价,评价的等级分为合格(总分在60分之上)、良好(总分在75分以上)、优秀(总分在85分以上)。调查对象为保护区管理局管理人员、技术人员、社区管理者和农户,问卷调查731份,排除基础调查表中填写为0、未填和异常数据,求出剩下数据的平均值,有效问卷729份。

9.3.1 管理有效性评价的整体特征

根据总分标准，总分在60分之上为合格，总分在75分以上为良好，总分在85分以上为优秀。白水江国家级自然保护区管理有效性评价的总分为67.3分，根据评判标准，白水江国家级保护区总体的管理水平处于合格状态。

9.3.2 管理有效性评价的单项特征

根据单项的平均分值≥2表示基本达到管理要求，<2则表示还没有达到管理要求的标准，单项得分见表9-4。单项中仍有10项得分低于2分，亟待改进，它们分别是"威胁的分析""保护区创收能力""合作伙伴""设备维护""游客设施和服务""对当地经济的作用""社区居民""促进就业方面""游客机会"以及"可持续发展"。

表9-4 白水江国家级自然保护区管理有效性得分表

项目	指标	得分	是否达到标准
背景	价值现状的分析	2.57	达到
	威胁的分析	1.99	没有达到
	法律地位和确定	2.46	达到
	资源目录	2.23	达到
	国家政策	2.54	达到
规划	立法	2.32	达到
	保护区管理规划	2.47	达到
	资源管理	2.56	达到
	法律的执行	2.20	达到
	保护区的设计	2.66	达到
投入	基础设施建设	2.07	达到
	组织管理计划	2.05	达到
	管理人员的能力	2.55	达到
	资金	2.11	达到
	保护区创收能力	0.09	没有达到
	合作伙伴	1.60	没有达到
过程	设备维护	1.77	没有达到
	社区宣教计划	2.20	达到
	生物多样性调查	2.51	达到

项目	指标	得分	是否达到标准
过程	保护区财务计划	2.22	达到
	生物多样性监测	2.08	达到
	沟通	2.21	达到
	游客设施和服务	0.78	没有达到
产出和结果	对生物多样性的作用	2.68	达到
	对当地经济的作用	1.72	没有达到
	居民对保护区的态度	2.13	达到
	社区居民	1.92	没有达到
	促进就业方面	1.04	没有达到
	可持续发展	1.93	没有达到
	游客机会	0.66	没有达到

9.3.3　社区管理成效评价

根据表9-3编制保护区社区管理成效调查问卷，调查对象涉及保护区管理局高层管理人员、基层管理人员、管护员和农民。有效调查问卷100份，总分为12分，平均得分为9.57分。统计结果表明，白水江国家级自然保护区社区管理成效总体较好，参与评估的各个单项指标得分中，社区关系、协调措施、社区共管、社区参与4个分项指标的平均得分见表表9-5，其分值呈现依次递减的趋势。社区关系的平均得分为2.58±0.63分，协调措施平均得为2.55±0.59分，社区共管的平均得分为2.33±0.72分，社区参与的平均得分为2.11±0.89分。

表9-5　白水江国家级自然保护区社区管理成效评价

指标	社会关系	协调措施	社区共管	社区参与
得分	2.58	2.55	2.33	2.11

9.3.4　管理有效性评价意义

自然保护区是一项利在当代、惠及千秋的社会公益事业，这项事业及其管理机构是不以营利为目的的。Leverington等（2010）对世界范围内8000个保护区进行管理有效性研究，结果表明，保护区管理最薄弱的方面包括：资金投入、社区福利、基础设施设备的建设与维护、管理人员数量，而这些都是保护区实施管理的基础。台湾地区5个自然保护区管理评估结果表明，保护区的基础设施薄弱、人员少、素质差、资金不足和缺乏明确的管理目标与决策，是制约保护区发展的重要因素（Liu et al，2012）。Kolahi 等（2013）研究表明，资金投入、能力建设、规划和适应性管理和社区参与是限制保护区管理水平的要素。McClanahan 等（2006）通过对四个国家的珊瑚礁有效保护性进行研究，认为保护区的保护能力与地区经济水平呈正相关，与保护区内人口密度呈负相关。七星河国家级自然保护区管理有效性评价结果显示，亟待改进的是立法、基础设施建设、资金、保护区创收能力、游客设施和服务、对当地经济的作用、社区居民和传统土地所有者、促进就业机会以及游客机会（郭玉荣等，2012）。设备使用和维护、总体规划、社区参与、社区共管、旅游管理、资源监测是海南省自然保护区管理有效性评估中的弱项（莫燕妮等，2007）。调查发现，白水江国家级自然保护区的管理弱项是保护区创收能力、合作伙伴、设备维护、游客设施和服务、对当地经济的作用、社区居民、促进就业方面、游客机会以及可持续发展。其存在的问题与前人研究结果大同小异。

9.4　白水江国家级自然保护区建设与管理对策

针对白水江国家级自然保护区的管理弱项（保护区创收能力、合作伙伴、设备维护、游客设施和服务、对当地经济的作用、社区居民、促进就业方面、游客机会以及可持续发展），应采取相应的管理对策。

9.4.1　拓宽保护区融资渠道，加强合作建设

除争取国家和地方财政支持外，要积极吸引社会捐赠、国际援助、自然保护区自筹资金、个人投资等，保证自然保护区有稳定的经费来源，稳定的资金投入决定着自然保护区持续、健康、快速的发展。多样性的融资渠道将带动合作伙伴关系的建立，体现利益共享，才能使保护区防火监测系统、大熊猫监测系统和生物多样性监测系统设备维护有保障。

9.4.2　加强实验区的旅游开发

白水江国家级自然保护区森林生态系统是主要的优势生态系统，发挥着重要的生态服务功能，在水源涵养、保持水土、固碳释氧方面生态服务突出。拥有许多独特的旅游资源，如青山秀水景观、珍稀动植物、碧口古镇、文县李子坝茶园等。在自然保护区的实验区应合理开发旅游资源，开展生态旅游。自然保护区的生态旅游是资源利用的一种产业形式，提倡国家、集体和个人进行独资、合资、合伙兴建自然保护区内的旅游开发项目，比起目前其他开发项目，生态旅游带来的负面环境影响最小，所能提供的保护与发展结合的机会最大（莫燕妮等，2007）。开展生态旅游，能够增加游客设施和提供游客机会，促进保护区对当地经济发展的作用，改善社区居民生活，增加创收能力，同时带动社区居民就

业。经济水平与保护区管理成效部分指标存在着显著的相关性（李忠等，2016），如家庭人均收入与管理成效存在显著正相关。由此，生态旅游使保护与发展协调并进。通过生态旅游，白水江国家级自然保护区有效性管理的弱项，如保护区创收能力、游客设施和服务、对当地经济的作用、社区居民、促进就业、游客机会将变成强项。

9.4.3　加强保护区的科学研究

科研是自然保护区有效管理的依托，因为科学研究能更新人们的管理理念，使资源保护、利用有效合理，所以科研能力是衡量一个保护区管理水平的重要标志。白水江国家级自然保护区生物多样性十分丰富，但资源潜力还有待明确，珍贵濒危物种受威胁状况并不清楚，在问卷调查时也发现"威胁的分析"是有效性管理的弱项（表9-4，得分1.99分）。自然保护区在20世纪90年代开展了科学考察，受限于当时的科研条件，对整个区域内现有的野生动植物资源调查不全面，有效的数据信息匮乏。此后的科研工作比较零碎，开展的科学研究性工作严重不足，因此需重视对保护区科学研究与环境监管系统的建设。首先，要培养出优秀的科学研究专业团队，这只团队归属于资源科和大熊猫管理办公室两个部门，要加强科学研究力量，全面开展对保护区各种资源的调研，在此基础上，建设环境监测系统，多渠道获取全面真实的研究数据，为保护区的管理提供科学依据。其次，利用现有的科研力量开展保护区的科学研究，争取国家、省科技厅和省林业和草原局的科研项目，引导科研项目成果转化与成果被认可，让国内外相关科研人员了解保护区的研究优势，鼓励他们来白水江国家级自然保护区开展生物多样性保护、生物资源开发及可持续利用研究。自然保护区管理局要积极创造条件，联合兰州大学、北京林业大学、北京林业科学研究院、甘肃农业大学等高等院校和科研单位开展科学研究，如大熊猫生境、保护区动植物种群动态、大熊猫主食竹生物学和生态学、生态监测等研究工作，以增强白水江国家级自然保护区保护管理能力，使濒危物种得到保护。再次，要加强国际合作研究。与相关生物多样性保护专家和组织进行合作，特别是那些生物多样性保护的国际保护组织。最后，利用国家公园建设的优势，完善保护区生态环境监测系统的建设，以便监测系统能实时为科研人员提供监测数据，从而推动自然保护区的科技支撑条件，提高保护区的有效性管理质量。

参考文献

[1] Ables J R, McCommas D W, Jones S L, et al.Effect of cotton plant size, host egg location, and location of parasite release on parasitism by Trichogramma pretiosum [J].Southwestern Entomologist, 1980 (5): 261-264.

[2] Aguirre N, Eguiguren P, Maita J, et al.Potential impacts to dry forest species distribution under two climate change scenarios in southern Ecuador [J].Neotropical Biodiversity, 2017, 3 (1): 18-29.

[3] Al-Qaddi N, Vessella F, Stephan J, et al.Current and future suitability areas of kermes oak (*Quercus coccifera* L.) in the Levant under climate change [J].Regional Environmental Change, 2016, 17 (1): 143-156.

[4] Alsos I G, Ehrich D, Thuiller W, et al.Genetic consequences of climate change for northern plants [J].Proceedings Biological Sciences, 2012, 279 (1735): 2042-2051.

[5] Andelman S J, Fagan W F.Umbrellas and flagships: efficient conservation surrogates or expensive mistakes? [J].Proceedings of the National Academy of Sciences of the United States of America, 2000, 97 (11): 5954-5959.

[6] Anderson R P, Raza A. The effect of the extent of the study region on GIS models of species geographic distributions and estimates of niche evolution: preliminary tests with montane rodents (genus Nephelomys) in Venezuela [J].Journal of Biogeography, 2010, 37 (7): 1378-1393.

[7] Araújo M B, Pearson R G, Thuiller W, et al.Validation of species-climate impacts models under climate change [J].Global Change Biology, 2005, 11: 1504-1513.

[8] Aryal R R, Latifi H, Heurich M, et al.Impact of Slope, Aspect, and Habitat-Type on LiDAR-Derived Digital Terrain Models in a Near Natural, Heterogeneous Temperate Forest [J].PFG – Journal of Photogrammetry Remote Sensing & Geoinformation Science, 2017, 85: 243-25.

[9] Baily J A.Principles of wild life management [M].New York: John Wiley & Sons, 1984.

［10］ Baker G F W.The International Geosphere Biosphere Programme A Study of Global Change ［J］.Interdisciplinary Science Reviews，1988，10（4）：293-294.

［11］ Banks J E，Ackleh A S，Stark J D.The Use of Surrogate Species in Risk Assessment：Using Life History Data to Safeguard Against False Negatives ［J］.Risk Analysis，2010，30（2）：175-182.

［12］ Barnosky A，Matzke N，Tomiya S，et al.Has the Earth's sixth mass extinction already arrived? ［J］.Nature，2011，471：51-57.

［13］ Beaumont L J，Hughes L，Poulsen M.Predicting species distributions：use of climatic parameters in BIOCLIM and its impact on predictions of species' current and future distributions ［J］.Ecol.Model，2005，186（2）：250-269.

［14］ Bellard C，Bertelsmeier C，Leadley P，et al.Impacts of climate change on the future of biodiversity ［J］.Ecology letters，2012，15（4）：365-377.

［15］ Benito G M，Sanchez de D R，Sainz O H.Effects of climate change on the distribution of iberian tree species ［J］.Applied Vegetation Science，2010，11（2）：169-178.

［16］ Benito B，Lorite J，Peñas J.Simulating potential effects of climatic warming on altitudinal patterns of key species in Mediterranean-alpine ecosystems ［J］.Climatic Change，2011，108（3）：471-483.

［17］ Blackmon M，Boville Bryan F.The community climate system model ［J］.Bulletin of American Meteological Society，2001，82（11）：2357-2376.

［18］ Boelman N，Gough L，Wingfield J，et al.Greater shrub dominance alters breeding habitat and food resources for migratory sonbirds in Alaskan arctic tundra ［J］.Global Change Biology，2014，21（4）：1508-1520.

［19］ Brambilla M，Pedrini P，Rolando A，et al.Climate change will increase the potential conflict between skiing and high-elevation bird species in the Alps ［J］.Journal of Biogeography，2016，43（11）：2299-2309.

［20］ Breiman L.Random Forests ［J］.Machine Learning，2001，45（1）：5-32.

［21］ Breiman L，Friedman J H，Olshen R A，et al.Classification and Regression Trees ［M］.1984.

［22］ Busby J R. BIOCLIM—A Bioclimate Analysis and Prediction System. Nature Conservation：Cost effective biological surveys and data analysis. Melbourne：CSIRO，1991：64-68.

［23］ Campbell P，Schneider C J，Zubaid A，et al.Morphological and ecological correlates of coexistence in Malaysian fruit bats （Chiroptera：Pteropodidae）［J］.Journal of Mammalogy，2007，88（1）：105-118.

［24］ Caro T M，O'Doherty G.On the use of surrogate species in conservation biology ［J］.

Conservation Biology，1999，13（4）：805-814.

［25］Carpenter G，Gillison A N，Winter J.DOMAIN－a flexible modeling procedure for mapping potential distributions of plants and animals［J］.Biodiversity and Conservation，1993，2（6）：667-680.

［26］Carpenter G，Gillison A N，Winter J. DOMAIN：a flexible modelling procedure for mapping potential distributions of plants and animals［J］.Biodiversity and Conservation，1993，2（6）：667-680.

［27］Congalton R G，Stenback J M，Barrett R H.Mapping deer habitat suitability using remote sensing and geographic information systems［J］.Geocarto International，1993，8（3）：23-33.

［28］Cortes C，Vapnik V.Support-vector networks［J］.Machine Learning，1995，20（3）：273-297.

［29］Coulston J，Riitters K H.Preserving biodiversity under current and future climates：a case study［J］.Global Ecology and Biogeography，2005，14：31-38.

［30］Cramer W，Yohe G W，Auffhammer M，et al.Climate Change 2014：Impacts，Adaptation，and Vulnerability［C］//Part A：Global and Sectoral Aspect.Contribution of Working Group II to the Fifth Assessment Report of the Intergovernmental Panel on Climate Change.New York：Cambridge University Press，2014：979-1037.

［31］Daniel S.Flagships，umbrellas，and keystones：Is single-species management passé in the landscape era?［J］.Biological Conservation，1998，83（3）：250-257.

［32］David H.Fixing the Biodiversity Convention：Toward a special protocol for related intellectual property［J］.Nat.Resources J.，1994，34（2）：379-409.

［33］Drăguţ L，Csillik O，Eisank C，et al.Automated parameterisation for multi-scale image segmentation on multiple layers［J］.ISPRS Journal of Photogrammetry and Remote Sensing，2014，88：119-127.

［34］Drăguţ L，Tiede D，Levick S R.ESP：a tool to estimate scale parameter for multiresolution image segmentation of remotely sensed data［J］.International Journal of Geographical Information Science，2010，24（6）：859-871.

［35］Durance I，Ormerod S J.Climate change effects on upland stream macroinvertebrates over a 25-year period［J］.Global Change Biology，2007，13（5）：942-957.

［36］Elith J，Graham C H，Anderson R P，et al.Novel methods improve prediction of species' distributions from occurrence data［J］.Ecography，2006，29（2）：129-151.

［37］Elith J，Leathwick J R.Species Distribution Models：Ecological Explanation and Prediction Across Space and Time［J］.Annual Review of Ecology Evolution and Systematics，2009，40：677-697.

［38］ Elith J，Graham C H，Anderson R P，et al.Novel methods improve prediction of species' distributions from occurrence data ［J］.Ecography，2006，29（2）：129-151.

［39］ Elogy R，Francisco P，Miguel D.Defining key habitats for low density populations of Eurasian badgers in Mediterranean environments ［J］.Biological Conservation，2000，95：269-277.

［40］ Engler R，Randin C F，Thuiller W，et al.21st century climate change threatens mountain flora unequally across Europe ［J］.Global Change Biology，2011，17（7）：2330-2341.

［41］ Erasmus B F N，Vanjaarsveld S A，Chown L S，et al.Vulnerability of South African animal taxa to climate change ［J］.Global Change Biology，2002，8：679-693.

［42］ European Environment Agency.Halting the loss of biodiversity by 2010：proposal for a first set of indicatiors to monitor progress in Europe ［R］.Copenhagen：European Environment Agency，2007.

［43］ Fan J，Li J，Xia R，et al.Assessing the impact of climate change on the habitat distribution of the giant panda in the Qinling Mountains of China ［J］.Ecological Modelling，2014，274：12-20.

［44］ Fang H，Sun L，Tang Z.Effects of rainfall and slope on runoff，soil erosion and rill development：an experimental study using two loess soils ［J］.Hydrological Processes，2015，29（11）：2649-2658.

［45］ Farber O，Kadmon R.Assessment of alternative approaches for bioclimatic modeling with special emphasis on the Mahalanobis distance ［J］.Ecological Modelling，2003，160（1/2）：115-130.

［46］ Forsman J T，Mönkkönen M.The role of climate in limiting European resident bird populations ［J］.Journal of Biogeography，2003，30：55-70.

［47］ Giedrius V.Receiver operating characteristic curves and comparison of cardiac surgery risk stratification systems ［J］.Interact Cardiovasc Thorac Surg，2004（2）：2.

［48］ Gillings S，Balmer D E，Fuller R J.Directionality of recent bird distribution shifts and climate change in Great Britain ［J］.Global Change Biology，2015，21（6）：2155-2168.

［49］ Gong M H，Guan T P，Hou M，et al.Hopes and challenges for giant panda conservation under climate change in the Qinling Mountains of China ［J］.Ecology and Evolution，2017，7（2）：596-605.

［50］ Good I J.The Estimation of Probabilities：An Essay On Modern Bayesian Methods ［J］.Biometrics，1965，23（1）：1.

［51］ Grantham H S，Pressey R L，Wells J A，et al.Effectiveness of Biodiversity Surrogates for Conservation Planning：Different Measures of Effectiveness Generate a Kaleidoscope of

Variation〔J〕.Plos One, 2010, 5 (7): 1-12.

〔52〕Grebmeier J M, Overland J E, Moore S E, et al.A major ecossystem shiift in the northern bering Sea〔J〕.Science, 2006, 311 (5766): 1461-1464.

〔53〕Gregorio D A, Jansen L J M.Land Cover Classification System (LCCS): Classification Concepts and User Manual〔R〕.Rome: Food and Agriculture Organization of the United Nations, 1998.

〔54〕Grinnell J.The niche-relationships of the California thrasher〔J〕.Auk, 1917, 34: 427-433.

〔55〕Guisan A, Zimmermann N E.Predictive habitat distribution models in ecology〔J〕.Ecol Model, 2000, 135 (2-3): 147-186.

〔56〕Guo Y, Li X, Zhao Z.et al.Prediction of the potential geographic distribution of the ectomycorrhizal mushroom Tricholoma matsutake under multiple climate change scenarios〔J〕.Scientific Reports, 2017, 7: 46221.

〔57〕Guo Y L, Li X, Zhao Z F, et al.Predicting the impacts of climate change, soils and vegetation types on the geographic distribution of Polyporus umbellatus in China〔J〕.Science of the Total Environment, 2019, 648: 1-11.

〔58〕Guralnick R.Differential effects of past climate warming on mountain and flatland species distributions: a multispecies North American mammal assessment〔J〕.Global Ecology and Biogeography, 2007, 16 (1): 14-23.

〔59〕Hanley J A, McNeil B J.The meaning and use of the area under a receiver operating characteristic (roc) curve〔J〕.Radiology, 1982, 143 (1): 29-36.

〔60〕Haralick R M, Shanmugam K, Dinstein I.Textural Features for Image Classification〔J〕.Studies in Media and Communication, 1973, 3 (6): 610-621.

〔61〕Hernandez P A, Graham C H, Master L L, et al.The effect of sample size and species characteristics on performance of different species distribution modeling methods〔J〕.Ecography, 2006, 29 (5): 773-785.

〔62〕Hickling R, Roy D B, Hill J K, et al.The distribution of a wide range of taxonomic groups are expanding polewards〔J〕.Global Change Biology, 2006, 12 (3): 450-455.

〔63〕Hijmans R J, Cameron S E, Parra J L, et al.Very high resolution interpolated climate surfaces for global land areas〔J〕.International Journal of Climatology, 2005, 25 (15): 1965-1978.

〔64〕Hirzel A H, Hausser J, Chessel D, et al. Ecological niche factor analysis: How to compute habitat-suitability maps without absence data?〔J〕.Ecology, 2002, 83 (7): 2027-2036.

〔65〕Hirzel A H, Hausser J, Chessel D, et al.Ecological-niche factor analysis: How to compute habitat-suitability maps without absence data? [J] .Ecology, 2002, 83 (7): 2027-2036.

[66] Hockings M, Stolton S, Dudley N.Assessing effectiveness-A framework for assessing management effectiveness of protected areas [M] .Cambridge: Black Bear Press, 2002.

[67] Hoffmann M, Hilton-Taylor C, Angulo A, et al.The Impact of Conservation on the Status of the World's Vertebrates [J] .Science, 2010, 330: 1503-1509.

[68] Hong M, Wei W, Yang Z, et al.Effects of timber harvesting on Arundinaria spanostachya bamboo and feeding-site selection by giant pandas in Liziping Nature Reserve, China [J] .Forest Ecology and Management, 2016, 373: 74-80.

[69] Hong M, Yuan S, Yang Z, et al.Comparison of microhabitat selection and trace abundance of giant pandas between primary and secondary forests in Liziping Nature Reserve, China: effects of selective logging [J] .Mammalian Biology, 2015, 80 (5): 373-379.

[70] Hooper D U, Adair E C, Cardinale B J, et al.A global synthesis reveals biodiversity loss as a major driver of ecosystem change [J] .Nature, 2012, 486: 105-129.

[71] Houghton R A.The Worldwide Extent of Land-use Change [M] .America: American Geographical Society, 1994.

[72] Hu J, Jiang Z.Predicting the potential distribution of the endangered Przewalski's gazelle [J] .Journal of Zoology, 2010, 282 (1): 54-63.

[73] Hu J, Jiang Z.Climate change hastens the conservation urgency of an endangered ungulate [J] .PLos One, 2011, 6 (8): e22873.

[74] Intergovernmental Panel on Climate change (IPCC) .Climate Change 2014: Synthesis Report.Contribution of Working Groups I, II and III to the Fifth Assessment Report of the Intergovernmental Panel on Climate Change [C] .Geneva, Switzerland: IPCC, 2014: 151.

[75] IPCC.Climate Change 2013: The Physical Science Basis [M] .New York: Cambridge University Press,, 2013.

[76] Iverson L R, Prasad A M, Matthews S N, et al.Estimating potential habitat for 134 eastern US tree species under six climate scenarios [J] .Forest Ecology and Management, 2008, 254 (3): 390-406.

[77] Jacobs D S, Barclay R M R.Niche differentiation in two sympatric sibling bat species, scotophilus dinganii and scotophilus mhlanganii [J] .Journal of Mammalogy, 2009, 90 (4): 879-887.

[78] Jian J, Jiang H, Jiang Z S, et al. Predicting giant panda habitat with climate data and calculated habitat suitability index (HSI) map [J] .Meteorological Applications, 2014, 21 (2): 210-217.

[79] Jiang T, Lu G, Sun K, Luo J, et al.Coexistence of Rhinolophus affinis and Rhinolo-

phus pearsoni revisited ［J］.Acta Theriologica，2013，58（1）：47-53.

［80］Kang D，Yang H，Li J，Chen Y.Can conservation of single surrogate species protect co-occurring species?［J］.Environmental Science and Pollution Research，2013，20（9）：6290-6296.

［81］Kefalas G，Kalogirou S，Poirazidis K，et al.Landscape transition in Mediterranean islands：The case of Ionian islands，Greece 1985 - 2015［J］.Landscape and Urban Planning，2019，191：103641.

［82］King D T，Wang G，Yang Z Q，et al.Advances and environmental conditions of spring migration phenology of American white pelicans［J］.Scientific Reports，2017，7：40339.

［83］Klausmeyer K R，Rebecca S M.Climate change，habitat loss，protected areas and the climate adaptation potential of species in mediterranean ecosystems worldwide［J］.PLos One，2009，4（7）：e6392.

［84］Kolahi M，Sakai T，Moriya K，et al.Assessment of the effectiveness of protected areas management in Iran：Case study in Khojir National Park［J］.Environmental Management，2013，52（2）：514-530.

［85］Komac B，Esteban P，Trapero L.et al.Modelization of the current and future habitat suitability of Rhododendron ferrugineum using potential snow accumulation［J］.PLos One，2016，11（1）：e0147324.

［86］Kortsch S，Primicerio R，Fossheim M，et al.Climate change alters the structure of arctic marine food webs due to poleward shifts of boreal generalists［J］.Proceedings Royal of Society B，2015，282（1814）：20151546.

［87］Kumar S.Maxent modeling for predicting suitable habitat for threatened and endangered tree Canacomyrica monticola in New Caledonia［J］.Journal of Ecology and The Natural Environment，2009，1（4）：94-98.

［88］Laliberte A S，Browning D M，Rango A.A comparison of three feature selection methods for object-based classification of sub-decimeter resolution UltraCam-L imagery［J］.International Journal of Applied Earth Observation and Geoinformation，2012，15：70-78.

［89］Lambeck R J.Focal species and restoration ecology：Response to Lindenmayer et al［J］.Conservation Biology，2002，16（2）：549-551.

［90］Lambin E F，Ehrlich D.Land-cover changes in sub-saharan Africa（1982-1991）：Application of a change index based on remotely sensed surface temperature and vegetation indices at a continental scale［J］.Remote Sensing of Environment，1997，61（2）：181-200.

［91］Larson E，Olden J D.Using avatar species to model the potential distribution of emerging invaders［J］.Global Ecology and Biogeography，2012，21（11）：1114-1125.

［92］Lee M，Fahrig L，Freemark K，et al.Importance of patch scale vs landscape scale on selected forest birds ［J］.Oikos，2002，96（1）：110–118.

［93］Lehikoinen A，Virkkala R.North by north–west： climate change and directions of density shifts in birds ［J］.Global Change Biology，2016，22（3）：1121–1129.

［94］Leverington F，Costa K L，Pavese H，et al.A global analysis of protected area management effectiveness ［J］.Environmental Management，2010，46（5）：685–698.

［95］Lewandowski A S，Noss R F，Parsons D R.The Effectiveness of Surrogate Taxa for the Representation of Biodiversity ［J］.Conservation Biology，2010，24（5）：1367–1377.

［96］Li S C，Gao J B. Prediction of spatial distribution of Eupatorium adenophorum sprengel based on GA R P model： A case study in longitudinal range gorge region of Yunnan Province ［J］.Chinese Journal of Ecology，2008，27（9）：1531–1536.

［97］Li R，Ming X，Wong M H G，et al.Climate change threatens giant panda protection in the 21st century ［J］.Biological Conservation，2015，182：93–101.

［98］Lindenmayer D B，Likens G E.Direct Measurement Versus Surrogate Indicator Species for Evaluating Environmental Change and Biodiversity Loss ［J］.Ecosystems，2011，14（1）：47–59.

［99］Liu C R，Berry P M，Dawson T P，et al.Selecting thresholds of occurrence in the prediction of species distributions ［J］.Ecography，2005，28（3）：385–393.

［100］Liu G，Guan T Q，Dai Q，et al.Impacts of temperature on giant panda habitat in the north Minshan Mountains ［J］.Ecology and Evolution，2016，6（4）：987–996.

［101］Liu J G，Ouyang Z，Taylor W W，et al.A framework for evaluating the effects of human factors on wildlife habitat： the case of giant pandas ［J］.Conservation Biology，1999，13（6）：1360–1370.

［102］Loucks C J，Lü Z，Dinerstein E，et al.The giant pandas of the Qinling Mountains，China： a case study in designing conservation landscapes for elevational migrants ［J］.Conservation Biology，2003，17：558 – 565.

［103］Loucks C J，Lu Z，Dinerstein E，et al.The giant pandas of the Qinling Mountains，China： A case study in designing conservation landscapes for elevational migrants ［J］.Conservation Biology，2003，17（2）：558–565.

［104］Lu D J，Kao C W，Chao C L.Evaluating the management effectiveness of five protected areas in taiwan using WWF's RAPPAM ［J］.Environmental Management，2012，50（2）：272–282.

［105］Luoto M，Pöyry J，Heikkinen R K，et al.Uncertainty of bioclimatic envelope models based on the geographical distribution of species ［J］.Global Ecology and Biogeography，2005，14：575–584.

[106] Lynch J F, Whigham D F.Effects of forest fragmentation on breeding bird communities in maryland, USA [J].Biological Conservation, 1984, 28 (4): 287-324.

[107] Mackinnon J.Species richness and adaptive capacity in animal communities: lessons from China [J].Integrative Zoology, 2008, 3 (2): 95-100.

[108] Mangel M, Tier C.Four facts every conservation biologists should know about Persistence [J].Ecology, 1994, 75: 607-614.

[109] Matsui T, Tsutomu Y, Tomoki N, et al.Probability distributions, vulnerability and sensitivity in Fagus crenata forests following predicted climate changes in Japan [J].Journal of Vegetation Sciences, 2004, 15: 605-614.

[110] May R M.Why Worry about How Many Species and Their Loss? [J].PLoS Biology, 2011, 9 (8): e1001130.

[111] Mccarty J P.Ecological consequences of recent climate change [J].Conservation Biology, 2001: 320-331.

[112] Mcclanahan T R, Marnane M J, Cinner J E, et al.A comparison of marine protected areas and alternative approaches to coral-reef management [J].Current Biology, 2006, 16 (14): 1408-1413.

[113] Merriam G.Connectivity: a Fundamental Ecological Characteristic of Landscape Pattern [C].Proceedings of the International Association for Landscape Ecology, 1984, I.

[114] Midgley G F, Hannah L, Millar D, et al.Assessing the vulnerability of species richness to anthropogenic climate change in a biodiversity hotspot [J].Global Ecology & Biogeography, 2002, 11: 445-451.

[115] Nilson A, Kiviste A, Korjus H, et al.Impact of recent forestry and adaptation tools [J].Climate Research, 1999, 12: 205-214.

[116] Parmesan C, Yehe G.Globally coherent fingerprint of climate change impacts across natural systems [J].Nature, 2003, 421: 37-42.

[117] Parmesan.Climate and species' range [J].Nature, 1996, 382 (6594): 765.

[118] Pearson R G, Raxworthy C J, Nakamura M, et al.Predicting species distributions from small numbers of occurrence records: a test case using cryptic geckos in Madagascar [J].Journal of Biogeography, 2007, 34 (1): 102-117.

[119] Peel G T, Araújo M B, Bell J D, et al.Biodiversity redistribution under climate change: impacts on ecosystems and human well-being [J].Science, 2017, 355 (6332): 9214.

[120] Pérez-García N, Font X, Ferré A, et al.Drastic reduction in the potential habitats for alpine and subalpine vegetation in the Pyrenees due to twenty-first-century climate change [J].Regional Environmental Change, 2013, 13 (6): 1157-1169.

［121］Peterson A T，Papeş M，Eaton M.Transferability and model evaluation in ecological niche modeling: a comparison of GARP and Maxent ［J］.Ecography，2007，30（4）：550-560.

［122］Phillips S J，Anderson R P，Schapire R E. Maximum entropy modeling of species geographic distribution ［J］. Ecological Modelling，2006，190（3）：231-259.

［123］Phillips S J，Anderson R P，Schapire R E.Maximum entropy modeling of species geographic distributions ［J］.Ecol.Model.，2006，190（3-4）：231-259.

［124］Poiani K A，Merrill M D，Chapman K A.Identifying conservation-priority areas in a fragmented minnesota landscape based on the umbrella species concept and selection of large patches of natural vegetation ［J］.Conservation Biology，2001，15（2）：513-522.

［125］Porfirio L L，Harris R M，Lefroy E C，et al.Improving the use of species distribution models in conservation planning and management under climate change ［J］.PLos One，2014，9（11）：Doi：10.1371/journal.pone.0113749.

［126］Poulos H M，Chernoff B.Potential range expansion of the invasive Red Shiner，Cyprinella lutrensis（Teleostei：Cyprinidae），under future climatic change ［J］.Open Journal of Ecology，2014，4（9）：554-564.

［127］Pramanik M，Paudel U，Mondal B，et al.Predicting climate change impacts on the distribution of the threatened Garcinia indica in the Western Ghats，India ［J］.Climate Risk Management，2018，19：94-105.

［128］Pyke C R，Andelman S J，Midgley G.Identifying priority areas for bioclimatic representation under climate change: a case study for protected area in the cape floristic region，South Africa ［J］.Biological Conservation，2005，125：1-9.

［129］Qi D，Chi X，Rong H，et al.Using habitat models to evaluate protected area designing for giant pandas ［J］.Folia Zoologica Praha，2015，64（1）：56-64.

［130］Qi D，Zhang S，Zhang Z，et al.Different habitat preferences of male and female giant pandas ［J］.Journal of Zoology，2011，285（3）：205-214.

［131］Qin Z，Zhang J E，Ditommaso A，et al.Predicting the potential distribution of Lantana camara L.under RCP scenarios using ISI-MIP models ［J］.Climatic Change，2016，134（1-2）：193-208.

［132］Qin A，Liu B，Guo Q，et al.Maxent modeling for predicting impacts of climate change on the potential distribution of Thuja sutchuenensis Franch，an extremely endangered conifer from southwestern China ［J］.Global Ecology and Conservation，2017，10：139-146.

［133］Rao K，Patwardhan K，Kulkarni S.et al.Projected changes in mean and extreme precipitation indices over India using PRECIS ［J］.Global and Planetary Change，2014，113（2）：77-90.

[134] Reid D G，Hu J，Dong S，et al.Giant Panda Ailuropoda melanoleuca behaviour and carrying capacity following a bamboo die-off ［J］.Biological Conservation，1989，49（2）：85-104.

[135] Reid W V，McNeely J A，Tunsall B C，et al.Biodiversity indicators for policy makers ［M］.Washington：World Resources Institute，1993.

[136] Reiss H，Cunze S，Koenig K，et al.Species distribution modelling of marine benthos：a North Sea case study ［J］.Marine Ecology Progress Series，2011，442：71-86.

[137] Relief I，Assistance A.Annoucement：International Human Dimensions Programme on Global Environmental Change ［J］.Geojournal，1998，44（2）：179-181.

[138] Ren Z，Wang D，Ma A，et al.Predicting malaria vector distribution under climate change scenarios in China：Challenges for malaria elimination ［J］.Scientific Reports，2016，6：20604.

[139] Rinawati F，Stein K，Lindner A.Climate change impacts on biodiversity-the setting of a lingering global crisis ［J］.Diversity，2013，5（1）：114-123.

[140] Rong Z，Zhao C，Liu J，et al.Modeling the Effect of Climate Change on the Potential Distribution of Qinghai Spruce （*Picea crassifolia* Kom.） in Qilian Mountains ［J］.Forests，2019，10（1）：1-15.

[141] Root T L，Price J T，Hall K R，et al.Fingerprints of global warming on wild animals and plants ［J］.Nature，2003，421：57-60.

[142] Scheffers B R，Joppa L N，Pimm S L，et al.What we know and don't know about Earth's missing biodiversity ［J］.Trend Ecol.Evol.，2012，27：501-510.

[143] Schloss C A，Nunez T A，Lawler J J.Dispersal will limit ability of mammals to track climate change in the Western Hemisphere ［J］.Proceedings of the National Academy of Sciences of the United States of America，2012，109（22）：8606-8611.

[144] Sekercioglu C H，Schneider S H，Fay J P，et al.Climate change，elevational range shifts，and bird extinctions ［J］.Conservation Biology，2008，22（1）：140-150.

[145] Shen G Z，Pimm S L，Feng C Y，et al.Climate change challenges the current conservation strategy for the giant panda ［J］.Biological Conservation，2015，190：43-50.

[146] Shen G，Feng C，Xie Z，et al.Proposed Conservation Landscape for Giant Pandas in the Minshan Mountains，China ［J］.Conservation Biology，2008，22（5）：1144-1153.

[147] Shen G，Yang X，Jin Y，et al.Land Use Changes in the Zoige Plateau Based on the Object-Oriented Method and Their Effects on Landscape Patterns ［J］.Remote Sensing，2019，12（1）：14.

[148] Shen G Z，Pimm S L，Feng C Y，et al.Climate change challenges the current conservation strategy for the giant panda ［J］.Biological Conservation，2015，190：43-50.

［149］ Siemers B M， Swift S M.Differences in sensory ecology contribute to resource parti-tioning in the bats Myotis bechsteinii and Myotis nattereri （Chiroptera： Vespertilionidae） ［J］.Behavioral Ecology and Sociobiology， 2006， 59 （3）： 373-380.

［150］ Singh V P， Birsoy Y K.Comparison of the methods of estimating mean areal rainfall ［J］.Nordic hydrology， 1975， 6 （4）： 222-241.

［151］ Singh V P， Chowdhury P K.Comparing some methods of estimating mean areal rain-fall ［J］.Water resources Bulletin， 1986， 22： 275-282.

［152］ Songer M， Delion M， Biggs A， et al.Modeling Impacts of Climate Change on Giant Panda Habitat ［J］.International Journal of Ecology， 2012， doi： 10.1155/2012/108752.

［153］ Steudel B， Hector A， Friedl T， et al.Biodiversity effects on ecosystem functioning change along environmental stress gradients ［J］.Ecol Lett， 2012， 15： 1397-1405.

［154］ Stockwell D R B， Beach J H， Stewart A， et al.The use of the GARP genetic algo-rithm and Internet grid computing in the Lifemapper world atlas of species biodiversity ［J］.Ecol Model， 2006， 195 （1-2）： 139-145.

［155］ Storlazzi C D， Elias E P L， Berkowitz P.Many atolls may be uninhabitable within de-cades due to climate change ［J］.Scientific Reports， 2015， 5： 14546.

［156］ Sulla-Menashe D， Gray J M， Abercrombie S P， et al.Hierarchical mapping of an-nual global land cover 2001 to present： The MODIS Collection 6 Land Cover product ［J］.Re-mote Sensing of Environment， 2019， 222： 183-194.

［157］ Svenning J C， Skov F.The relative roles of environment and history as controls of tree species composition and richness in Europe ［J］.Journal of Biogeography， 2005， 32 （6）： 1019-1033.

［158］ Swets J.Measuring the accuracy of diagnostic systems ［J］.Science， 1988， 240 （4857）： 1285-1293.

［159］ Tang G A， Li F Y， Liu X J， et al.Research on the slope spectrum of the Loess Pla-teau ［J］.Science in China （Series E： Technological Sciences）， 2008， 51 （1）： 175-185.

［160］ Tape K D， Christie K， Carroll G， et al.Novel wildlife in the Arctic： the influence of changing riparian ecosystems and shrub habitat expansion on snowshoe hares ［J］.Global Change Biology， 2016， 22 （1）： 208-219.

［161］ Taylor A H， Jinyan H， Shiqiang Z.Canopy tree development and undergrowth bam-boo dynamics in old-growth Abies - Betula forests in southwestern China： a 12-year study ［J］.Forest Ecology & Management， 2004， 200 （1）： 347-360.

［162］ Taylor P D， Fahrig L， Henein K， et al.Connectivity is a vital element of landscape structure ［J］.Oikos， 1993， 68 （3）： 571-573.

［163］ Thomas C D， Cmeron A， Green R E， et al.Extinction risk from climate change

［J］.Nature，2004，427（6970）：145-148.

［164］Thomas C D，Lennon J J.Birds extend their ranges northwards ［J］.Nature，1999，399（6733）：213-213.

［165］Tognelli M F，Roig-Junent S A，Marvaldi A E，et al.An evaluation of methods for modelling distribution of Patagonian insects ［J］.Revista Chilena De Historia Natural，2009，82（3）：347-360.

［166］Ton J C，Sticklen J，Jain A K.Knowledge-based segmentation of LANDSAT images ［J］.IEEE Transactions on Geoscience & Remote Sensing，1991，29（2）：222-232.

［167］Tuanmu M N，Viña A，Winkler J A，et al.Climate-change impacts on understorey bamboo species and giant pandas in China's Qinling Mountains ［J］.Nature Climate Change，2012，3（3）：249-253.

［168］Urban M C.Accelerating extinction risk from climate change ［J］.Science，2016，348（6234）：571-573.

［169］Wahba G.Spline models for observational data ［M］.Philadelphia：Society for Industrial and Applied Mathematics，1990.

［170］Walker P A，Cocks K D.HABITAT：a procedure for modeling a disjoint environmental envelop for a plant or animal species ［J］.Global Ecology and Biogeography Letters，1991，1（4）：108-118.

［171］Walther G R，Post E，Convey P，et al.Ecological response to recent climate change ［J］.Nature，2002，416：389-395.

［172］Wang F，McShea W J，Wang D，et al.Evaluating Landscape Options for Corridor Restoration between Giant Panda Reserves ［J］.Plos One，2014，9（8）：.

［173］Wang T，Ye X，Skidmore A K，et al.Characterizing the spatial distribution of giant pandas（Ailuropoda melanoleuca）in fragmented forest landscapes ［J］.Journal of Biogeography，2010，37（5）：865-878.

［174］Wei F，Costanza R，Dai Q，et al.The Value of Ecosystem Services from Giant Panda Reserves ［J］.Current Biology，2018，28（13）：2174-2180.

［175］Wei F，Swaisgood R，Hu Y，et al.Progress in the ecology and conservation of giant pandas ［J］.Conservation Biology，2015，29（6）：1497-1507.

［176］Wei F W，Feng Z J，Wang Z W，et al.Habitat use and separation between the giant panda and the red panda ［J］.Journal of Mammalogy，2000，81（2）：448-455.

［177］Wei W，Han H，Zhou H，et al.Microhabitat use and separation between giant panda（Ailuropoda melanoleuca），takin（Budorcas taxicolor），and goral（Naemorhedus griseus）in Tangjiahe Nature Reserve，China ［J］.Folia Zoologica，2018，67（3-4）：198-206.

［178］Wernberg T，Smale D A，Tuya F，et al.An extreme climatic event alters marine ecosystem structure in a global biodiversity hotspot [J] .Nature Climate Change, 2013, 3 (1): 78-82.

[179] Wesner J S, Belk M C.Habitat relationships among biodiversity indicators and co-occurring species in a freshwater fish community [J] .Animal Conservation, 2012, 15 (5): 445-456.

[180] Westgate M J, Barton P S, Lane P W, et al.Global meta-analysis reveals low consistency of biodiversity congruence relationships [J] . Nature Communications, 2014, 5: 3899.

[181] Wilhm J L.Use of Biomass Units in Shannon's Formula [J] .Ecology, 1968, 49 (1): 153.

[182] Williams P, Dan F, Manne L, et al.Complementarity analysis: Mapping the performance of surrogates for biodiversity [J] .Biological Conservation, 2006, 128 (2): 253-264.

[183] Williams P, Hannah L, Andelman S, et al.Planning for climate change: identifying minimum-dispersal corridors for the cape protease [J] .Conservation Biology, 2005, 19 (4): 1063-1074.

[184] Williams P, Hannah L, Andelman S, et al.Planning for climate change: identifying minimum-dispersal corridors for the cape protease [J] .Conservation Biology, 2005, 19 (4): 1063-1074.

[185] Wilson E O.The current state of biological diversity [J] .Biodiversity, 1988, 521 (1): 3-18.

[186] Wilson R J, Gutiérrez D, Gutiérrez J, et al.Changes to the elevational limits and extent of species ranges associated with climate change [J] .Ecology Letters, 2005, 8 (11): 1138-1146.

[187] Wisz M S, Hijmans R J, Li J, et al.Effects of sample size on the performance of species distribution models [J] .Divers Distrib, 2008, 14 (5): 763-773.

[188] Wu X, Dong S, Liu S, et al.Predicting the shift of threatened ungulates' habitats with climate change in Altun Mountain National Nature Reserve of the Northwestern Qinghai-Tibetan Plateau [J] .Climatic Change, 2017, 142 (7): 1-14.

[189] Xin X G, Wu T W, Li J L, et al.How well does BCC-CSM1.1 reproduce the 20th century climate change over China? [J] .Atmospheric and Oceanic Science Letters, 2013, 6 (1): 21-26.

[190] Xu W, Ouyang Z.Designing a conservation plan for protecting the habitat for giant pandas in the Qionglai mountain range, China [J] .Diversity & Distributions, 2006, 12 (5): 610-619.

［191］Xu W，Vina A，Qi Z，et al.Evaluating conservation effectiveness of nature reserves established for surrogate species：Case of a giant panda nature reserve in Qinling Mountains，China ［J］.Chinese Geographical Science，2014，24（1）：60–70.

［192］Xu W H，Ouyang Z Y，Andrés V，et al.Designing a conservation plan for protecting the habitat for the giant pandas in the Qionglai Mountain Range，China ［J］.Diversity and Distributions，2006，12（5）：610–619.

［193］Xu Z L，Zhao C Y，Feng Z D.Species distribution models to estimate the deforested area of Picea crassifolia in arid region recently protected：Qilian Mts. national nature reserve （China）［J］.Polish Journal of Ecology，2012，60（3）：515–524.

［194］Yang W，Wang Y，Webb A A，et al.Influence of climatic and geographic factors on the spatial distribution of Qinghai spruce forests in the dryland Qilian Mountains of Northwest China ［J］.Science of the Total Environment，2018，612：1007–1017.

［195］Yu K J.Security patterns and surface model in landscape ecological planning ［J］.Landscape and Urban Planning，1996，36（1）：1–17.

［196］Zaniewski A，Elizabeth L，Anthony O，et al.Predicting species spatial distributions using presence–only data：a case study of native New Zealand ferns ［J］.Ecological Modelling，2002，157（2）：261–280.

［197］Zhang M L，José M P，Robles V.Feature selection for multi–label naive Bayes classification ［J］.Information ences，2009，179（19）：3218–3229.

［198］Zhang N，Shugart H H，Yan X.Simulating the effects of climate changes on Eastern Eurasia forests ［J］.Climatic Change，2009，95（3–4）：341–361.

［199］Zhang Q，Wen J，Chang Z Q，et al.Evaluation and prediction of ecological suitability of medicinal plant American ginseng （panax quinquefolius） ［J］.Chinese Herbal Medicines，2018，10（1）：80–85.

［200］Zhang Z J，Wei F W，Li M，et al.Microhabitat separation during winter among sympatric giant pandas，red pandas，and tufted deer：the effects of diet，body size，and energy metabolism ［J］.Canadian Journal of Zoology，2004，82（9）：1451–1457.

［201］Zhang Z，Swaisgood R R，Zhang S，et al.Old–growth forest is what giant pandas really need ［J］.Biology Letters，2011，7（3）：403–406.

［202］Zhao C，Nan Z，Cheng G，et al.GIS–assisted modelling of the spatial distribution of Qinghai spruce （*Picea crassifolia*） in the Qilian Mountains，northwestern China based on biophysical parameters ［J］.Ecological Modelling，2006，191（3–4）：487–500.

［203］Zhu L，Hu Y，Zhang Z，et al.Effect of China's rapid development on its iconic giant panda ［J］.Chinese Science Bulletin，2013，58（18）：2134–2139.

［204］白文科，张晋东，杨霞，等.基于 GIS 的卧龙自然保护区大熊猫生境选择与利

用［J］.生态环境学报，2017，26（1）：73-80.

［205］布仁仓，胡远满，常禹，等.景观指数之间的相关分析［J］.生态学报，2005，25（10）：2764-2775.

［206］蔡红艳，张树文，张宇博.全球环境变化视角下的土地覆盖分类系统研究综述［J］.遥感技术与应用，2010，25（1）：161-167.

［207］蔡玉梅，董祚继，邓红蒂，等.FAO土地利用规划研究进展评述［J］.地理科学进展，2005，24（1）：70-78.

［208］曹文洪.土壤侵蚀的坡度界限研究［J］.水土保持通报，1993（4）：1-5.

［209］曾辉，黄冠胜，林伟，等.利用MaxEnt预测橡胶南美叶疫病菌在全球的潜在地理分布［J］.植物保护，2008，3：88-92.

［210］曾涛，冉江洪，刘少英，等.四川白河自然保护区大熊猫对生境的利用［J］.应用与环境生物学报，2003，9（4）：405-408.

［211］曾志新，罗军，颜立红，等.生物多样性的评价指标和评价标准［J］.湖南林业科技，1999，26（2）：26-29.

［212］曾宗永，岳碧松，冉江洪，等.王朗自然保护区大熊猫对生境的利用［J］.四川大学学报：自然科学版，2002，39（6）：1140-1144.

［213］常红，刘彤，刘华峰，等.气候变化对我国梭梭潜在分布的影响及不确定性分析［J］.石河子大学学报：自然科学版，2018，36（3）：93-99.

［214］陈华豪.样方与样带（路线）调查法［J］.林业资源管理，1990（1）：78-79.

［215］陈金丽.面向对象的最邻近算法研究与实现［D］.北京：中国地质大学，2009.

［216］陈俊俊，燕亚媛，丛日慧，等.基于Maxent模型的短花针茅在中国的潜在分布区研究及预估［J］.中国草地学报，2016，38（5）：78-84.

［217］陈丽萍，武文波.基于决策树C4.5算法的面向对象分类方法研究［J］.遥感信息，2013，28（2）：116-120.

［218］陈利顶，刘雪华，傅伯杰.卧龙自然保护区大熊猫生境破碎化研究［J］.生态学报，1999，19（3）：291-297.

［219］陈淑娟，温仲明.延河流域地带性物种分布对未来气候变化的响应［J］.水土保持学报，2011，25（1）：157-161.

［220］陈文波，肖笃宁，李秀珍.景观指数分类、应用及构建研究［J］.应用生态学报，2002，13（1）：121-125.

［221］陈晓峰，刘纪远，张增祥，等.利用GIS方法建立山区温度分布模型［J］.中国图象图形学报，1998，3（3）：234-238.

［222］陈学林，戚鹏程.白水江国家级自然保护区野生资源植物的垂直分异研究［J］.西北植物学报，2006，26（5）：1014-1020.

［223］崔妍，李倩，周晓宇等.5个全球气候模式对中国东北地区地面温度的模拟与预

估［J］.气象与环境学报，2013，29（4）：37-46.

［224］大熊猫调查队.对大熊猫数量调查方法的一些探索［J］.四川动物，1987（1）：39-40.

［225］丁志芹.基于多源数据卧龙自然保护区大熊猫生境评价研究［D］.成都：成都理工大学，2017.

［226］董立岩，苑森淼，刘光远，等.基于贝叶斯分类器的图像分类［J］.吉林大学学报：理学版，2007，45（2）：97-101.

［227］杜斌.基于面向对象的高分辨率遥感影像水体信息提取优势研究［D］.昆明：云南师范大学，2014.

［228］杜寅，周放，舒晓莲，等.全球气候变暖对中国鸟类区系的影响［J］.动物分类学报，2009，34（3）：664-674.

［229］段居琦，周广胜.我国单季稻种植区的气候适宜性［J］.应用生态学报，2012，23（2）：426-432.

［230］段胜武.基于Maxent模型的栗斑腹鹀分布研究及预估［D］.长春：东北师范大学，2015.

［231］范昕炜.支持向量计算法的研究及其应用［D］.杭州：浙江大学，2003.

［232］方海泉，蒋云钟，冶运涛，等.基于深度学习和多次棋盘分割法的高分辨率影像河流提取［J］.北京大学学报：自然科学版，2019，55（4）：692-698.

［233］方精云，沈泽昊，崔海亭.试论山地的生态特征及山地生态学的研究内容［J］.生物多样性，2004（1）：16-25.

［234］方盛国，陈冠群，冯文和，等.大熊猫DNA指纹在野生种群数量调查中的应用［J］.兽类学报，1996，16（4）：246-249.

［235］冯海潼.马鹿足迹链的调查方法［J］.野生动物，1981（4）：83-84.

［236］冯茹，宋刚.自然保护区周边社区居民生计状况的生态位适宜度评价［J］.西北林学院学报，2010，25（3）：204-209.

［237］冯文和，方盛国，张安居，等.大熊猫种群数量调查方法的新突破［J］.大自然探索，1998，17（2）：44-48.

［238］冯钟葵，叶晓端.Landsat7卫星快速格式数据产品［J］.遥感技术与应用，2000，15（4）：270-273.

［239］付会成，徐新川.泥石流对坡度的敏感性评价［J］.中国水运，2017（7）：353-355.

［240］傅抱璞.山地气候［M］.北京：科学出版社，1983.

［241］傅刚.高分辨率遥感影像分割方法综述［J］.西部资源，2016（6）：135-137.

［242］甘肃白水江国家级自然保护区管理局.甘肃白水江国家级自然保护区综合科学考察报告［M］.兰州：甘肃科学技术出版社，1997.

［243］甘肃白水江国家级自然保护区管理局.社区资源利用对保护区影响评估研究：以甘肃白水江国家级自然保护区为例［M］.兰州：甘肃人民出版社，2010.

［244］高发全.气候变暖导致全球野生动物数量明显减少［J］.世界林业动态，2008（27）：11.

［245］高箕悦.Landsat-7 ETM图像大气校正方法比较研究［D］.北京：北京师范大学，2011.

［246］高文强，王小菲，江泽平，等.气候变化下栓皮栎潜在地理分布格局及其主导气候因子［J］.生态学报，2016，36（14）：4475-4484.

［247］戈峰.现代生态学［M］.北京：科学出版社，2008.

［248］郭兴健，邵全琴，杨帆，等.无人机遥感调查黄河源玛多县岩羊数量及分布［J］.自然资源学报，2019，34（5）：1054-1065.

［249］郭彦龙，卫海燕，路春燕，等.气候变化下桃儿七潜在地理分布的预测［J］.植物生态学报，2014，38（3）：249-261.

［250］郭玉宝，池天河，彭玲，等.利用随机森林的高分一号遥感数据进行城市用地分类［J］.测绘通报，2016（5）：73-76.

［251］郭玉荣，范丁一，李国忠，等.七星河国家级自然保护区管理有效性评价［J］.东北林业大学学报，2012，40（8）：121-125，129.

［252］国家环境保护总局.生态系统与人类福祉：生物多样性综合报告［R］.北京：中国环境出版社，2005：15-23.

［253］国家统计局.中国统计年鉴［M］.北京：中国统计出版社，2016：266-267.

［254］郝建亭，杨武年，李玉霞，等.基于FLAASH的多光谱影像大气校正应用研究［J］.遥感信息，2008（1）：79-82.

［255］何敏，杨文赟，孙学刚.5·12汶川地震对甘肃白水江自然保护区大熊猫生境选择的影响及对策［J］.南方农机，2018，12：217-220.

［256］洪志佳.面向对象分类方法在土地利用调查中的应用研究［D］.沈阳：东北大学，2013.

［257］胡杰.黄龙大熊猫种群数量及年龄结构调查［J］.动物学研究，2000，21（4）：286-290.

［258］胡锦矗，邓其祥，余志伟，等.大熊猫、金丝猴等珍稀动物生态生物学研究［J］.南充师范学报，1980（2）：1-39.

［259］胡锦矗，夏勒.卧龙的大熊猫［M］.成都：四川科学技术出版社，1985.

［260］胡锦矗，张泽钧，魏辅文.中国大熊猫保护区发展历史、现状及前瞻［J］.兽类学报，2011，31（1）：10-14.

［261］胡锦矗.大熊猫的生态地理分布［J］.南充师范学院学报：自然科学版，1985（2）：7-15.

［262］胡锦矗.大熊猫的生物学［J］.科学杂志，1981，38（3）：181-191.

［263］胡锦矗.大熊猫的食性研究［J］.南充师范学报，1981（3）：17-22.

［264］胡锦矗.大熊猫的种群现状与保护［J］.西华师范大学学报：自然科学版，2000，21（1）：11-17.

［265］胡锦矗.大熊猫研究［M］.上海：上海科技教育出版社，2001.

［266］胡锦矗.大熊猫生物学研究与进展［M］.成都：四川科学技术出版社，1990.

［267］胡添翼，杨光，陈波，等.基于Pearson相关性检验的ARIMA边坡位移监测模型［J］.水利水电技术，2016，47（1）：71-75.

［268］黄乘明，胡锦矗.野外大熊猫调查方法的研究［J］.四川师范学院学报：自然科学版，1989，10（1）：93-99.

［269］黄华梨.甘肃白水江大熊猫［M］.兰州：甘肃科学技术出版社，2005.

［270］黄华梨.白水江自然保护区大熊猫主食竹类资源及其研究方向雏议［J］.甘肃林业科技，1995（1）：35-38.

［271］黄华梨.甘肃白水江大熊猫［M］.兰州：甘肃科学技术出版社，2005.

［272］黄瑾.面向对象遥感影像分类方法在土地利用信息提取中的应用研究［D］.成都：成都理工大学，2010.

［273］江华明.宝兴县大熊猫对生境的选择［J］.四川职业技术学院学报，2009（1）：127-129.

［274］姜大膀，富元海.2℃全球变暖背景下中国未来气候变化预估［J］.大气科学，2012，36（2）：234-246.

［275］姜高珍，韩冰，高应波，等.Landsat系列卫星对地观测40年回顾及LDCM前瞻［J］.遥感学报，2013，17（5）：5-20.

［276］姜桂萍.分析我国濒危野生动物保护现状与前景展望［J］.中国农村教育，2018，280（18）：68-69.

［277］蒋高明.气候变化对生物多样性的影响［J］.百科知识，2008，12：12-14.

［278］蒋明康，薛达元，常仲农，等.我国自然保护区有效管理现状及其分析［J］.农村生态环境，1994，10（1）：53-55.

［279］蒋霞，倪健.西北干旱区10种荒漠植物地理分布与大气候的关系及其可能潜在分布区的估测［J］.植物生态学报，2005，29（1）：98-107.

［280］金宇，周可新，方颖，等.基于随机森林模型预估气候变化对动物物种潜在生境的影响［J］.生态与农村环境学报，2014，30（4）：416-422.

［281］康东伟，赵志江，郭文霞，等.大熊猫的生境选择特征［J］.应用生态学报，2011（2）：251-257.

［282］雷军成，王莎，王军围，等.未来气候变化对我国特有濒危动物黑麂适宜生境的潜在影响［J］.生物多样性，2016，24（12）：1390-1399.

［283］冷文芳，贺红士，布仁仓，等.中国东北落叶松属3种植物潜在分布对气候变化的敏感性分析［J］.植物生态学报，2007，31（5）：825-833.

［284］李白尼，魏武，马骏，等.基于最大熵值法生态位模型（MaxEnt）的三种实蝇潜在适生性分布预测［J］.昆虫学报，2009，10：1122-1131.

［285］李博，杨持，林鹏.生态学［M］.北京：高等教育出版社，2000.

［286］李冬雁.濒危动物对人类的警示［J］.记者观察，1997，5：34-35.

［287］李广东，戚伟.中国建设用地扩张对景观格局演化的影响［J］.地理学报，2019，74（12）：2572-2591.

［288］李娜，包妮沙，吴立新，等.面向对象矿区复垦植被分类最优分割尺度研究［J］.测绘科学，2016，41（4）：66-71.

［289］李天芳，马志龙，王强，等.气候变化对水鸟的影响及其应对［J］.野生动物学报，2017，38（3）：529-534.

［290］李新正.中国海洋大型底栖生物（研究与实践）［M］.北京：海洋出版社，2010.

［291］李亚军，蔡琼，刘雪华，等.海拔对大熊猫主食竹结构、营养及大熊猫季节性分布的影响［J］.兽类学报，2016，36（1）：24-35.

［292］李中夫.隶属度含义的剖析［J］.模糊系统与数学，1987，1（1）：1-6.

［293］李忠，马静，徐基良，等.我国自然保护区社区管理成效评价［J］.林业经济，2016（7）：27-31.

［294］廖颖，王心源，周俊明.基于地理探测器的大熊猫生境适宜度评价模型及验证［J］.地球信息科学学报，2016，18（6）：767-778.

［295］刘陈立，张军，李阳阳，等.西双版纳橡胶林信息提取和时空格局扩张监测［J］.福建林业科技，2017，44（2）：43-50.

［296］刘丽，匡纲要.图像纹理特征提取方法综述［J］.中国图象图形学报，2009，14（4）：622-635.

［297］刘宁.野生动物数量调查方法综述［J］.云南林业科技，1998，83（2）：58-60.

［298］刘淑珍，郑远昌.卧龙地貌的特征和大熊猫［J］.野生动物，1984（4）：6-7.

［299］刘晓彤，袁泉，倪健.中国植物分布模拟研究现状［J］.植物生态学报，2019（4）：43.

［300］刘雪华，金学林.秦岭南坡两个大熊猫活动密集区的生境特征及大熊猫对生境的选择［J］.生态学杂志，2008，27（12）：2123-2128.

［301］刘艳萍，申国珍，李景文.大熊猫栖息地质量评价研究进展［J］.广东农业科学，2012，39（22）：193-198.

［302］刘艳萍.气候变化对岷山大熊猫及栖息地的影响［D］.北京：北京林业大学，2012.

[303] 刘振生，高惠，滕丽微，等.基于MAXENT模型的贺兰山岩羊生境适宜性评价[J].生态学报，2013，33（22）：7243-7249.

[304] 柳金峰，黄江成，欧国强，等.甘肃陇南武都区泥石流易发性评价[J].中国地质灾害与防治学报，2010（4）：12-17，25.

[305] 卢其尧.山区年平均气温推算方法研究[J].地理学报，1988，43（3）：213-222.

[306] 栾晓峰，谢一民，杜德昌，等.上海崇明东滩鸟类自然保护区生态环境及有效管理评价[J].上海师范大学学报：自然科学版，2002，31（3）：73-79.

[307] 罗翀，徐卫华，周志翔，等.基于生态位模型的秦岭山系林麝生境预测[J].生态学报，2011，31（5）：1211-1229.

[308] 马浩然.基于多层次分割的遥感影像面向对象森林分类[D].北京：北京林业大学，2014.

[309] 马建章，贾竞波.野生动物管理学[M].哈尔滨：东北林业大学出版社，1990：133-138.

[310] 马建章，罗泽珣.野生动物的数量调查[J].野生动物，1983（6）：24-28.

[311] 马瑞俊，蒋志刚.全球气候变化对野生动物的影响[J].生态学报，2005，25（11）：3601-3066.

[312] 马松梅，聂迎彬，耿庆龙，等.气候变化对蒙古扁桃适宜分布范围和空间格局的影响[J].植物生态学报，2014，38（3）：262-269.

[313] 马松梅，张明理，张宏祥，等.利用最大熵模型和规则集遗传算法模型预测子遗植物裸果木的潜在地理分布及格局[J].植物生态学报，2010，34（11）：1327-1335.

[314] 马逸清.濒危动物及其分级[J].国土与自然资源研究，1987，2：41-45.

[315] 马月伟.夹金山脉大熊猫栖息地人地关系的测度研究[D].成都：中国科学院成都山地灾害与环境研究所，2011.

[316] 莫燕妮，洪小江.海南省林业系统自然保护区管理有效性评估[J].热带林业，2007，35（4）：12-16.

[317] 穆兴民，陈国良.黄土高原降水与地理因素的空间结构趋势面分析[J].干旱区地理，1993，16（2）：71-76.

[318] 倪林.基于自适应四叉树分割的遥感图像压缩算法[J].遥感学报，2002，6（5）：343-351.

[319] 欧阳志云，刘建国，肖寒，等.卧龙自然保护区大熊猫生境评价[J].生态学报，2001，21（11）：1869-1874.

[320] 潘文石，高郑生，吕植，等.秦岭大熊猫的自然庇护所[M].北京：北京大学出版社，1988.

[321] 潘文石，吕植，朱小健，等.继续生存的机会[M].北京：北京大学出版社，

2001.

　　[322] 裴欢，孙天娇，王晓妍.基于Landsat 8 OLI影像纹理特征的面向对象土地利用/覆盖分类［J］.农业工程学报，2018，34（2）：248-255.

　　[323] 彭少麟，李勤奋，任海.全球气候变化对野生动物的影响［J］.生态学报，2002，22（7）：1153-1159.

　　[324] 彭守璋，赵传燕，许仲林，等.黑河上游祁连山区青海云杉生长状况及其潜在分布区的模拟［J］.植物生态学报，2011，35（6）：605-614.

　　[325] 朴仁珠.截线法对西藏盘羊种群数量的估计［J］.生态学报，1996，16（3）：295-301.

　　[326] 戚鹏程.基于GIS的陇西黄土高原落叶阔叶林潜在分布及潜在净初级生产力的模拟研究［D］.兰州：兰州大学，2009.

　　[327] 齐国君，高燕，黄德超，等.基于Maxent的稻水象甲在中国的入侵扩散动态及适生性分析［J］.植物保护学报，2012，39（2）：129-136.

　　[328] 齐增湘，徐卫华，熊兴耀，等.基于MAXENT模型的秦岭山系黑熊潜在生境评价［J］.生物多样性，2011，19（3）：343-352.

　　[329] 钱程，韩建恩，朱大岗，等.基于ASTER-GDEM数据的黄河源地区构造地貌分析［J］.中国地质，2012，39（5）：1247-1260.

　　[330] 秦大河，丁一汇，苏纪兰，等.中国气候与环境演变评估（I）：中国气候与环境变化及未来趋势［J］.气候变化研究进展，2005，1（1）：4-9.

　　[331] 青菁.四川省大熊猫栖息地破碎化现状研究及廊道规划［D］.南充：西华师范大学，2016.

　　[332] 权佳，欧阳志云，徐卫华，等.自然保护区管理有效性评价方法的比较与应用［J］.生物多样性，2010，18（1）：90-99.

　　[333] 冉江洪，刘少英，王鸿加，等.小相岭大熊猫栖息地干扰调查［J］.兽类学报，2004（4）：277-281.

　　[334] 冉江洪，刘少英，王鸿加，等.Habitat selection by giant pandas and grazing livestock in the Xiaoxiangling Mountains of Sichuan Province［J］.生态学报，2003，23：2253-2259.

　　[335] 冉江洪.小相岭大熊猫种群生态学和保护策略研究［D］.成都：四川大学，2004.

　　[336] 任继文.甘肃省大熊猫栖息地植被类型研究［J］.西北林学院学报，2004，19（1）：102-104.

　　[337] 戎战磊，张晋东，洪明生，等.蜂桶寨自然保护区大熊猫生境适宜性评价与保护管理对策［J］.生态学杂志，2015，34（3）：621-625.

　　[338] 戎战磊，周宏，韦伟，等.基于MAXENT模型的唐家河自然保护区大熊猫生境

适宜性评价 ［J］.兰州大学学报：自然科学版，2017，53（2）：269-273，278.

［339］尚明.中分辨率遥感数据面向对象分类的影响要素研究 ［D］.北京：中国科学院大学（中国科学院遥感与数字地球研究所），2018.

［340］申定健，郑合勋，王渭，等.四川省巴塘县矮岩羊与斑羚冬季生境比较 ［J］.生态学报，2009，29（5）：2320-2330.

［341］史雪威，张晋东，欧阳志云.野生大熊猫种群数量调查方法研究进展［J］.生态学报，2016，36（23）：7528-7537.

［342］史志嚞.甘肃省第四次大熊猫调查报告 ［M］.兰州：甘肃科学技术出版社，2017.

［343］史舟，王人潮，吴宏海.基于山区年均温分布模拟与制图 ［J］.山地研究，1997，15（4），261-268.

［344］史作民，程瑞梅，陈力，等.区域生态系统多样性评价方法 ［J］.农村生态环境，1996，12（2）：1-5.

［345］舒勇，宗嘎，吴后建.西藏自治区国家级自然保护区的有效管理分析 ［J］.中南林业科技大学学报，2013，33（2）：91-96.

［346］宋戈，王越.松嫩高平原土地利用格局变化时空分异 ［J］.农业工程学报，2016，32（18）：225-233.

［347］宋清洁.基于无人机的大型食草动物调查研究 ［D］.兰州：兰州大学，2018.

［348］宋晓宇，王纪华，刘良云，等.基于高光谱遥感影像的大气纠正：用 AVIRIS 数据评价大气纠正模块 FLAASH ［J］.遥感技术与应用，2005，20（4）：15-20.

［349］宋杨，李长辉，林鸿.面向对象的 eCognition 遥感影像分类识别技术应用 ［J］.地理空间信息，2012，10（2）：64-66.

［350］苏伟，张明政，蒋坤萍，等.Sentinel-2 卫星影像的大气校正方法 ［J］.光学学报，2018，38（1）：12800101-12800110.

［351］苏杨，王蕾.中国国家公园体制试点的相关概念、政策背景和技术难点 ［J］.环境保护，2015，（14）：17-23.

［352］孙华生.利用多时相 MODIS 数据提取中国水稻种植面积和长势信息 ［D］.杭州：浙江大学，2009.

［353］孙儒泳.动物生态学原理 ［M］.北京：北京师范大学出版社，2001.

［354］谭衢霖，刘正军，沈伟.一种面向对象的遥感影像多尺度分割方法 ［J］.北京交通大学学报，2007，31（4）：111-114.

［355］唐芳林.国家公园属性分析和建立国家公园体制的路径初探 ［J］.林业建设，2014（3）：1-8.

［356］唐继荣，徐宏发，徐正强.鹿类动物数量调查方法探讨 ［J］.兽类学报，2001，21（3）：221-230.

［357］唐平，胡锦矗.冶勒自然保护区大熊猫对生境的选择研究［C］//胡锦矗，吴毅.脊椎动物资源及保护.成都：四川科学技术出版社，1998：33-36.

［358］唐巧倩，江希钿.自然保护区管理有效性评价——以福建省为例［J］.莆田学院学报，2016，23（5）：37-42.

［359］唐小平，贾建生，王志臣，等.全国第四次大熊猫调查方案设计及主要结果分析［J］.林业资源管理，2015（1）：11-16.

［360］唐稚英，陈凤英，孙中武，等.竹子与大熊猫的营养［J］.野生动物，1983（5）：1-4.

［361］滕继荣，黄华梨，王建宏，等.甘肃白水江自然保护区大熊猫栖息地生境特征初步分析［J］.四川动物，2010，29（4）：653-656.

［362］田锡文，王新军，卡迪罗夫ＫＧ，等.近40a凯拉库姆库区土地利用/覆盖变化及景观格局分析［J］.农业工程学报，2014，30（6）：232-241.

［363］万本太，徐海根，丁晖，等.生物多样性综合评价方法研究［J］.生物多样性，2007，15（1）：97-106.

［364］万荣荣，杨桂山.太湖流域土地利用与景观格局演变研究［J］.应用生态学报，2005，16（3）：475-480.

［365］汪红，马云强，石雷.基于高分二号的云南松林遥感影像提取方法研究［J］.云南地理环境研究，2017，29（2）：57-63.

［366］王冰洁，王建宏.甘肃大熊猫食用竹的分类与分布［J］.甘肃科技，2014，30（18）：141-143.

［367］王方，郑璇，马杰，等.无人机技术在中国野生亚洲象调查研究及监测中的应用［J］.林业建设，2019（6）：8-12.

［368］王贺，陈劲松，余晓敏.面向对象分类特征优化选取方法及其应用［J］.遥感学报，2013，17（4）：816-829.

［369］王计平，陈利顶，汪亚峰.黄土高原地区景观格局演变研究综述［J］.地理科学进展，2010，29（5）：535-542.

［370］王建宏，蒲玫.甘肃大熊猫生境质量评价［J］.动物学杂志，2016，51（4）：509-516.

［371］王朗自然保护区大熊猫调查组.四川省平武县王朗自然保护区大熊猫的初步调查［J］.动物学报，1974，20（2）：162-173.

［372］王菱.华北山区年降水量的推算和分布特征［J］.地理学报，1996，51（2）：164-171.

［373］王锐婷，范雄，刘庆，等.气候变化对四川大熊猫栖息地的影响［J］.高原山地气象研究，2010，30（4）：57-60.

［374］王献薄，刘玉凯.生物多样性的理论与实践［M］.北京：中国环境出版社，

1994.

　　［375］王秀兰，包玉海.土地利用动态变化研究方法探讨［J］.地理科学进展，1999，18（1）：83-89.

　　［376］王学志.岷山地区人类活动干扰对大熊猫生境利用的影响研究［D］.北京：中国科学院生态环境研究中心，2008.

　　［377］王玉君，李玉杰，张晋东.气候变化对大熊猫影响的研究进展［J］.野生动物学报，2018，39（3）：709-715.

　　［378］王袁.基于MaxEnt模型的神农架川金丝猴不同季节生境识别［D］.武汉：华中农业大学，2014.

　　［379］王芸，赵鹏祥.青木川自然保护区大熊猫生境评价［J］.应用生态学报，2012，23（1）：206-212.

　　［380］韦银高.Landsat—4/5遥感卫星地面接收系统［J］.遥测遥控，1992，13（5）：6-14.

　　［381］魏辅文，杜卫国，詹祥江，等.中国典型脆弱生态修复与保护研究：珍稀动物濒危机制及保护技术［J］.兽类学报，2016，36（4）：469-475.

　　［382］魏辅文，聂永刚，苗海霞，等.生物多样性丧失机制研究进展［J］.科学通报，2014，59：430-437.

　　［383］魏辅文，张泽钧，胡锦矗.野生大熊猫生态学研究进展与前瞻［J］.兽类学报，2011，31（4）：412-421.

　　［384］魏辅文，周昂，胡锦矗，等.马边大风顶自然保护区大熊猫对生境的选择［J］.兽类学报，1996，16（4）：241－245.

　　［385］温仲明，焦峰，焦菊英.黄土丘陵区延河流域潜在植被分布预测与制图［J］.应用生态学报，2008，19（9）：1897-1904.

　　［386］温仲明，赫晓慧，焦峰，等.延河流域本氏针茅（*Stipa bungeana*）分布预测——广义相加模型及其应用［J］.生态学报，2008，28（1）：192-201.

　　［387］翁笃鸣，罗哲贤.山区地形气候［M］.北京：气象出版社，1990：25-60.

　　［388］卧龙自然保护区，四川师范学院.卧龙自然保护区动植物资源及保护［M］.成都：四川科学技术出版社，1992.

　　［389］邬建国.景观生态学：格局，过程，尺度与等级［M］.北京：高等教育出版社，2007.

　　［390］吴传钧，郭焕成.中国土地利用［M］.北京：科学出版社，1994.

　　［391］吴方明，朱伟伟，吴炳方，等.三江源大型食草动物数量无人机自动监测方法［J］.兽类学报，2019，39（4）：450-457.

　　［392］吴建国，吕佳佳.气候变化对大熊猫分布的潜在影响［J］.环境科学与技术，2009，32（12）：168-177.

［393］吴军，徐海根，陈炼.气候变化对物种影响研究综述［J］.生态与农村环境学报，2011，27（4）：1-6.

［394］武正军，李义明.生境破碎化对动物种群存活的影响［J］.生态学报，2003（11）：2424-2435.

［395］肖燚，欧阳志云，朱春全，等.岷山地区大熊猫生境评价与保护对策研究［J］.生态学报，2004（7）：1373-1379.

［396］肖燚，欧阳志云，朱春全，等.An assessment of giant panda habitat in Minshan，Sichuan，China［J］.生态学报，2004，24：1373-1379.

［397］晓然.Sentinel-3A Satellite：为地球环境"站岗"的欧洲哨兵——3A卫星入轨［J］.国际太空，2016，447（3）：43-46.

［398］谢志红，徐永新.湖南省自然保护区管理有效性评价［J］.湖南林业科技，2003，30（2）：7-10.

［399］辛晓歌，吴统文，张洁.BCC气候系统模式开展的CMIP5试验介绍［J］.气候变化研究进展，2012（5）：70-74.

［400］徐海根，胜强.中国外来入侵物种编目［M］.北京：中国环境科学出版社，2004.

［401］徐海根.自然保护区生态安全设计的理论与方法［M］.北京：中国环境科学出版社，2000.

［402］徐鹏，梁瑞锋，刘斌.基于AHP-CF法的白水江流域滑坡影响因子敏感性分析［J］.城市地质，2018，13（4）：47-53.

［403］徐首珏.面向遥感影像的快速分类及精度评价方法研究［D］.上海：上海海洋大学，2018.

［404］徐卫华，欧阳志云，蒋泽银，等.大相岭山系大熊猫生境评价与保护对策研究［J］.生物多样性，2006（3）：223-231.

［405］许仲林，彭焕华，彭守璋.物种分布模型的发展及评价方法［J］.生态学报，2015，35（2）：557-567.

［406］许仲林，赵传燕，冯兆东.祁连山青海云杉林物种分布模型与变量相异指数［J］.兰州大学学报：自然科学版，2011，47（4）：55-63.

［407］薛达元，郑允文.我国自然保护区有效管理评价指标研究［J］.农村生态环境，1994，10（2）：6-9.

［408］薛达元.建立生物多样性保护相关国际公约的国家履约协同战略［J］.生物多样性，2016，23（5）：673-680.

［409］闫志刚，李俊清.基于熵值法与变异系数的大熊猫分布区生态系统评价［J］.应用生态学报，2017（12）：196-205.

［410］晏婷婷，冉洪江，赵晨皓，等.气候变化对邛崃山系大熊猫主食竹和栖息地分

布的影响［J］.生态学报，2017，37（7）：2360-2367.

［411］杨春花，张和民，周小平，等.大熊猫（*Ailuropoda melanoleuca*）生境选择研究进展［J］.生态学报，2006（10）：286-297.

［412］杨会枫，郑江华，贾晓光，等.气候变化下罗布麻潜在地理分布区预测［J］.中国中药杂志，2017，42（6）：1119-1124.

［413］杨佳.太白山自然保护区大熊猫生存干扰因素及其博弈分析［D］.西安：西北大学，2008.

［414］杨魁，杨建兵，江冰茹.Sentinel-1卫星综述［J］.城市勘测，2015（2）：26-29.

［415］杨渺，欧阳志云，徐卫华，等.卧龙大熊猫潜在适宜生境及实际利用生境评价［J］.四川农业大学学报，2017，35（1）：116-123.

［416］杨兴中，蒙世杰，雍严格，等.佛坪大熊猫环境生态的研究（Ⅱ）——夏季栖息地的选择［J］.西北大学学报：自然科学版，1998，28（4）：348-35.

［417］杨兴中，蒙世杰，张银仓.佛坪保护区大熊猫的冬居地选择［C］//胡锦矗，吴毅.脊椎动物资源及保护.成都：四川科学技术出版社，1998：20-32.

［418］姚薇，李志军，姚琪，等.Landsat卫星遥感影像的大气校正方法研究［J］.大气科学学报，2011，34（2）：125-130.

［419］于文婧，刘晓娜，孙丹峰，等.基于HJ-CCD数据和决策树法的干旱半干旱灌区土地利用分类［J］.农业工程学报，2016，278（2）：220-227.

［420］俞孔坚.丹霞风景名胜区景观规划理论与技术体系及保护规划研究，景观：文化、生态与感知［C］.北京：科学出版社，1998：180-188.

［421］俞孔坚.生态保护的景观生态安全格局［J］.生态学报，1999，19（1）：8-15.

［422］员永生，常庆瑞，刘炜，等.面向对象土地覆被图像组合分类方法［J］.农业工程学报，2009，25（7）：108-113.

［423］袁德辉，翁笃鸣.县级山区月平均气温推算方法［J］.地理研究，1992，11（3）：32-36.

［424］袁力，龚文峰，于成龙.基于RS和GIS的扎龙湿地丹顶鹤生境时空的格局演变［J］.东北林业大学学报，2009，37（8）：34-38.

［425］翟天庆，李欣海.用组合模型综合比较的方法分析气候变化对朱鹮潜在生境的影响［J］.生态学报，2012，32（8）：2361-2370.

［426］张朝忙，刘庆生，刘高焕，等.SRTM 3与ASTER GDEM数据处理及应用进展［J］.地理与地理信息科学，2012，28（5）：29-34.

［427］张洪亮，倪绍祥，邓自旺，等.基于DEM的山区气温空间模拟方法［J］.山地学报，2002，20（3）：360-364.

［428］张怀全.甘肃白水江国家级自然保护区森林生态系统服务价值评估［D］.兰州：

甘肃农业大学，2015.

［429］张晋东.人类与自然干扰下大熊猫空间利用与活动模式研究［D］.沈阳：中国科学院沈阳应用生态研究所，2012.

［430］张俊，王宝山，张志强.面向对象的高空间分辨率影像分类研究［J］.测绘信息与工程，2010，35（3）：3-5.

［431］张雷，刘世荣，孙鹏森，等.气候变化对马尾松潜在分布影响预估的多模型比较［J］.植物生态学报，2011，35（11）：1091-1105.

［432］张巍巍.王朗自然保护区大熊猫生境质量评价［D］.北京：北京林业大学，2014.

［433］张文广，唐中海，齐敦武，等.大相岭北坡大熊猫生境适宜性评价［J］.兽类学报，2007，27（2）：146-152.

［434］张学儒，官冬杰，牟凤云，等.基于ASTER GDEM数据的青藏高原东部山区地形起伏度分析［J］.地理与地理信息科学，2012，28（3）：11-14.

［435］张颖，李君，林蔚，等.基于最大熵生态位元模型的入侵杂草春飞蓬在中国潜在分布区的预测［J］.应用生态学报，2012，22（11）：2970-2976.

［436］张勇.黄土高原地面坡谱研究［D］.西安：西北大学，2003.

［437］张玉君.Landsat 8简介［J］.国土资源遥感，2013，25（1）：175-176.

［438］张泽均，胡锦蟊.大熊猫生境选择研究［J］.四川师范学院学报：自然科学版，2000，21（1）：18-21.

［439］张泽钧，胡锦蟊.从种群生存力分析看大相岭大熊猫未来［J］.四川师范学院学报：自然科学版，2003，24：141-144.

［440］张泽钧，胡锦蟊.大熊猫生境选择研究［J］.四川师范学院学报：自然科学版，2000，21（1）：18-21.

［441］张泽钧，魏辅文，胡锦蟊.大熊猫生境选择及与小熊猫在生境上的分割［J］.西华师范大学学报：自然科学版，2007，28（2）：111-116.

［442］张增祥，汪潇，王长耀，等.基于框架数据控制的全国土地覆盖遥感制图研究［J］.地球信息科学学报，2009，11（2）：216-224.

［443］张峥，张建文，李寅年.湿地生态评价指标体系［J］.农业环境保护，1999，18（6）：283-285.

［444］张志东，臧润国.海南岛霸王岭热带天然林景观中主要木本植物关键种的潜在分布［J］.植物生态学报，2007，31（6）：1079-1091.

［445］张志杰，张浩，常玉光，等.Landsat系列卫星光学遥感器辐射定标方法综述［J］.遥感学报，2015，19（5）：719-732.

［446］赵国松，杜耘，凌峰，等.ASTER GDEM与SRTM3高程差异影响因素分析［J］.测绘科学，2012，37（4）：167-170.

［447］赵慧军.甘肃省外来物种入侵现状调查分析［J］.卫生职业教育，2012（22）：117-119.

［448］赵牡丹，汤国安，陈正江，等.黄土丘陵沟壑区不同坡度分级系统及地面波谱对比［J］.水土保持通报，2002（4）：36-39.

［449］赵泽芳，卫海燕，郭彦龙，等.人参潜在地理分布以及气候变化对其影响预测［J］.应用生态学报，2016，27（11）：3607-3615.

［450］赵智聪，彭琳，杨锐.国家公园体制建设背景下中国自然保护地体系的重构［J］.中国园林，2016（32）：11-18.

［451］赵忠琴，李金录，冯科民.大型水禽航空调查方法［J］.野生动物，1985（4）：25-27.

［452］甄静.未来气候变化对大熊猫栖息地影响精细评估与应对［D］.北京：中国科学院大学（中国科学院遥感与数字地球研究所），2018.

［453］郑云云，胡勇，李婷婷，等.面向对象最优特征选择分类提取方法研究［J］.农村经济与科技，2017，28（18）：225-227.

［454］郑云云.高分辨率影像对象变化检测关键技术研究［D］.重庆：重庆大学，2015.

［455］郑允文，薛达元，张更生.我国自然保护区生态评价指标和评价标准［J］.农村生态环境，1994，10（3）：22-25.

［456］钟伟伟，刘益军，史东梅.大熊猫主食竹研究进展［J］.中国农学通报，2006，22（5）：141-145.

［457］朱琳.地理国情普查中遥感影像处理方法的研究［D］.西安：西安科技大学测绘工程，2015.

［458］朱琳.流域大型底栖动物保护目标的筛选技术应用研究［D］.沈阳：辽宁大学，2014.

［459］朱源，康慕谊.排序和广义线性模型与广义可加模型在植物种与环境关系研究中的应用［J］.生态学杂志，2005，24（7）：807-811.

［460］祝佳.Landsat8卫星遥感数据预处理方法［J］.国土资源遥感，2016，28（2）：21-27.

［461］祝振江.基于面向对象分类法的高分辨率遥感影像矿山信息提取应用研究［D］.北京：中国地质大学，2010.

［462］邹晶.世界自然保护联盟［J］.世界环境，2005（5）：97.

附 录

附表1 大熊猫野外种群状况调查表

填表人：   填表时间：   页码

线编号		日期：年月日			天气		
记录点编号					调查人		
地点	山系		省			县市	
	乡（镇）		保护区			小地名	
地址坐标	N		E			海拔	m
坡位	山顶	山肩	背坡	麓坡	趾坡	冲积地	
坡形	均匀坡	凹坡	凸坡	复合坡	无形坡		
坡向		坡度		水源类型距离			m
痕迹	足迹	食迹	卧迹	毛发	巢穴	其他	
实体	数量只	幼体只	亚成体只	成体只	行为：		
尸体	数量只	幼体只		亚成体只		成体只	
	死亡时间大约（ 月 周 天）			可能的死亡原因：			
粪便	数量（团）		新鲜程度	1～3天	4～15天	＞15天	
	咀嚼程度	细		中		粗	
	组成	茎	茎叶	叶	笋	其他	
	取样编号		DNA	小粪便	数量		
	量度（长×直径）	mm	mm		量度		mm

续附表1

线编号		日期：　年　月　日		天气		
粪便	数量（团）		新鲜程度	1～3天	4～15天	＞15天
	咀嚼程度	细		中		粗
	组成	茎	茎叶	叶	笋	其他
	取样编号		DNA	小粪便	数量	
	量度（长×直径）	mm	mm		量度	mm
粪便	数量（团）		新鲜程度	1～3天	4～15天	＞15天
	咀嚼程度	细		中		粗
	组成	茎	茎叶	叶	笋	其他
	取样编号		DNA	小粪便	数量	
	量度（长×直径）	mm	mm		量度	mm
生境类型	常阔落阔混交	常绿阔叶	落叶阔叶	针阔混交	针叶林	灌丛
	草地		裸岩		农田	
乔木层	均高（m）		平均胸径（cm）		郁闭度	
灌木层	均高（m）		盖度（%）			
群落起源	原始林		次生林		人工林	
竹种	生长状况:正常□　正在开花□　枯死□　　实生苗:有□　无□　发笋状况:有□　　无□					
	均高（m）	盖度（%）	生长类型	散生	族生	混生
	取食情况	竹茎		竹叶		竹笋
备注（区间）						

附表2　白水江国家级自然保护区大熊猫同域物种调查表

线路编号			日期：　　年　　月　　日		填表人				

动物名称	活动数量	尸体数量	痕迹类型及数量							位置		海拔（m）	备注
			粪堆	食迹	足迹	卧迹	抓痕	毛发	其他	地理坐标			
										N	E		
										N	E		
										N	E		
										N	E		
										N	E		
										N	E		
										N	E		
										N	E		
										N	E		
										N	E		
										N	E		
										N	E		
										N	E		
										N	E		
										N	E		
										N	E		
										N	E		
										N	E		
										N	E		
										N	E		
										N	E		
										N	E		
										N	E		
										N	E		
										N	E		
										N	E		
										N	E		
										N	E		

附表3　白水江国家级自然保护区管理有效性调查问卷

评估项目	评分内容	评分标准	得分
1.背景	①对保护区价值、现状的分析	a.对保护区的价值、现状经过系统的分析并对管理计划的制订有帮助作用	3
		b.对保护区的价值进行了系统的分析,但对现状的发展未进行分析评价	2
		c.对保护区的价值和现状进行过粗略的分析	1
		d.未对保护区的价值、现状进行分析	0
	②对自然保护区面临威胁的分析	a.已对威胁进行了全面的确定和归类,并通过管理工作得到了解决	3
		b.已对威胁进行了确定和归类,但尚未对此制定出解决措施	2
		c.对威胁进行系统分析,收集相关资料	1
		d.未对威胁进行确定和归类	0
	③法律地位和确认	a.得到了正式批准,并有保护区林地使用权证,已在实地堪定全部界定	3
		b.得到了正式批准,并有保护区林地使用权证,已在实地勘定部分界定	2
		c.保护区得到了正式批准,其边界已在地图上标注清楚	1
		d.保护区得到了正式批准,但是其边界未在地图上标注清楚	0
	④资源目录	a.自然或文化资源的信息足以支持大多数规划或决策	3
		b.自然或文化资源的信息对规划和决策的主要领域是充分的或正在获得这种信息	2
		c.自然或文化资源的信息对于支持决策和规划是不充分的,获取这种信息的工作有限	1
		d.没有或很少有关于保护区自然或文化资源的信息	0
	⑤国家政策	a.自然保护区所开展的活动和项目得到了国家政策的积极支持	3
		b.自然保护区所开展的部分活动得到了国家政策的支持	2
		c.自然保护区所开展的工作偶尔得到国家政策的支持	1
		d.自然保护区所开展的活动和项目未得到国家政策的支持	0
	附加项目	e.保护区的相关信息为科研、国际交流等提供重要的依据	1

续附表3

评估项目	评分内容	评分标准	得分
2.规划	①立法	a.法律法规对实现管理目标特别有效	3
		b.法律法规存在问题,但没有妨碍实现管理目标	2
		c.法律法规存在重要问题,但不是实现管理目标的主要障碍	1
		d.法律法规存在问题,并且是实现管理目标的主要障碍	0
	②保护区管理规划	a.制订了管理规划,并且得到了很好的实施	3
		b.制订了管理规划,并且正在实施过程中	2
		c.正在制订管理规划	1
		d.没有制订管理规划	0
	③资源管理	a.完全或实质上涉及了自然和文化资源主动管理(如火灾、野生动物控制)的需求	3
		b.部分涉及自然和文化资源主动管理的需求	2
		c.知道但没有涉及自然和文化资源主动管理需求	1
		d.没有评价自然和文化资源主动管理	0
	④法律的执行	a.法律执行能力极好	3
		b.法律执行能力可以接受,但缺陷明显	2
		c.执行能力上存在缺陷(如员工缺乏技能,存在法律诉讼问题)	1
		d.没有有效的能力执行	0
	⑤保护区与资源完整性和状况的设计	a.保护区系统地设计了核心区、实验区和缓冲区,很好地保护了当地的特有物种	3
		b.保护区合理地设计了核心区、实验区和缓冲区,对保护特有物种有较好的作用	2
		c.保护区三区分化很模糊,对特定物种和生境的保护作用不大	1
		d.保护区未进行三区的划分	0
	附加项目	e.规划过程为邻近的社区和利益相关者提供了充分的机会以影响计划	1
		f.在保护区或保护区缓冲带的退化地区安排有恢复生态项目	1
3.投入	①基础设施建设	a.基础设施完全可以满足管理需要,并且没有不必要的设施	3
		b.基础设施大部分能满足管理的需要	2
		c.基础设施基本能满足管理的需要	1
		d.没有可满足其基本管理需求的基础设施	0
	②组织管理计划	a.建立了必要的科室,配备了足够的人员,可满足保护区管理的需求	3
		b.建立了必要的科室,配备了一些工作人员,基本满足保护区管理需求	2
		c.建立了基本的科室,有一些工作人员,不能满足保护区管理需求	1
		d.未建立基本的运作机构	0

续附表3

评估项目	评分内容	评分标准	得分
3. 投入	③管理人员的能力	a.配备了称职的管理人员,制订了进一步培训计划并按期实施	3
		b.配备了少量的管理人员,有相应的培训内容,但培训尚未实施	2
		c.配备了少量管理人员,培训正在确定中	1
		d.未配备称职的管理人员,未认识到培训的重要性	0
	④资金	a.保护区有充足的资金来源用于行政和事业管理和建设	3
		b.保护区有足够的资金来源用于事业和基本管理建设	2
		c.保护区没有足够的资金用于管理建设	1
		d.保护区资金来源很欠缺	0
	⑤保护区的创收能力	a.保护区通过开展生态旅游取得了很大的旅游收入	3
		b.保护区通过开展生态旅游取得了一些旅游收入	2
		c.保护区通过开展旅游取得的收入有限	1
		d.保护区开展生态旅游的收入甚少	0
	⑥合作伙伴	a.与其他保护区、科研机构等建立了良好的关系,形成网络,达到很好的资源共享	3
		b.与一些保护区、科研机构建立了关系,实现部分资源共享	2
		c.与科研机构有交流关系,但是交流不频繁	1
		d.没有相关的交流	0
	附加项目	e.有积极的培训项目针对员工技能上的不足,以激励员工发挥自己的潜力	1
		f.保护区曾独立主持过科研项目,并且现在正在进行中	1
4. 过程	①设备维护	a.所有设备或设施得到正常维护	3
		b.许多设备或设施得到正常维护	2
		c.只在设备或设施需要修理时在进行维护	1
		d.对设备或设施没有或是很少进行维护	0
	②社区宣教计划	a.全面实施了宣教计划	3
		b.正在实施宣教计划	2
		c.宣教计划正在制订中	1
		d.尚未制订宣教计划	0
	③生物多样性调查方面	a.已完成了基本优先保护的重点生物多样性调查,调查的结果可用于管理决策的制定	3
		b.管理目标和生物多样性调查的优先重点正在确定和分类当中	2
		c.对管理目标和生物多样性调查优先重点有一般的了解	1
		d.对管理目标和生物多样性调查优先重点尚未了解	0

续附表 3

评估项目	评分内容	评分标准	得分
4.过程	④保护区的财务计划	a.已制订长期的财务计划,且具有多渠道的资金来源,已支付保护区基本的管理费用	3
		b.已制订资金计划,有经常的来源和机制支付保护区的基本管理费用	2
		c.资金计划正在编制中	1
		d.没有制订财务计划,无多种资金来源渠道	0
	⑤生物多样性监测评价方面	a.有固定的监测中心,通过监测分析得到相关信息,这些信息可定期应用于保护区	3
		b.通过站点监测对区内重点保护的物种进行了监测评价	2
		c.对区内生物多样性的监测偶尔进行	1
		d.尚未进行任何生物监测活动	0
	⑥沟通	a.管理者经常与保护区有利益关系的人沟通项目,以建立支持	3
		b.与保护区有利益关系的人有事先经过计划的沟通项目,以建立支持,执行有限	2
		c.管理者与保护区有利益关系的人有沟通,但是非正式的,没有经过事先规划	1
		d.管理者和保护区的有利益关系的人没有沟通或沟通很少	0
	⑦游客设施和服务	a.旅游设施和服务对目前的游览水平是极好的	3
		b.旅游设施和服务对目前的游览水平是足够的	2
		c.旅游设施和服务缺乏	1
		d.旅游设施和服务非常缺乏	0
	附加项目	e.保护区3年内没有发生偷猎、盗伐、火灾或外来物种的案件	1
		f.区内开展了生态旅游,并且以自然知识的普及和保护意识的灌输为核心	1
		g.保护区内经常开展国际交流项目	1
5.产出与结果	①保护区对生物多样性的作用	a.保护区内的物种及其生境得到了很好的保护,区内的关键种和特有种的数目有所提高	3
		b.保护区内的物种和生境得到了较好的保护,区内的物种数目维持原有的数目	2
		c.保护区内的物种多样性有所减少	1
		d.保护区内的物种多样性减少明显,特别是关键种和特有种的数目	0
	②对当地经济的作用	a.保护区的存在对当地社区有经济上的重要好处,并且大部分活动来自保护区内的活动(如在保护区工作,当地人经营的旅游项目)	3
		b.保护区的存在对当地社区有经济上的好处,但对地区经济具有中等或较大的重要性,但许多好处来自保护区边界外的好处	2
		c.保护区的存在对当地社区有一定的好处,但对地区经济意义不大	1
		d.保护区的存在对当地社区没有或很少有经济上的影响	0

续附表3

评估项目	评分内容	评分标准	得分
5.产出与结果	③居民对保护区的态度	a.对保护区开展的工作给予很好的配合,了解保护区的发展和前景,提供了建设性的意见	3
		b.对保护区工作的开展给予配合	2
		c.对保护区工作的开展等活动偶尔给予配合	1
		d.对保护区工作的开展有抵触情绪	0
	④社区居民和传统土地所有者	a.社区居民或传统土地所有者在所有领域对管理决策有直接作用	3
		b.社区居民或传统土地所有者在某些领域对管理决策有直接作用	2
		c.社区居民或传统土地所有者对管理决策有作用,但没有直接作用	1
		d.社区居民或传统土地所有者对管理决策没有作用或是很少有作用	0
	⑤在促进就业方面	a.开展保护区管理活动(尤其是旅游相关的活动)为社区的就业提供了很多岗位	3
		b.开展保护区管理活动(尤其是旅游相关的活动)为社区的就业提供了部分岗位	2
		c.开展保护区管理活动(尤其是旅游相关的活动)为社区的就业提供了很少岗位	1
		d.开展保护区管理活动(尤其是旅游相关的活动)为社区的就业没有提供相应岗位	0
	⑥可持续发展	a.保护区内的生产活动完全以可持续方式开展	3
		b.保护区内的生产活动大体以可持续方式开展	2
		c.保护区内的生产活动部分降低了自然价值	1
		d.保护区内的生产活动完全降低了自然价值	0
	⑦游客机会	a.游客机会的管理以研究游客需求为基础,执行了优化游客机会的计划	3
		b.考虑了提供机会让游客进入保护区或获得多种多样的体验	2
		c.在提供机会让游客进入保护区或获得多种多样的体验,但没有真正实行	1
		d.没有考虑提供机会让游客进入保护区获得更多的体验	0
	附加项目	e.保护区在宣教方面取得了优异的成绩,部分措施在各级保护区中有示范作用	1
		f.保护区对当地社区经济的发展起到了不可替代的作用	1

附表4　白水江国家级自然保护区管理有效性调查问卷

基本信息				
自然村名：		所属乡(镇)：		
所属县名：		填表时间：　　　年　　月　　日		
被访问农户居住位置(勾选)：1.保护区内　2.保护区外栖息地内　　3.栖息地外				
被访问者姓名：	电话：	性别：	年龄：	民族：
被访问者与户主关系：(勾选) 1.户主本人　2.户主配偶　3.其他(注明)		文化程度：(勾选)1.小学以下　2.初中　3.高中 4.大中专以上		
户主姓名：		文化程度：(勾选)1.小学以下　2.初中　3.高中 4.大中专以上		
填表人：		填表人联系电话：		

指标	单位	代码	时间	备注
1.家庭成员人数	人	n001		
2.劳动力人数	人	n002		
3.文盲成员人数	人	n003		
4.小学及以下成员人数	人	n004		
5.初中成员人数	人	n005		
6高中成员人数	人	n006		
7.大中专以上成员人数	人	n007		
8.女性家庭成员人数	人	n008		
9.男性家庭成员人数	人	n009		
10.14周岁以下家庭成员数	人	n010		
11.15～18周岁家庭成员	人	n011		
12.19～49周岁家庭成员数	人	n012		
13.50周岁以上家庭成员数	人	n013		
14.家庭外出务工人数	人	n014		
15.家庭耕地面积	亩	n015		
其中:水田	亩	n016		
旱地	亩	n017		
16.本村是否开展林改	1是0否	n018		
17.家庭林地面积	亩	n019		
其中:经济林面积	亩	n020		
用材林面积	亩	n021		
竹林面积	亩	n022		
薪炭林	亩	n023		

续附表4

指标	单位	代码	时间	备注
18.退耕还林面积	亩	n024		
19.家庭其他土地面积(如果园、桑园、水面等)	亩	n025		
20.粮食作物播种面积	亩	n026		
21.主要粮食作物产量				
其中:小麦	千克	n027		
稻米	千克	n028		
大豆	千克	n029		
玉米	千克	n030		
薯类	千克	n031		
其他杂粮	千克	n032		
22.粮食作物收入	元	n033		
23.经济作物播种面积				
其中:油菜	亩	n034		
棉花	亩	n035		
作物3(具体填写)	亩	n036		
作物4(具体填写)	亩	n037		
其他(具体填写)	亩	n038		
24.经济作物收入	元	n039		
25.蔬菜种植面积	亩	n040		
26.蔬菜销售收入	元	n041		
27.家禽家畜存栏情况				
其中:鸡	只	n042		
鸭	只	n043		
鹅	只	n044		
牛	头	n045		
羊	头	n046		
猪	头	n047		
其他	头	n048		
28.家禽家畜出栏收入	元	n049		
29.家禽家畜养殖方式				
A.圈养		n050		

指标	单位	代码	时间	备注
B.放养		n051		
C.其他		n052		
30.其他养殖业产品产量				
如:蜂蜜	千克	n053		
蚕茧	千克	n054		
水产品	千克	n055		
其他	千克	n056		
31.其他养殖业收入	元	n057		
32.家庭木材采伐数量	立方米	n058		
33.家庭木材采伐收入	元	n059		
34.家庭竹材采伐数量	千克	n060		
35.家庭竹材采伐收入	元	n061		
36.家庭林副产品采集数量				
其中:菌类	千克	n062		
野生中药材	千克	n063		
竹笋	千克	n064		
山野菜其他	千克	n065		
其他	千克	n066		
37.家庭林副产品采集收入	元	n067		
38.家庭种植中药材产量	千克	n068		
39.家庭种植中药材收入	元	n069		
40.家庭培植木耳、香菇产量	千克	n070		
41.家庭培植木耳、香菇收入	元	n071		
42.家庭培植木耳、香菇消耗木材	立方米	n072		
43.家庭经济林产品产量				
其中:茶叶	斤	n073		
干果	斤	n074		
鲜果	斤	n075		
调料	斤	n076		
44.家庭经济林产品收入	元	n077		
45.家庭是否从事旅游接待服务	1是 0否			

续附表4

指标	单位	代码	时间	备注
46.如是,家庭从事旅游接待服务内容				
A.家庭旅馆		n078		
B.旅游纪念品加工出售		n079		
C.餐饮服务		n080		
D.开办商店		n081		
E.导游服务		n082		
F.运输服务		n083		
G.其他		n084		
47.家庭从事旅游接待服务收入	元	n085		
48.如果本地没有大熊猫,您家旅游收入会怎样				
A.增加		n086		
B.减少		n087		
C.很难说		n088		
49.家庭县内打工人数	人	n089		
50.家庭县内打工收入	元	n090		
51.家庭县外打工人数	人	n091		
52.家庭县外打工加工收入	元	n092		
53.家庭在保护区内打工人数	人	n093		
54.家庭在保护区内打工收入	元	n094		
55.林业生态工程管护(天保、公益林、退耕等)	元	n095		
56.乡(镇)或村内工矿企业打工收入	元	n096		
57.其他收入(请具体列明)	元	n097		
58.家庭总支出	元	n098		
其中:经营性费用支出	元	n099		
购置生产用固定资产	元	n100		
家庭教育医疗支出	元	n101		
家庭生活消费品支出	元	n102		
家庭其他支出	元	n103		
59.家庭使用燃料种类及消耗量				
A.薪柴	千克	n104		
B.煤	吨	n105		

指标	单位	代码	时间	备注
C.秸秆	千克	n106		
D.沼气	天	n107		
E.电	度	n108		
F.其他(注明)		n109		
60.如果家里使用薪材,薪柴的来源				
A.自留山		n110		
B.责任山		n111		
C.集体统管山林		n112		
D.其他		n113		
61.家里没有使用沼气的原因				
A.家里不养家畜		n114		
B.家里粮食播种面积减少		n115		
C.气候原因使用时间有限		n116		
D.修建费用较高		n117		
E.其他		n118		
62.您在本村周边是否发现过大熊猫或者活动痕迹	1是 0否	n119		
63.保护大熊猫对您有什么影响				
A.没有影响		n120		
B.进山砍柴		n121		
C.采集药材		n122		
D.采集其他林副产品		n123		
E.开矿		n124		
F.修建道路		n125		
G.打笋		n126		
H.野猪、黑熊、牛羚数量增加危害农作物、伤人		n127		
I.其他		n128		
64.您知道大熊猫是国家重点保护动物吗?	1是 0否	n129		
65.您觉得大熊猫应该被保护吗?	1是 0否	n130		

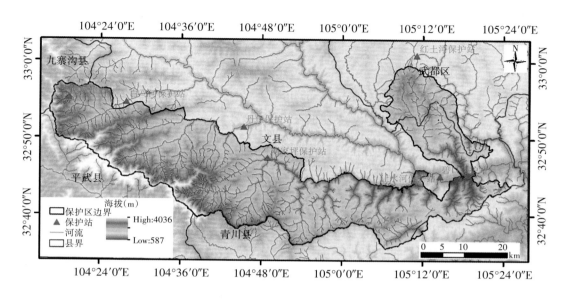

彩图1 白水江国家级自然保护区相对位置

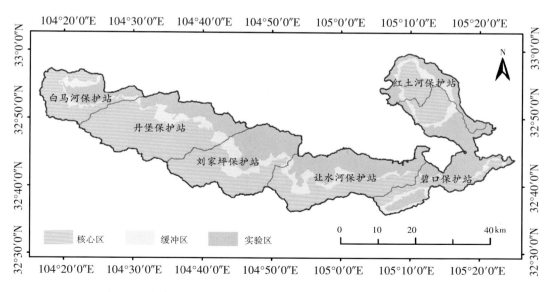

彩图2 白水江国家级自然保护区功能区划分及保护站管护区分布

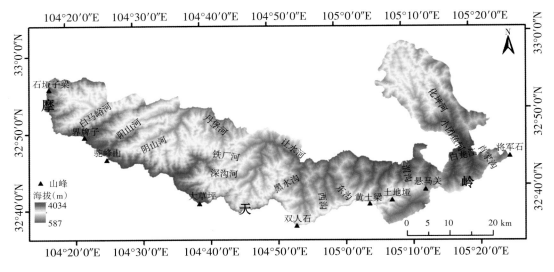

彩图 3　白水江国家级自然保护区地形

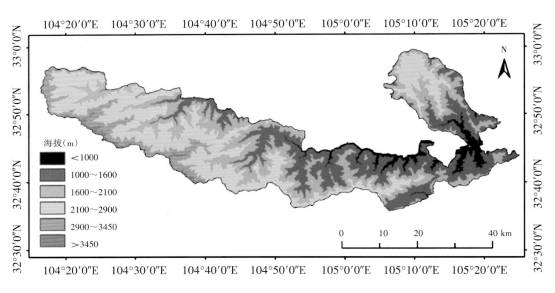

彩图 4　白水江国家级自然保护区高程带空间分布

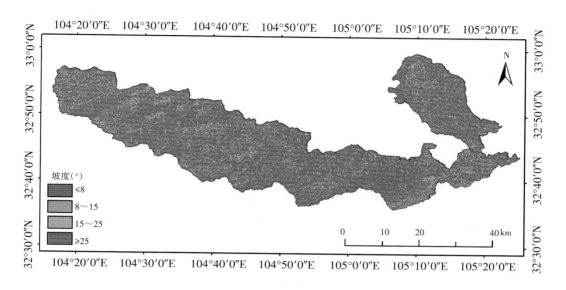

彩图5　白水江国家级自然保护区不同坡度级别的空间分布

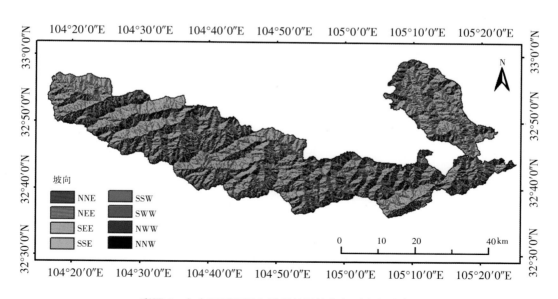

彩图6　白水江国家级自然保护区坡向级别空间分布

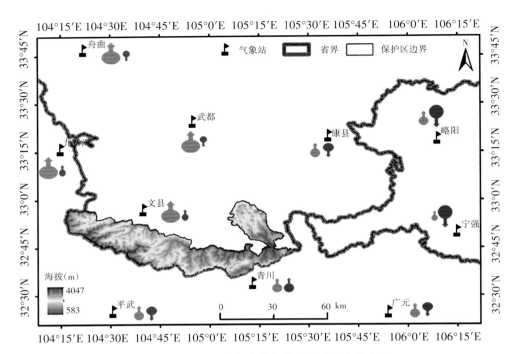

彩图7 白水江国家级自然保护区周边气象站分布

注：红色表示温度，蓝色表示降水；向上箭头表示增加，向下箭头表示减少；符号的大小表示增加或减少的幅度。

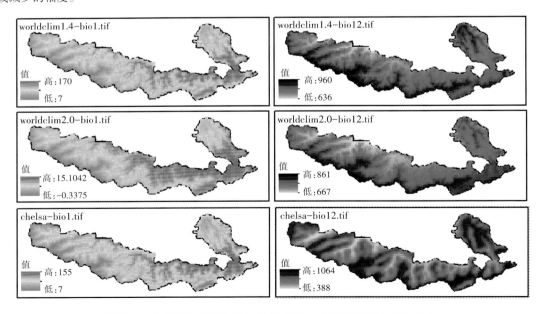

彩图8 白水江国家级自然保护区多年平均气温和降水空间分布

注：worldclim1.4为worldclim第一版本数据；worldclim2.0为worldclim第二版本数据；chelsa为chelsa数据集；bio1为年平均气温；bio12为年平均降水。

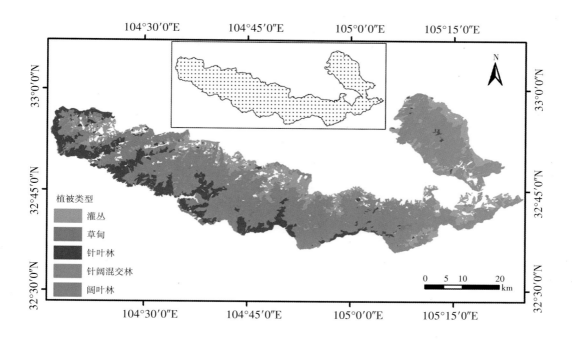

彩图9　白水江国家级自然保护区植被类型的空间分布图和调查样点（主题图中的小图）

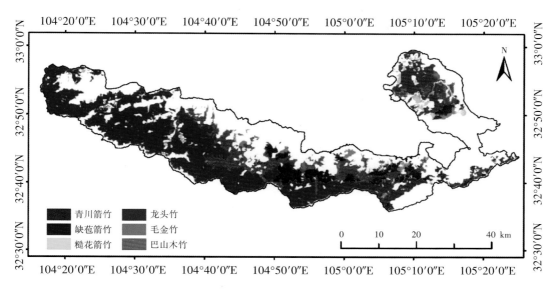

彩图10　白水江国家级自然保护区主食竹的空间分布

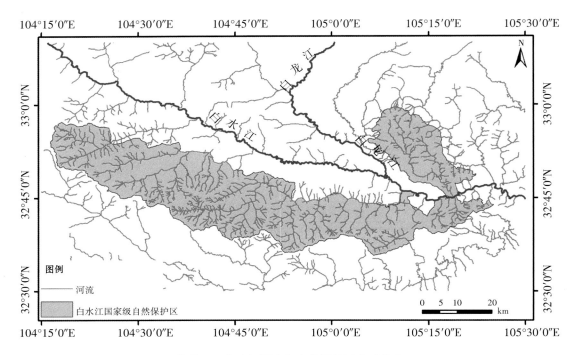

彩图11 白水江国家级自然保护区水系分布

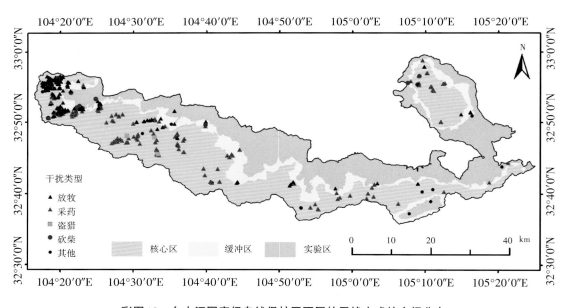

彩图12 白水江国家级自然保护区不同的干扰方式的空间分布

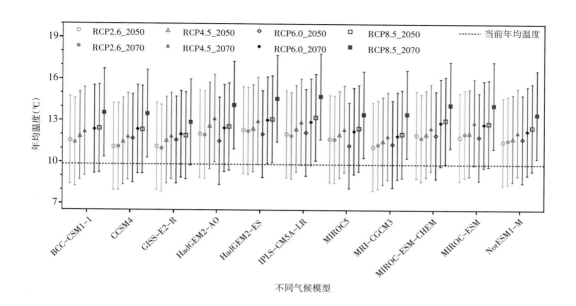

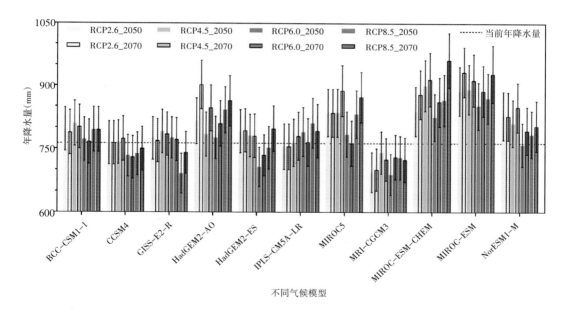

彩图 13　不同大气模型和情景下白水江国家级自然保护区未来气温和降水特征

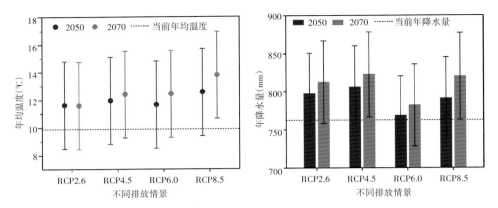

彩图14 基于综合大气模型的白水江国家级自然保护区气温与降水特征

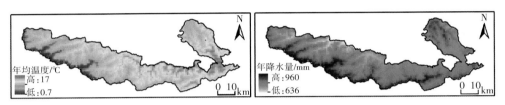

彩图15 白水江国家级自然保护区当前年均温度与年降水量的空间变化

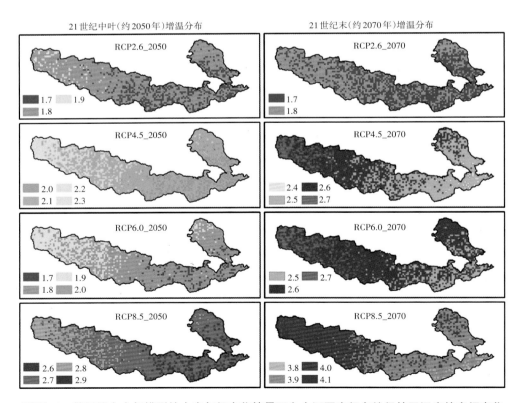

彩图16 基于综合大气模型的未来气候变化情景下白水江国家级自然保护区温度的空间变化

21世纪中叶(约2050年)降水增加量分布　　　　　　　21世纪末(约2070年)降水增加量布

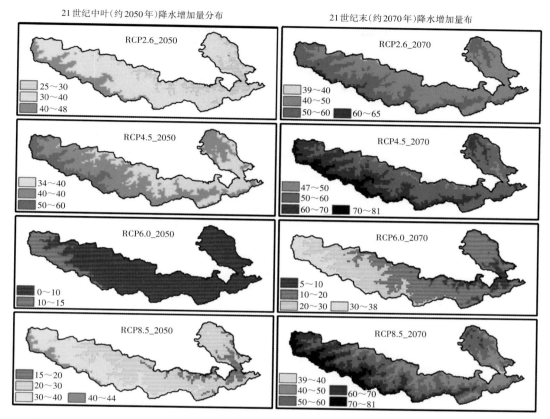

彩图17　基于综合大气模型的未来气候变化情景下白水江国家级自然保护区降水量的空间变化

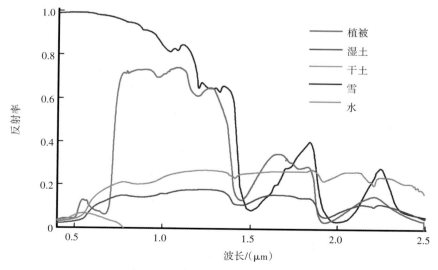

彩图18　典型地物的光谱反射特征

彩图19　　　Sentinel-2数据拼接结果

彩图20　白水江国家级自然保护区Sentinel-2数据预处理结果

彩图21　裁剪后得到的白水江国家级自然保护区Landsat影像图（2015）

（a）Sentinel–2影像

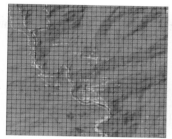
（b）棋盘分割（Object Size=10）

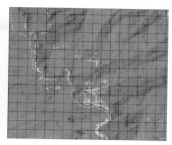
（c）棋盘分割（Object Size=20）

彩图22　棋盘分割效果图

（a）Sentinel–2影像

（b）四叉树分割（Scale=500）

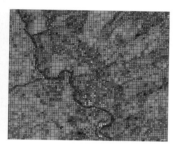
（c）四叉树分割（Scale=1000）

彩图23　四叉树分割效果图

（a）Sentinel–2影像

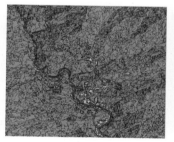
（b）多尺度分割

（Scale parameter=31）

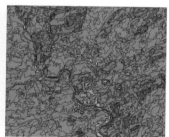
（c）多尺度分割

（Scale parameter=57）

彩图24　多尺度分割效果图

（a）Sentinel–2影像

（b）多尺度分割+光谱差异分割

（Scale=100）

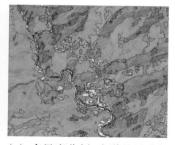
（c）多尺度分割+光谱差异分割

（Scale=150）

彩图25　光谱差异分割效果图

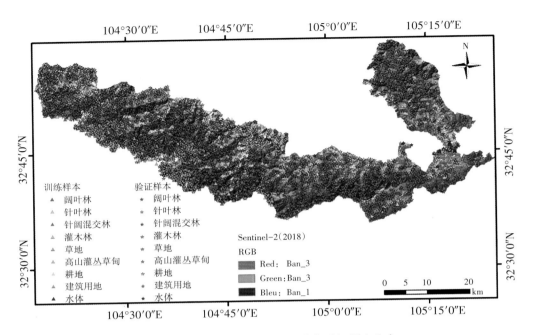

彩图26　Sentinel-2分类训练样本与验证样本分布

彩图27　Sentinel-2影像分割效果图

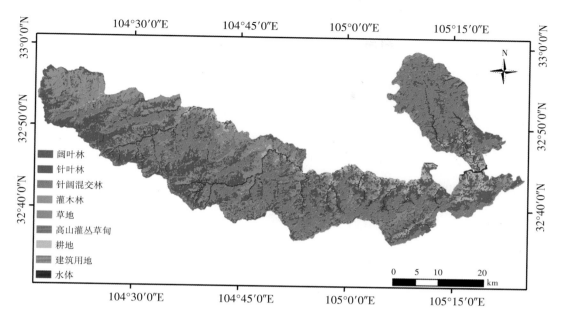

彩图28 白水江国家级自然保护区土地利用现状图

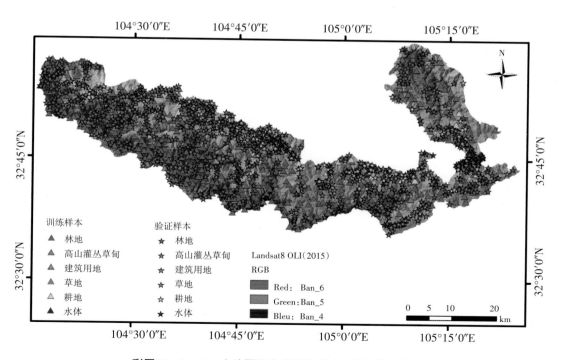

彩图29 Landsat土地覆盖分类训练样本和验证样本分布

彩图 30　Landsat　TM影像（1995）分割效果图

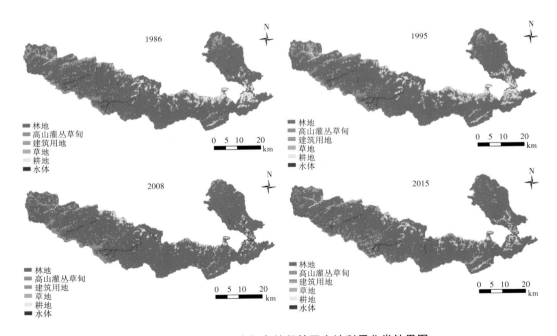

彩图 31　白水江国家级自然保护区土地利用分类结果图

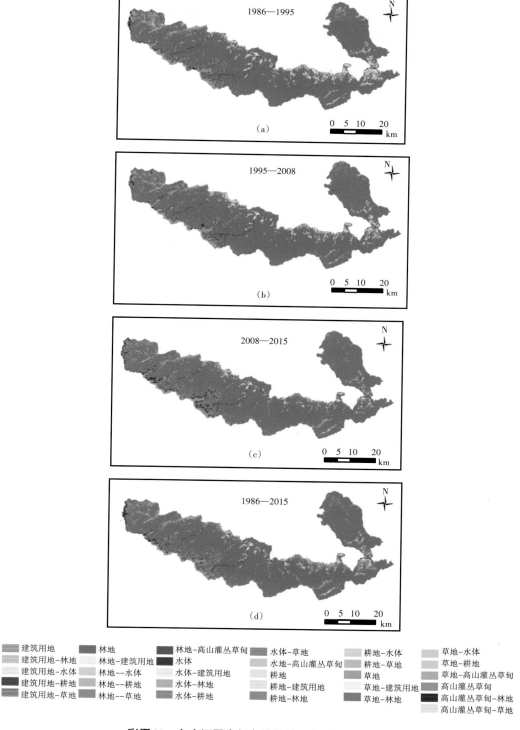

彩图 32　白水江国家级自然保护区土地利用变化

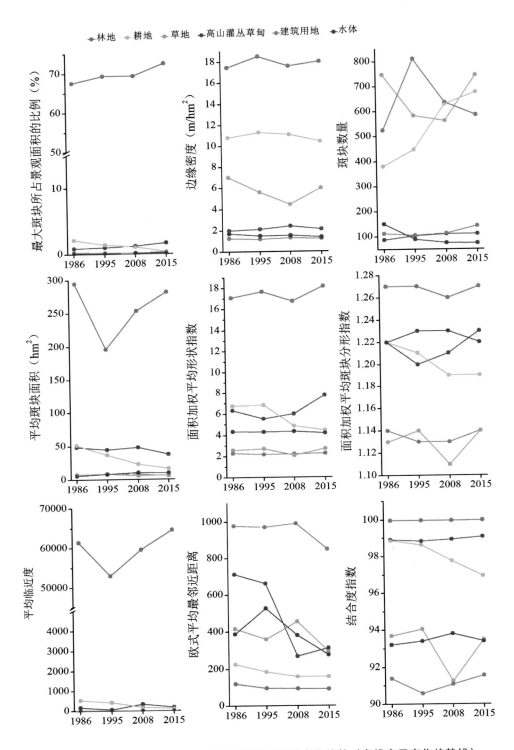

彩图 33　1986—2015 年不同斑块类型的景观指数变化趋势（虚线表示变化趋势线）

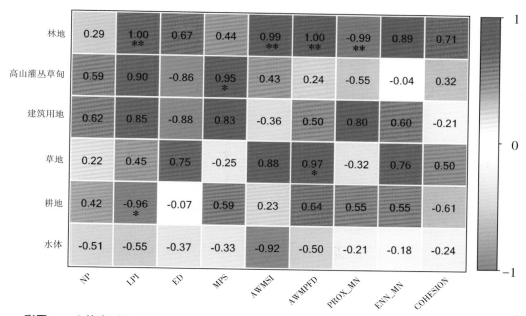

彩图34　斑块类型级别的景观格局指数变化率与对应的景观级别的景观格局指数变化率的
相关分析结果（*P<0.05，**P<0.01）

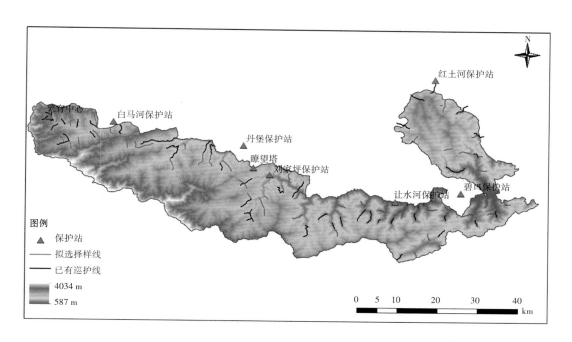

彩图35　白水江国家级自然保护区大熊猫调查路线布设（常规调查样线和本次研究中的调查样线）

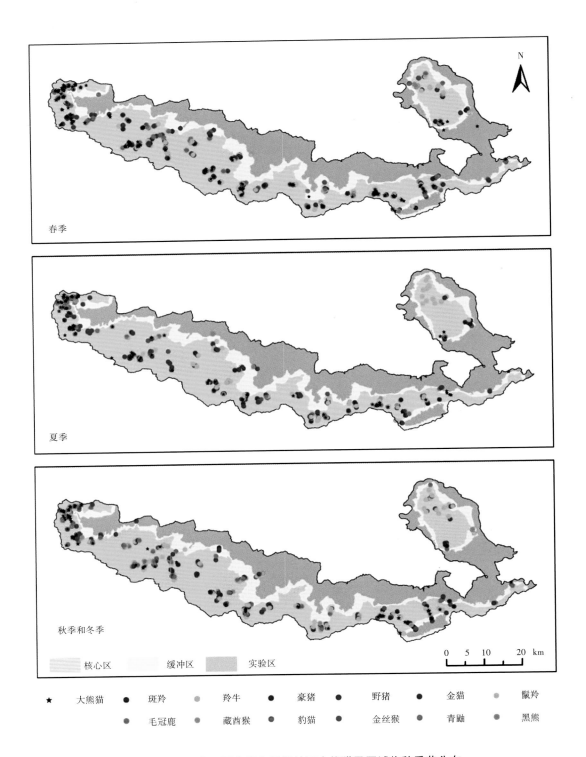

春季

夏季

秋季和冬季

核心区　　　　缓冲区　　　　实验区

0　5　10　　　20 km

★　大熊猫　　　●　斑羚　　　●　羚牛　　　●　豪猪　　　●　野猪　　　●　金猫　　　●　鬣羚

●　毛冠鹿　　　●　藏酋猴　　　●　豹猫　　　●　金丝猴　　　●　青鼬　　　●　黑熊

彩图36　白水江国家级自然保护区大熊猫及同域物种季节分布

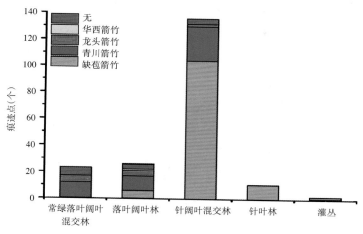

彩图 37　白水江国家级自然保护区春季大熊猫分布与植被类型和主食竹的关系

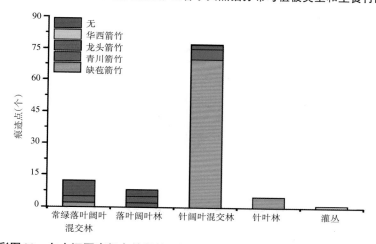

彩图 38　白水江国家级自然保护区夏季大熊猫分布与植被类型和主食竹的关系

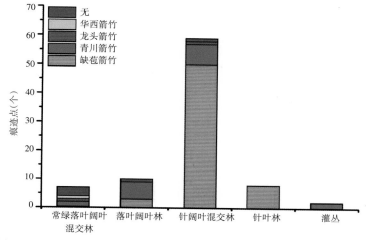

彩图 39　白水江国家级自然保护区秋冬季大熊猫分布与植被类型和主食竹的关系

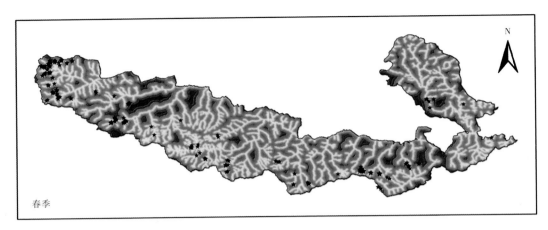

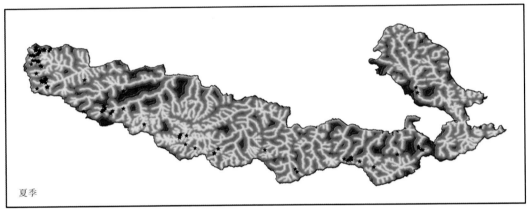

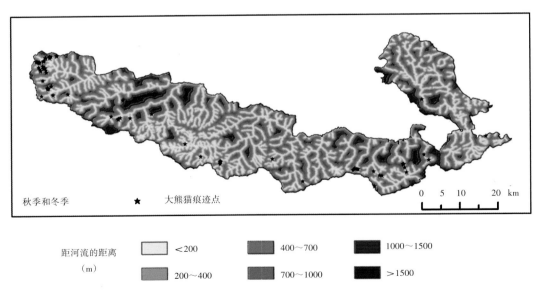

距河流的距离
（m）

彩图40　白水江国家级自然保护区不同季节大熊猫分布与河流距离的关系

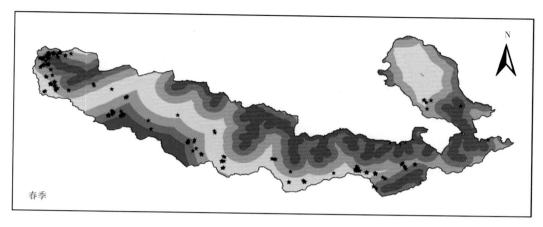

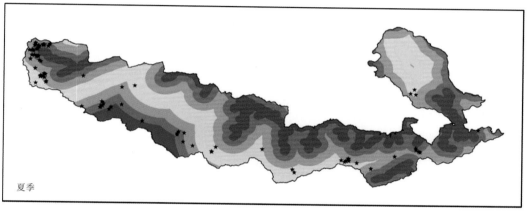

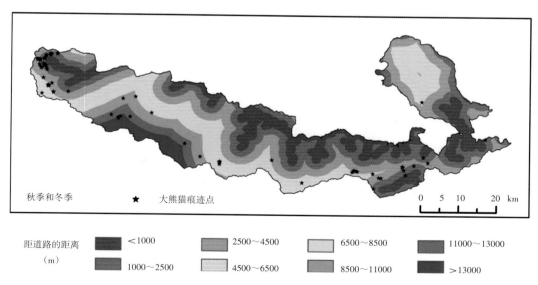

春季

夏季

秋季和冬季　　★　　大熊猫痕迹点

0　5　10　　　20　km

距道路的距离
（m）

 < 1000　　2500～4500　　6500～8500　　11000～13000
1000～2500　4500～6500　8500～11000　　>13000

彩图 41　白水江国家级自然保护区不同季节大熊猫分布与道路距离的关系

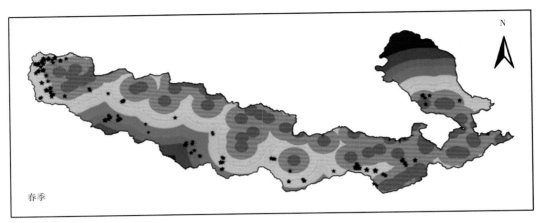

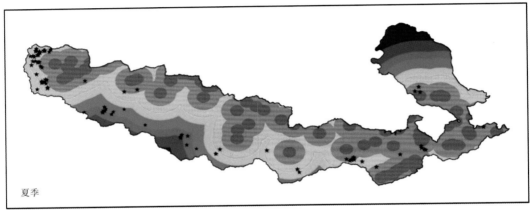

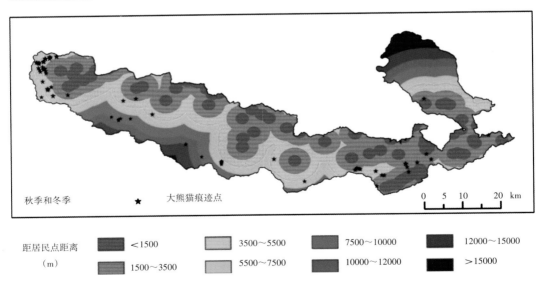

春季

夏季

秋季和冬季　★　大熊猫痕迹点

0 5 10 20 km

| 距居民点距离 | <1500 | 3500～5500 | 7500～10000 | 12000～15000 |
| （m） | 1500～3500 | 5500～7500 | 10000～12000 | >15000 |

彩图42　白水江国家级自然保护区不同季节大熊猫分布与居民点距离的关系

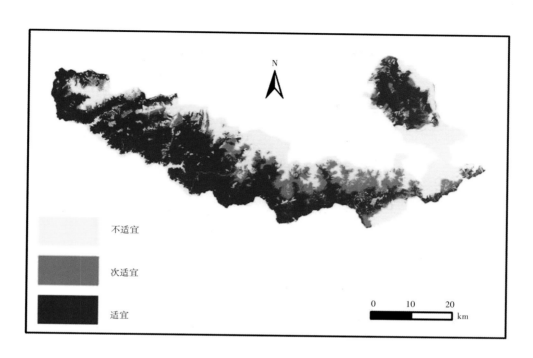

彩图43 基于景观连接度方法的白水江国家级自然保护区大熊猫栖息地适宜性评价

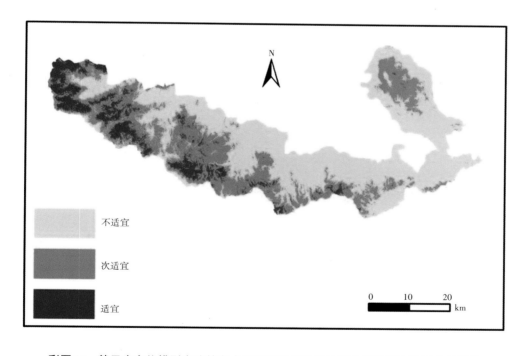

彩图44 基于生态位模型方法的白水江国家级自然保护区大熊猫栖息地适宜性评价

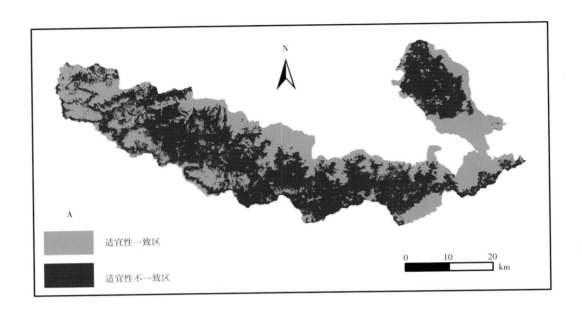

A

| | 适宜性一致区 |
| | 适宜性不一致区 |

0 10 20
km

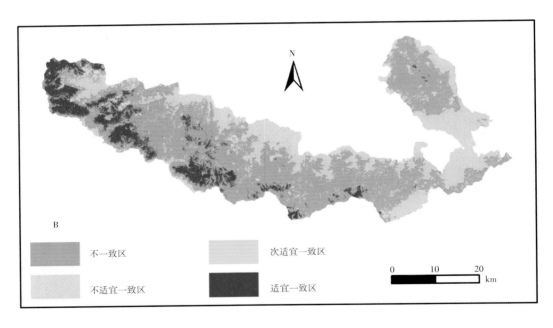

B

| | 不一致区 | | 次适宜一致区 |
| | 不适宜一致区 | | 适宜一致区 |

0 10 20
km

彩图45 两种方法大熊猫栖息地质量转移矩阵空间分布

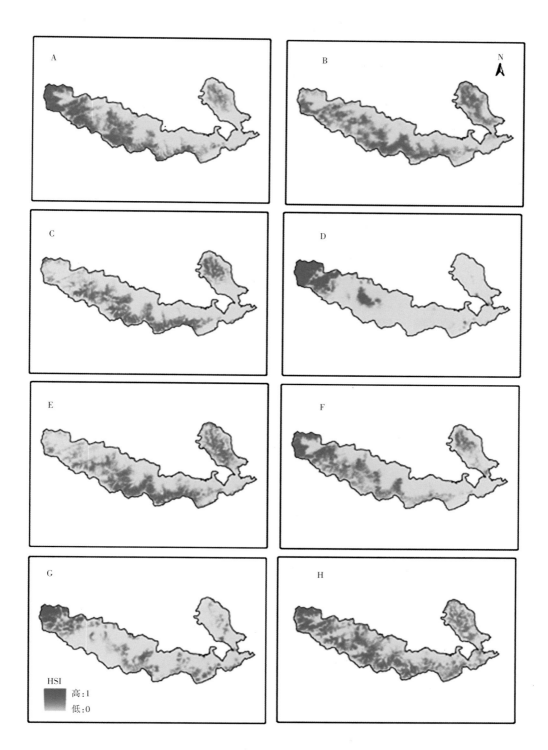

彩图46　8个物种的潜在分布

注：A为大熊猫；　B为金丝猴；　C为扭角羚；　D为血雉；　E为斑羚；　F为鬣羚；　G为红色角雉；　H为野猪。

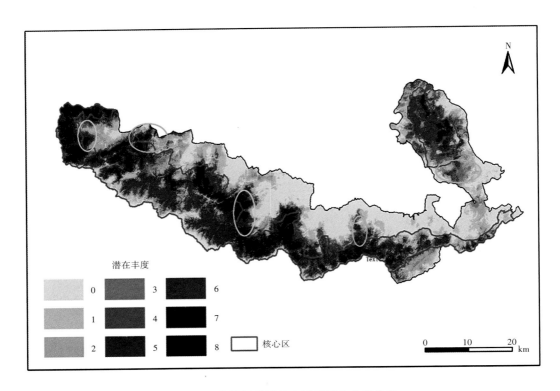

彩图47　自然保护区核心区及潜在丰度分布

注：黄色圆圈表示核心区外适宜生境区域。

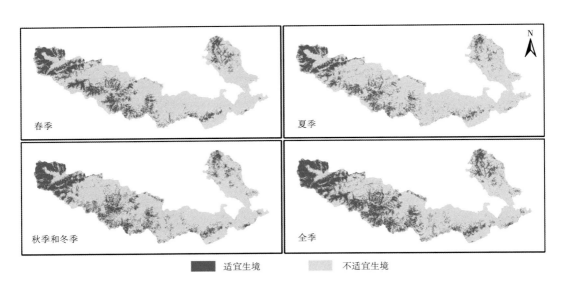

彩图48　不同季节大熊猫的适宜生境分布

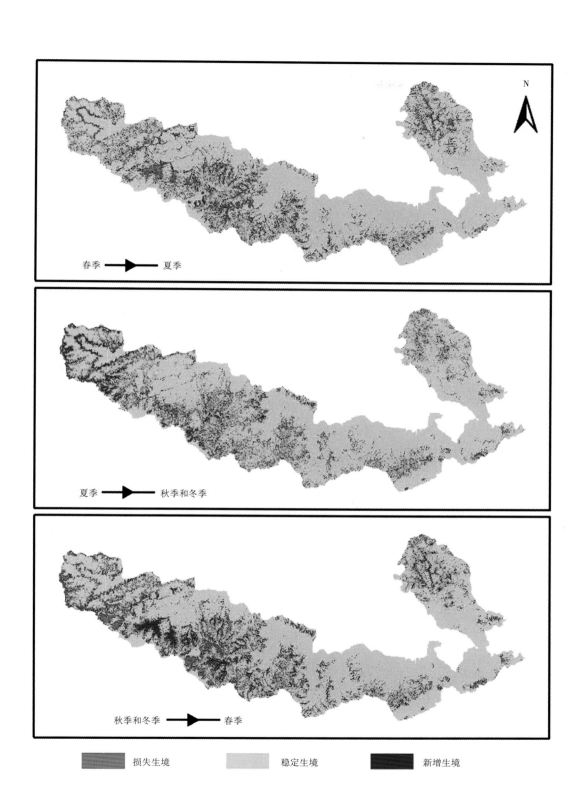

春季 ⟶ 夏季

夏季 ⟶ 秋季和冬季

秋季和冬季 ⟶ 春季

損失生境　　　穩定生境　　　新增生境

彩图49　大熊猫季节迁移下适宜生境的范围变化

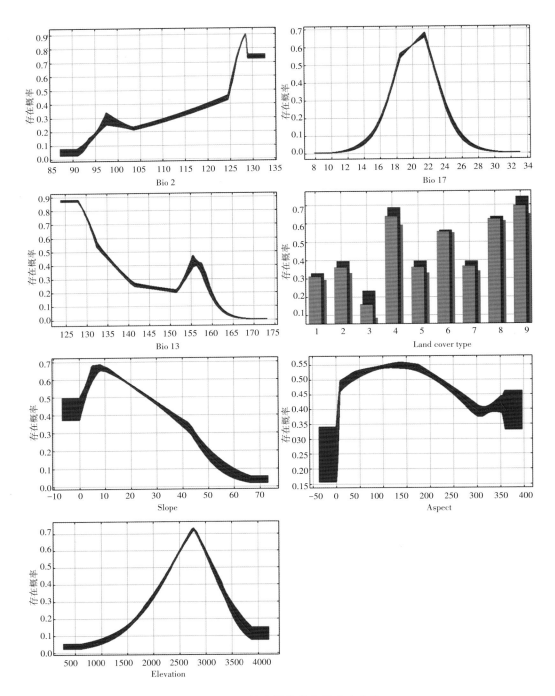

彩图 50　环境变量的单变量响应曲线

注：红色表示模型 10 次运算的平均值，蓝色表示变化范围。土地覆盖类型：1 为落叶林；2 为建筑用地；3 为耕地；4 为草地；5 为高山灌丛草甸；6 为针阔混交林；7 为针叶林；8 为灌木林；9 为水体。

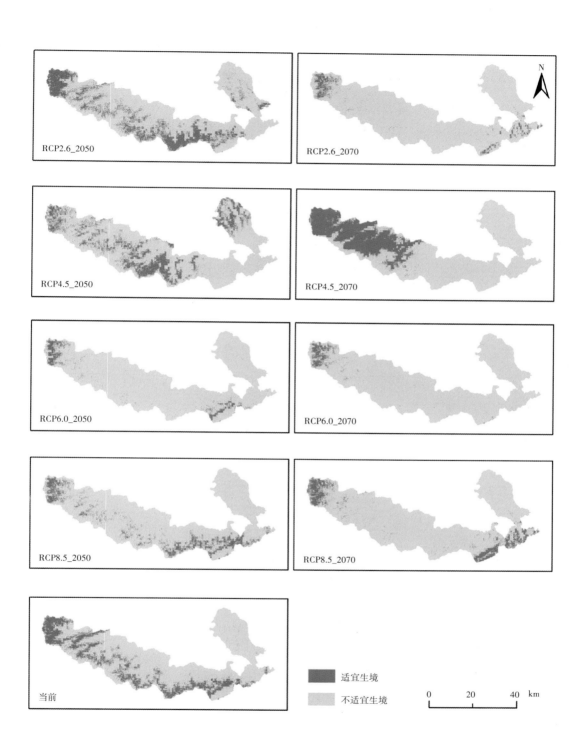

彩图51　未来时期不同气候情景下大熊猫适宜生境分布

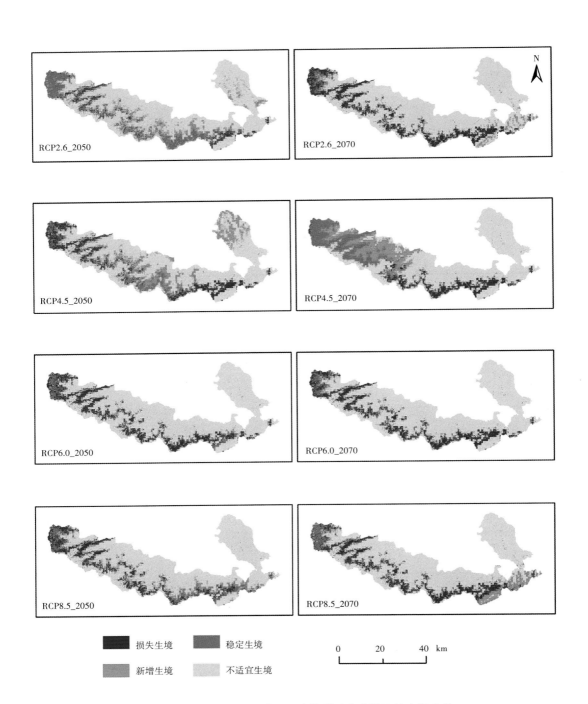

RCP2.6_2050

RCP2.6_2070

N

RCP4.5_2050

RCP4.5_2070

RCP6.0_2050

RCP6.0_2070

RCP8.5_2050

RCP8.5_2070

损失生境　　稳定生境

新增生境　　不适宜生境

0　　20　　40　km

彩图 52　不同气候变化情景下大熊猫适宜生境区的空间变化

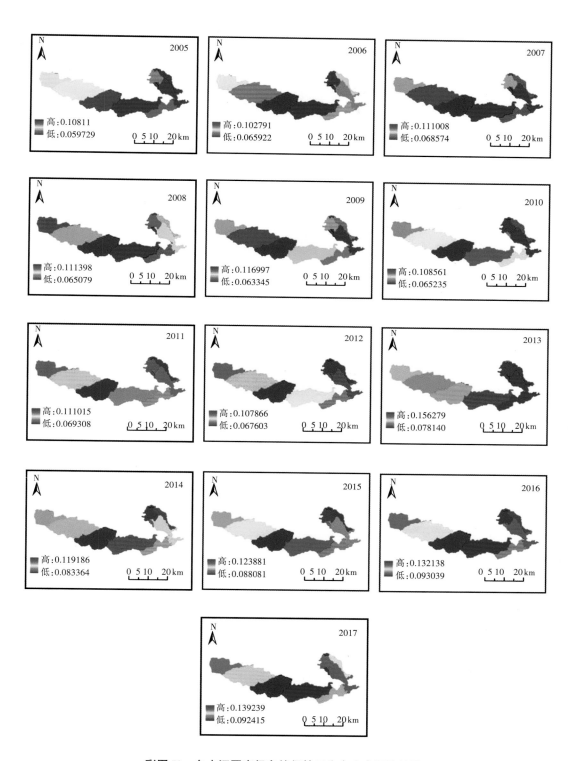

彩图53　白水江国家级自然保护区生态安全评价结果

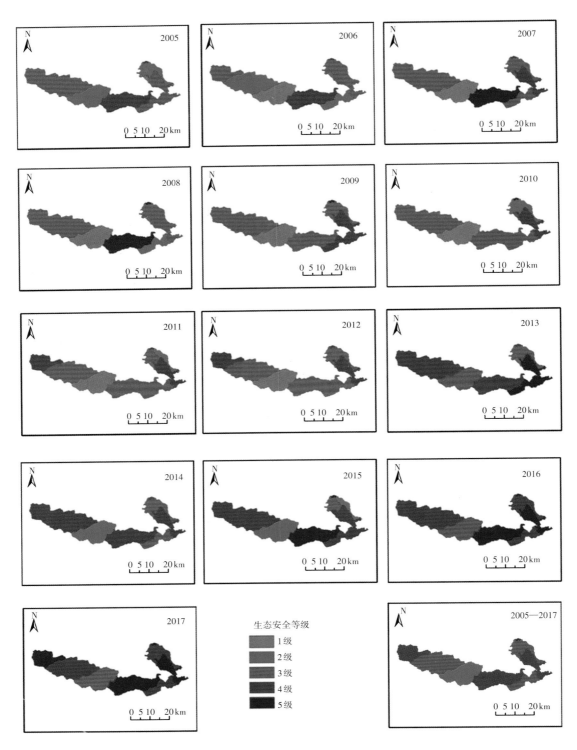

彩图54　白水江国家级自然保护区生态安全状态分级图